Research on the Project Management Performance
Improvement Based on Knowledge Management and
Organizational Learning

基于知识管理和组织学习的 代建绩效改善研究

倪国栋 著

Project
Management
Performance

中国矿业大学出版社

内 容 提 要

本书针对我国政府投资建设项目代建绩效普遍不高的现状,通过分析代建绩效的内涵和影响因素,提出了基于知识管理和组织学习的代建绩效改善思路。在分析界定各研究变量的内涵和相互关系的基础上,构建了知识管理、组织学习与项目管理核心能力对代建绩效的改善机理理论模型,并通过结构方程模型建模方法进行实证检验,明确了知识管理、组织学习和项目管理核心能力对代建绩效的改善机理和影响路径。利用 Vensim PLE 软件对代建绩效改善效果进行系统动力学仿真模拟,进一步验证了实证研究的结论。最后,从提升代建单位知识管理水平、组织学习能力和项目管理核心能力三个方面提出改善代建绩效的具体措施,建立了代建绩效改善系统的实现框架。

图书在版编目(C I P)数据

基于知识管理和组织学习的代建绩效改善研究 / 倪国栋著.—徐州:中国矿业大学出版社,2017.10

ISBN 978 - 7 - 5646 - 3772 - 9

Ⅰ.①基… Ⅱ.①倪… Ⅲ.①建筑工程－项目管理－研究 Ⅳ.①TU71

中国版本图书馆 CIP 数据核字(2017)第 263222 号

书　　名	基于知识管理和组织学习的代建绩效改善研究	
著　　者	倪国栋	
责任编辑	姜　翠	
出版发行	中国矿业大学出版社有限责任公司	
	(江苏省徐州市解放南路　邮编 221008)	
营销热线	(0516)83885307　83884995	
出版服务	(0516)83885767　83884920	
网　　址	http://www.cumtp.com　E-mail:cumtpvip@cumtp.com	
印　　刷	虎彩印艺股份有限公司	
开　　本	700×1000　1/16　印张 15　字数 311 千字	
版次印次	2017 年 10 月第 1 版　2017 年 10 月第 1 次印刷	
定　　价	37.00 元	

(图书出现印装质量问题,本社负责调换)

前 言

随着代建制在我国政府投资项目建设领域的深入推行,代建绩效水平普遍不高的现状与代建业务的广泛需求之间的不匹配日益明显。

本书立足于代建单位,以提高和改善代建绩效为目的,在分析掌握代建绩效现状和主要影响因素的基础上,基于知识管理和组织学习视角,引入项目管理核心能力的概念,提出了改善代建绩效的理论假设和机理模型,通过广泛的工程调研,运用规范科学的实证分析方法对研究假设和理论模型进行验证,明确了知识管理、组织学习和项目管理核心能力改善代建绩效的作用机理和影响路径。在此基础上,本书运用系统动力学的理论和方法对代建绩效的改善效果进行仿真模拟,以考察各改善要素对代建绩效的作用效果,最后从提升知识管理水平、组织学习能力和项目管理核心能力的角度,探讨了实现代建绩效改善的具体措施。

本书的研究成果一方面丰富和完善了代建制和代建绩效改善的相关理论,另一方面可以为现阶段广大代建单位改善代建管理水平和效率,提高非经营性政府投资项目的投资效益起到积极的促进作用,具有重要的理论意义和广泛的应用价值。

　　全书共分为 8 章,第 1 章绪论,第 2 章相关理论及国内外研究现状,第 3 章代建绩效现状及其影响因素研究,第 4 章代建绩效改善机理理论模型研究,第 5 章代建绩效改善机理的实证研究,第 6 章代建绩效改善效果的 SD 仿真研究,第 7 章代建绩效改善的实现研究,第 8 章研究结论与展望。

　　本书参考和借鉴了国内外诸多学者的观点、研究方法和研究结论,在调研过程中受到了政府部门和工程界许多同仁的大力支持。另外,此书得到了住房和城乡建设部软科学研究项目(2011-R3-13)和中国矿业大学力学与建筑工程学院青年科技基金项目(LJ2010QNJJ02)的立项与资助,在此一并表示衷心的感谢。

　　最后,特别感谢我的导师王建平教授对本书的指导与帮助,并感谢我的家人长期以来对我工作的关心、支持、理解与鼓励,谨以此书献给他们。

倪国栋

2017 年 7 月

目 录

CONTENTS

第 1 章　绪论……………………………………………………………… 1

1.1　研究背景……………………………………………………… 1

1.2　问题的提出…………………………………………………… 7

1.3　研究意义……………………………………………………… 8

1.4　研究思路与方法……………………………………………… 8

1.5　研究内容……………………………………………………… 10

1.6　本章小结……………………………………………………… 12

第 2 章　相关理论及国内外研究现状…………………………………… 13

2.1　项目管理绩效研究现状……………………………………… 13

2.2　代建制及代建绩效的研究现状……………………………… 16

2.3　知识管理理论及其在工程管理领域的研究现状…………… 20

2.4　组织学习理论及其在工程管理领域的研究现状…………… 24

2.5　核心能力理论及其在工程管理领域的研究现状…………… 29

2.6　相关研究现状的综合评述…………………………………… 32

2.7　本章小结……………………………………………………… 33

第 3 章　代建绩效现状及其影响因素研究……………………………… 34

3.1　代建制及代建管理模式概述………………………………… 34

3.2　代建绩效及其现状分析……………………………………… 49

3.3　代建绩效影响因素的识别与界定…………………………… 55

3.4　代建绩效改善思路分析……………………………………… 68

3.5　本章小结……………………………………………………… 71

第 4 章　代建绩效改善机理理论模型研究 ················· 72

4.1　研究变量和测量指标的界定················· 72

4.2　改善要素与代建绩效的关系分析及研究假设的提出 ······· 81

4.3　代建绩效改善机理理论模型的构建 ············· 86

4.4　本章小结················· 87

第 5 章　代建绩效改善机理的实证研究 ················· 88

5.1　实证研究设计与方法················· 88

5.2　调研数据收集················· 98

5.3　调研数据分析 ················· 106

5.4　模型检验与修正 ················· 124

5.5　实证结果讨论分析 ················· 132

5.6　本章小结················· 133

第 6 章　代建绩效改善效果的 SD 仿真研究 ················· 135

6.1　系统动力学理论概述 ················· 135

6.2　代建绩效改善系统的 SD 模型构建 ················· 141

6.3　代建绩效改善效果的 SD 仿真 ················· 145

6.4　本章小结 ················· 151

第 7 章　代建绩效改善的实现研究 ················· 152

7.1　代建单位知识管理水平提升研究 ················· 152

7.2　代建单位组织学习能力提升研究 ················· 181

7.3　代建单位项目管理核心能力提升研究 ················· 198

7.4　代建绩效改善系统的实现框架 ················· 202

7.5　本章小结················· 204

第 8 章　研究结论与展望 ················· 205

8.1　主要研究结论 ················· 205

8.2　主要创新点 ················· 207

8.3　研究的局限性 ················· 207

8.4　研究展望 ················· 208

参考文献 ················· 209

第1章

绪　论

1.1　研究背景

1.1.1　非经营性政府工程实施代建制改革发展迅速

从 20 世纪 90 年代开始到 21 世纪初期,为了解决在非经营性政府投资项目建设领域存在的诸如"三超"现象普遍、工程质量低下、工期没有保证、腐败问题严重等突出问题,国内一些相对发达的城市,如厦门、上海、深圳、珠海、北京等地先后对政府投资项目管理方式进行了积极改革、创新和实践。其中,1993 年厦门市开展的代建制模式成效较为显著,受到国家有关部门和其他地区的广泛关注。上海市于 2001 年颁布了《上海市市政工程建设管理推行代建制试行规定》(沪市政法〔2001〕930 号),开始了市政工程建设项目实施代建制的试点工作。2002 年国家建设部提出:各地应按照"建管分开"和专业化管理的原则,推进政府投资工程管理方式的改革。凡有条件的地区,都应当积极进行试点,可以由政府设立专门机构直接组织政府投资工程的实施,亦可委托项目管理公司实行政府投资工程代建制,还可以在改革实践中探索其他方式。[1]2004 年 3 月 1 日,北京市发改委颁布了《北京市政府投资建设项目代建制管理办法(试行)》(京发改〔2004〕298 号),开始在政府投资占项目总投资 60% 以上的公益性建设项目中推行代建制。2004 年 7 月 16 日国家发改委颁布了《国务院关于投资体制改革的决定》(国发〔2004〕20 号),文件中明确强调对非经营性政府投资项目加快推行代建制,并对代建制的定义进行了明确。随着在国家层面对代建制的进一步明确和倡导,国内许多省市纷纷制定出推行代建制的相关管理规定,开始了代建制的试点推行工作。比如,浙江省于 2005 年 3 月起正式推行代建制,截至 2008 年上半年,共组织实施代建试点项目 25 个,建设规模 69.7 万平方米,项目总投资

27.4亿元,项目涉及机关、学校、医院、公安、消防、劳教、文化、民政等多个部门和领域。另外,全省有9个市开展了代建工作,各地以代建形式实施的项目达130余项,概算总投资30多亿元。[2]河南省于2006年12月7日颁布了《河南省人民政府关于印发河南省省级政府投资项目代建制管理试行办法的通知》(豫政〔2006〕90号),规定省级政府全额投资的总投资500万元及以上(含国家补助投资)的建设项目开始实行代建制,截至2008年9月,河南省18个省辖市中已有12个市进行了代建制试点工作。[3]江苏省从2006年12月28日起,对总投资额1 000万元以上且使用省级财政性建设资金或政府融资性建设资金占总投资额30%以上或者使用省级财政性建设资金或政府融资性建设资金500万元以上的非经营性项目开始实行代建制。

2008年2月19日,中纪委、国家发改委、建设部等七部委联合下发了《关于做好清理整改工作　建立控制党政机关办公楼等楼堂馆所建设长效机制的通知》(发改投资〔2008〕490号),通知要求:加快推进党政机关办公楼建设项目代建制工作,逐步研究建立"统建统用"的办公用房供给模式;逐步推行由专业化项目管理单位组织实施项目建设、建成后移交给使用单位的建设管理模式,不再由使用单位自行组织建设。随后,各省、市、自治区对文件精神进行了转发和落实,为进一步深入推行代建制起到了重要的促进作用。

2008年11月5日,国务院常务会议研究部署进一步扩大内需促进经济平稳较快增长的措施。会议提出,在保障性安居工程,农村基础设施建设,铁路、公路和机场等重大基础设施建设,医疗卫生、文化教育事业,生态环境建设等十个方面,到2010年底投资4万亿元的重大举措。[4]在4万亿元的投资当中,中央财政和地方政府投入的资金占到一大部分,而民生工程和重大基础设施项目的资金投入所占比例占到近70%。[5]4万亿元投资救市的举措催生了一大批非经营性政府投资建设项目,为代建制的进一步推广提供了先决条件,各地代建单位也得到了较快发展。2009年4月,浙江省发改委出台了新的《浙江省代建单位资格评审办法》,并对代建单位的资格进行了重新认定,最终有22家单位获得浙江省代建单位资格,其中5家拥有综合甲级资质。经统计,截至2009年6月,江苏省已批准政府投资工程集中代建机构30家,另外还批准了148家项目管理试点企业,其中一部分企业开展了大量的代建业务。截至2011年7月,宁夏回族自治区取得政府投资项目代建资格的单位已达59家,有19个县(市、区)开展代建制工作,代建项目超过160个,总建筑面积超过300万平方米,总投资规模达到100亿元以上。[6]

代建制的实施,解决了非经营性政府投资项目多头管理和分散管理的不良局面,弥补了项目法人责任制的缺陷;实现了建设管理主体的专业化,提高了工程管理的水平;将公共物品的生产推向市场,通过市场竞争选择代建单位可以降低交易费用,并且能够有效转变政府职能,促进政治体制改革;有利于政府职能部门对代建项目的实施过程进行严格监管;同时,使得项目使用单位可以大大减轻建设管理的工作负担,更好地做好本职工作。[7]截至目前,全国绝大部分省、区、市都开始了代建制的试点和推行工作。

1.1.2 代建制的发展前景十分广阔

近年来我国全社会固定资产投资规模逐年增大,从 2000 年的 32 917.73 亿元增加到 2009 年的 224 598.8 亿元,平均年增幅达 22.51%。2000~2009 年我国全社会固定资产投资情况如图 1-1 所示。

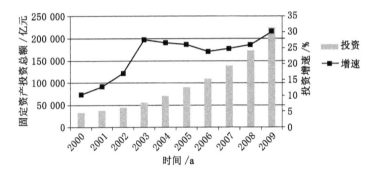

图 1-1 2000~2009 年我国全社会固定资产投资情况

资料来源:中华人民共和国国家统计局网站(http://www.stats.gov.cn/)

在全社会固定资产投资当中,社会公益事业固定资产投资占有较大比重,并呈现出迅猛的发展势头。2003~2009 年我国社会公益事业固定资产投资情况如表 1-1 所示。

表 1-1 2003~2009 年我国社会公益事业固定资产投资情况统计表

年份	科学研究、技术服务和地质勘查业/亿元	水利、环境和公共设施管理业/亿元	居民服务和其他服务业/亿元	教育/亿元	卫生、社会保障和社会福利业/亿元	文化、体育和娱乐业/亿元	公共管理和社会组织/亿元	年度合计/亿元	年增长率/%	占全社会固定资产投资比重/%
2003	285.8	4 365.8	241.6	1 671.1	405.8	531.5	2 153.7	9 655.3	—	17.38
2004	333.1	5 071.7	313.7	2 024.8	516.7	773.4	2 437.4	11 470.8	18.80	16.28
2005	435.1	6 274.3	363.5	2 209.2	661.8	857.0	2 926.8	13 727.7	19.68	15.46

续表 1-1

年份	科学研究、技术服务和地质勘查业/亿元	水利、环境和公共设施管理业/亿元	居民服务和其他服务业/亿元	教育/亿元	卫生、社会保障和社会福利业/亿元	文化、体育和娱乐业/亿元	公共管理和社会组织/亿元	年度合计/亿元	年增长率/%	占全社会固定资产投资比重/%
2006	495.3	8 152.7	389.5	2 270.2	769.0	955.4	2 990.5	16 022.6	16.72	14.57
2007	560.0	10 154.3	434.7	2 375.6	885.0	1 243.4	3 166.1	18 819.1	17.45	13.70
2008	782.0	13 534.3	522.0	2 523.8	1 155.6	1 589.2	3 748.5	23 856.1	26.77	13.80
2009	1 200.8	19 874.4	801.9	3 521.2	1 858.6	2 383.4	4 735.9	34 376.2	44.10	15.31

资料来源:中华人民共和国国家统计局网站(http://www.stats.gov.cn/)。

2011 年以来,世界经济复苏缓慢,主要发达经济体受债务危机影响增长乏力,新兴经济体迫于通胀压力增长放缓。受此影响,我国经济面临外部需求萎缩的严峻局面,但令人欣慰的是,我国依然取得了显著的发展成就。[8]"十二五"期间我国固定资产投资增速总体虽较"十一五"期间有所放缓,但随着经济内生动力不断增强,投资增速呈现出前低后高的态势,"十二五"期间全社会固定资产投资年均增速仍在 20% 左右。[9]因此,在当前国内经济形势和发展状况的大背景下,在今后一个时期内,我国政府投资项目的建设规模依旧会很大,非经营性政府投资项目数量仍会稳步增加。可以预见,在国家宏观政策的引导和代建制本身优越性的诱导下,势必会在全国范围内更加深入和广泛地进行代建制的推行和实践工作,并将有越来越多的企业从事开展代建业务。

1.1.3 代建制实施过程中尚存在许多问题

代建制虽然有其优势,但在当前的实施过程中还存在许多问题。从近几年有关代建制的研究文献中,可以归纳总结出代建制发展过程中存在的主要问题包括:① 代建单位的法律地位不明确;② 代建费收费标准偏低,激励机制不够;③ 代建单位实力有限,管理水平不高;④ 政府监管不到位,约束机制不够;⑤ 代建市场不健全,代建单位资质要求不统一;⑥ 代建单位责权利不对等,政府部门或使用单位过多干预;⑦ 担保和保险体系不健全;⑧ 代建制与监理制存在制度重叠问题。上述问题的详细研究情况如表 1-2 所示。可以看出上述问题涉及法律、配套制度及其执行、代建单位、政府监管、代建市场、观念转变等多个方面,这些问题很大程度上影响了代建制的实施效果,制约了代建制的发展,必须在今后一个时期内从多个角度和渠道逐步加以解决。

表 1-2　　　　　　　　　　代建制实施过程中存在的主要问题

研究文献	主要问题							
	①	②	③	④	⑤	⑥	⑦	⑧
黄喜兵等(2009)[10]	√		√	√			√	
唐秋凤等(2009)[11]	√	√	√	√	√	√		
强青军等(2008)[12]	√		√	√	√			
陈砚祥等(2008)[13]	√	√	√	√	√		√	
梁安平等(2008)[14]	√			√		√		√
贾新堂(2008)[15]	√	√	√	√		√		√
梁昌新(2007)[16]	√	√	√		√			
王　炜(2007)[17]	√	√	√		√			
胡其彪等(2006)[18]	√			√		√	√	√
合　计	9	7	7	7	6	5	3	3

　　本书认为,在上述问题当中,有关法律、配套制度及其执行、代建市场、政府监管等方面的问题可以根据代建制的实施情况不断进行完善和落实,政府部门和使用单位的观念也容易随之发生转变,而代建单位管理水平不高的问题才是制约代建制发挥作用的最根本因素。这是因为,代建制的实施形成了以代建单位为核心,由代建主管部门、使用单位、监理单位、设计单位、承包商、供货商等共同参与配合,通过严格的工程合同对各方行为进行限定的一种组织实施方式,[19]即代建管理模式。在该模式下,代建单位处于整个项目组织的核心地位,充当起建设期项目业主的角色,其开展的代建工作绩效状况(以下简称:代建绩效)直接影响代建项目目标的实现程度,决定着代建项目的经济效益和社会效益。所以,代建绩效水平在很大程度上决定着代建制的实施效果。

1.1.4　代建绩效水平亟待改善和提高

1.1.4.1　代建项目特点对代建工作提出更高的要求

　　代建项目一般具有以下四个特点。

　　(1)公益性。代建项目大都属于非盈利的公益性或事业性项目,一般由国家或地方财政限额拨款建设。因为代建项目成功与否涉及公众的切身利益,所以公众和舆论对此的关注度较高。

　　(2)政治性。代建项目具有浓厚的政治色彩,关系到政府的形象和业绩,政府官员往往会过多关注和参与此类项目建设过程,因此,代建项目易受到行政干涉。

（3）一次性。每个代建项目都会碰到新的情况和问题，没有可以完全照搬的先例。因此，代建项目需要进行管理创新和知识创新。

（4）复杂性。一方面，现代工程项目规模往往比较大，建设周期较长，参建单位较多，各存在者复杂的工作关系和利益关系，协调难度大；另一方面，现代工程项目具有结构复杂、涉及学科多、技术要求高、管理难度大等特点，对项目管理水平要求较高。

代建项目的上述特点对代建工作提出了很高的要求。代建单位必须做到：① 建立健全的管理组织机构；② 配备管理水平高，责任心强，精通全过程管理业务，熟练掌握相关管理方法、施工技术、工程造价、法律法规等多种知识的专业人员，并形成良好的内部工作机制；③ 充分把握项目的使用要求，协调、平衡好项目投资与建设标准的关系，对项目进行精心策划；④ 在前期策划、设计管理、招标采购、合同管理和施工过程等环节重点做好控制工作，解决各方矛盾，平衡各方利益，更好地实现项目目标。

1.1.4.2　代建单位的实力尚不能满足代建工作需要

由于代建单位统一的准入机制尚未建立，从目前各地推行代建制的规定来看，承担代建任务的企业涉及监理企业、工程管理企业、工程咨询企业、设计企业、房地产开发企业、总承包企业等；由于代建制在各地尚处于试点推行阶段，对于不少代建单位来讲，代建业务只是企业业务的一部分工作；由于代建业务量有限，单纯从事代建业务的企业并不多见，因此，大部分代建单位是由其他企业转型而来的，一般开展代建业务的时间较短，高水平的代建人员较少，许多代建人员对代建业务并不十分熟悉，缺乏代建工作所需的知识和经验，常常是边摸索边工作，摸着石头过河，经常处于被动的境地，这严重影响了代建绩效，很难满足现代项目对代建工作的要求。

1.1.4.3　必须避免代建制重蹈监理制的覆辙

对于许多传统的监理企业来讲，普遍存在以下现象：从业人员素质不高、服务质量差、建设单位乃至整个社会对监理工作的认可度不高、监理费取费较低。因此，监理企业无法保证员工拥有较高的薪酬，从而造成高水平人才流失、人员不稳定，继而又导致员工素质依旧不高、服务质量差、建设单位对监理工作不满意，最终形成了一个恶性循环的"怪圈"（如图1-2所示）。代建制与监理制有许多相似之处，由于代建制推行时间不长，代建单位的总体实力和管理水平不高，同样存在监理制面临的问题。为了避免代建单位重蹈监理企业的尴尬局面，不为"怪圈"所困，广大代建单位必须具有危机意识和紧迫感，尽快着手考虑代建绩效改善的问题。否则，不但会让自己因丧失市场竞争力而被市场所淘汰，而且严重时还会影响和阻碍代建制的进一步推广。

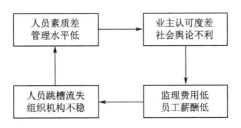

图 1-2　监理制实施效果的恶性循环

1.2　问题的提出

本书认为,导致代建绩效低下的原因是多方面的,比如:代建制缺少法律依据;政府部门或使用单位干预较多;代建激励机制不健全;部分参建单位责任心不强或实力有限;现场环境恶劣;代建单位自身管理组织不健全,管理经验不足,管理水平有限;等等。因此,要想改善当前代建绩效不高的现状,需要从多个角度和环节进行调整,不是一蹴而就的事情。但从长远来看,在法律和制度健全、观念转变、建筑市场环境改善之后,提高和改善代建绩效最根本的还是需要从代建单位自身的角度着手。

由于代建工作属于智力型团队工作,代建人员在工作中需要掌握管理、技术、经济、法律、计算机、英语、心理学、社会学、组织行为学等各专业和学科的大量知识,所以在代建单位承担新的项目任务,或是组织结构、组织环境和组织成员发生变化时,容易造成组织内部知识含量不足或知识的流失与浪费,进而影响工作效率。因此,如何在代建工作过程中更好地识别和获取所需的各类知识,将积累的知识进行整理和保存,使之成为组织智慧得以继承和发展,通过知识共享应用于其他代建项目部或者后续类似项目,并不断进行知识创新,提高代建单位的项目管理能力,高效解决工程建设过程中存在的问题,实现项目管理目标,是代建单位面临的一个重要问题。

在当今世界,科技迅猛发展,知识更新速度加快,工程建设领域当中的新理念、新技术、新工艺、新方法不断涌现,代建单位要想适应当前的社会环境,并在日益激烈的企业竞争环境中取得胜利,就需要不断地学习和进步。由于每个代建项目的特点、功能、建设难度、参建单位、管理范围和建设目标等均不相同,代建人员在工作中需要通过广泛学习、及时总结、深入交流,灵活高效地应对可能遇到的各种工程情况。代建工作是一项团队工作,需要通过集体的智慧和努力来完成代建工作任务。许多学习行为是在工作过程中进行的。由于组织学习的效率远高于个人学习,因此,如何通过组织学习来提高代建单位的学习能力和效率,转变组织成员的心智模式,形成共同愿景,改善工作环境,提升代建单位的项目管理能力,更好地完成代建任务,同样是代建单位值得注意的问题。

鉴于知识管理和组织学习之间存在着相互作用、相互促进的关系,本书试图从代建单位的角度出发,将知识管理理论、组织学习理论和核心能力理论与绩效管理理论相结合,深入研究知识管理、组织学习和项目管理核心能力对代建绩效的改善机理和改善效果,并提出通过提升代建单位知识管理水平、组织学习能力和项目管理核心能力来实现代建绩效改善的具体措施。

1.3　研究意义

21世纪是信息化的知识经济时代,组织内部和外部环境中的知识含量剧增,知识更新速度加快,任何一个组织都迫切需要有效获取所需的各类知识,对组织内外部环境中的知识进行系统管理;同时需要通过组织学习提高学习效率,不断改善组织内部环境和心智模式,来提高解决实际问题的能力,进而改善工作绩效。

由于目前许多代建单位开展代建业务的时间不长、管理水平有限、代建绩效不够理想、无法满足当前国内广泛开展高质量代建业务的实际需求,亟待通过知识管理和组织学习来提高代建单位的项目管理能力,促进代建绩效水平的提升,所以本书旨在引入知识管理和组织学习理论来系统研究代建绩效改善的问题。本书的研究成果一方面能够丰富代建制研究的理论内涵,另一方面能够在现阶段对改善代建绩效,提高非经营性政府投资项目的管理水平和投资效益,起到促进作用。所以,本书的研究具有重要的理论意义和广泛的应用价值。

1.4　研究思路与方法

1.4.1　研究思路

本书立足于代建单位本身,以提高和改善代建绩效为目的,在分析掌握代建绩效现状、主要影响因素及其相互关系的基础上,从知识管理和组织学习的视角,引入项目管理核心能力的概念,提出代建绩效改善的理论假设和机理模型,并通过广泛的工程调研,运用规范科学的实证分析方法对研究假设和理论模型进行验证,确定出知识管理、组织学习和项目管理核心能力改善代建绩效的作用机理和影响路径。在此基础上,本书运用系统动力学的理论和方法对代建绩效的改善效果进行仿真模拟,考察各改善要素对代建绩效的影响情况,最后研究讨论从提升知识管理水平、组织学习能力和项目管理核心能力的角度来实现代建绩效改善的具体措施,以达到研究成果具有可操作性的目的。

1.4.2　研究方法

本书所涉及的理论主要包括:知识管理理论、组织学习理论、学习型组织理论、核心能力理论、组织理论、绩效管理理论、系统动力学理论、系统仿真理论、组织行为学理论等,用到的研究方法主要包括以下三种。

1.4.2.1　理论研究与实证研究相结合的方法

本书结合代建制的理论研究现状,广泛查阅国内外有关知识管理理论、组织学习理论、核心能力理论和绩效管理理论相关研究文献和成果,进行归纳和总结,提出研究假设,并进行测量量表的开发,构建出知识管理、组织学习与项目管理核心能力对代建绩效改善的机理理论模型。另外,本书遵循科学严谨的实证研究范式,通过对国内各地代建单位的工作开展情况和实际绩效状况进行广泛调研,并对调研数据进行统计分析,对研究假设和理论模型进行验证和完善,实现理论研究与实证检验相结合,确保本书研究的科学性和合理性。

1.4.2.2　问卷调查与专家访谈相结合的方法

本书在对代建绩效主要影响因素进行识别和对代建绩效改善机理进行实证研究方面,均综合采用问卷调查及专家访谈咨询的形式进行研究,综合分析问卷调查结果和专家咨询意见,实现两者的有机结合,提高本书研究的质量。

1.4.2.3　定性分析与定量分析相结合的方法

本书不仅运用了思辨性的定性分析方法,而且运用多元统计分析、结构方程模型分析以及系统动力学仿真分析等定量分析方法,采用 SPSS 17.0 和AMOS 7.0 等统计分析软件以及 Vensim PLE 系统仿真软件对调研数据进行统计分析、模型检验以及系统仿真,做到定性分析与定量分析有机结合,从而更加具有说服力。

1.4.3　研究的技术路线

在上述研究思路和理论、方法的基础上,可以得出本书研究的技术路线,如图 1-3 所示。

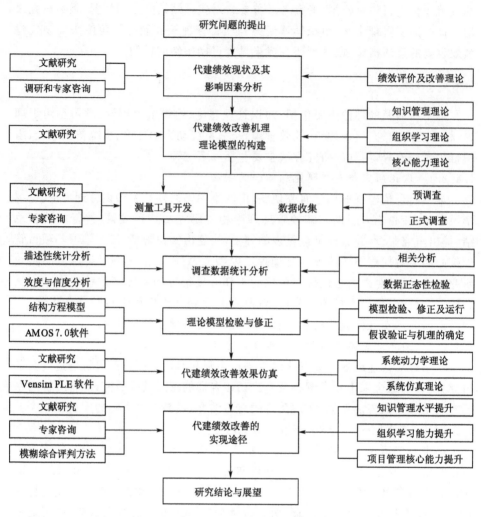

图 1-3　研究的技术路线

1.5　研究内容

本书共分为 8 章,每章的主要研究内容如下所述。

第 1 章:绪论。分析本书的研究背景,指出本书的理论意义和应用前景,提出研究的思路、方法和技术路线,并对研究的主要内容进行明确。

第 2 章:相关理论及国内外研究现状。通过查阅国内外研究文献,依次对项目管理绩效评价与改善的研究现状、代建制及代建绩效的研究现状、知识管理理论及其在工程管理领域的研究现状、组织学习理论及其在工程管理领域的研究现状、核心能力理论及其在工程管理领域的研究现状进行分析,并对本书相关的研究现状进行综合评述,指出当前研究中存在的不足。

第3章:代建绩效现状及其影响因素研究。首先,通过分析代建制产生的背景和推行的初衷,对代建制的内涵和概念进行界定,明确代建管理模式、组织结构、代建工作的内容以及代建单位的运作方式;其次,对代建绩效的概念和内涵进行界定,通过调研对当前各地代建单位的代建绩效现状进行衡量和分析;再次,通过文献研究和工程调研对代建绩效的主要影响因素进行识别与界定;最后,提出代建绩效的改善角度和思路。

第4章:代建绩效改善机理理论模型研究。在前人研究成果的基础上,对代建单位的组织学习、知识管理、项目管理核心能力和代建绩效等研究变量的含义进行界定,通过文献研究和基础理论分析,提出绩效改善要素与代建绩效关系的研究假设,并构建知识管理、组织学习与项目管理核心能力对代建绩效改善的机理理论模型。

第5章:代建绩效改善机理的实证研究。根据实证研究的步骤与方法,开发出实证研究的测量工具,编制出调查问卷,首先通过预调研对调查问卷进行修改和完善,然后进行正式调研收集数据,利用 SPSS 17.0 和 AMOS 7.0 等统计分析软件对调研数据进行描述性统计分析、效度与信度分析、相关分析以及数据正态性检验,并利用 AMOS 7.0 软件对初始结构方程模型进行检验、运行与修正,得到最优结构方程模型,利用初始模型和最优模型对理论假设进行验证,最终确定出知识管理、组织学习和项目管理核心能力对代建绩效的改善机理和影响路径。

第6章:代建绩效改善效果的 SD 仿真研究。在对系统动力学的基本原理、方法和实施步骤进行理论分析的基础上,对代建绩效改善系统的动力学特征进行讨论,对代建绩效改善系统的因果关系进行分析,构建出代建绩效改善系统的 SD 模型,并对 SD 模型中的变量进行编码和描述。在此基础上,编写出代建绩效改善系统的 SD 方程式,利用 Vensim PLE 软件对代建绩效改善效果进行 SD 仿真,并对仿真结果进行讨论。

第7章:代建绩效改善的实现研究。从提升代建单位知识管理水平、组织学习能力和项目管理核心能力三个方面系统提出实现代建绩效改善的具体措施。首先,围绕代建单位知识管理水平的提升问题,根据代建单位的工作特点和实际需要,运用知识管理理论,对代建单位的知识体系进行划分,构建出基于知识管理活动系统、知识管理组织系统和知识管理信息系统的代建单位知识管理体系,并构建出代建单位知识管理绩效评价指标体系、评价模型及其组织实施方式。

其次,围绕代建单位组织学习能力的提升问题,运用组织学习理论和学习型组织理论,提出基于火箭模型的代建单位学习型组织的创建方法,以及代建单位组织学习的方式和途径,并对代建单位组织学习的障碍和应对措施进行讨论与分析。再次,围绕代建单位项目管理核心能力的提升问题,运用核心能力理论,构建出代建单位项目管理核心能力的指标体系,并提出培育和提升代建单位项目管理核心能力的措施。最后,得出代建绩效改善系统的实现框架。

第 8 章:研究结论及展望。对全书各章节的主要研究结论进行归纳和总结,列出本书的主要创新点,指出研究中的局限性,并对今后的相关研究工作进行展望。

1.6　本章小结

本章首先从我国非经营性政府投资项目建设领域代建制的发展过程与推广前景、现阶段代建制实施过程中存在的主要问题,以及代建绩效水平亟待改善和提高等方面分析了本书的研究背景;其次,提出了本书研究的问题,并指出本书的研究成果既能丰富代建制研究的理论内涵,又能够在现阶段对改善代建绩效、提高非经营性政府投资项目的管理水平和投资效益,起到促进作用,具有重要的理论意义和广泛的应用价值;最后,提出了本书的研究思路、方法和技术路线,并明确了本书的主要研究内容。

第 2 章

>>>

相关理论及国内外研究现状

2.1 项目管理绩效研究现状

2.1.1 项目管理绩效评价研究现状

在评价指标方面,最初项目管理绩效评价是在借鉴企业管理中绩效评价理论的基础上进行的,绩效评价指标主要集中于财务方面,常采用投资回报率、投资回收期等指标进行绩效评价,但是由于财务信息存在滞后性,因此评价效果往往不能够令人满意。[20]20 世纪 60 年代,人们开始综合采用成本、工期、质量来评估项目管理绩效。[21]20 世纪 80 年代,人们又将业主满意度和个人成长等纳入项目管理绩效评价指标体系中。后来,随着"项目成功"这一概念的出现,项目管理绩效评价的研究逐渐演变成对项目成功标准的研究,于是"项目成功度"成为评价项目管理绩效的指标。

在评价方法方面,20 世纪 90 年代,挣值法逐渐成为国际上工程项目管理普遍采用的绩效评价方法。之后,平衡记分法又成为项目管理绩效评价的主要方法。[22]随着项目管理绩效评价指标体系的多维度发展,研究人员将一些多目标评价的方法应用到项目管理绩效评价中来,如层次分析法、模糊聚类法、神经网络法、数据包络法等。近年来,国外在项目管理实践中使用较多的绩效评价方法主要包括:关键绩效指标法、平衡记分法和 EFQM 卓越模型。在英国建筑业中,有超过 75% 的企业使用这三种方法进行绩效评价。[23]

当前,有关项目管理绩效评价方面的研究在国外仍旧是一个研究热点。Luu 等(2008)[24]提出用标杆学习方法来评价和改善建设项目管理效果,从承包商角度构建了的项目管理绩效标杆学习模型,指出标杆学习方法可以帮助建筑企业从其他企业学习最优实践,并能持续改进管理绩效。Bryde(2003)[25]提出了一个基于项目管理领导能力、项目管理政策和策略、项目管理团队、项目管理关键绩效指标、项目管理伙伴和资源、项目管理生命周期过程等六个评价标准的项目管理绩效评价模型。Qureshi 等(2009)[26]在此评价模型基础上,通过调研验证了该模型的作用和有效性。Meng 等(2012)[27]分析了合同激励机制对项目管理绩效的影响问题。

在工程项目管理绩效评价研究方面,近些年来国内学者已开展了许多研究工作,取得了不少研究成果,当前的研究主要集中在评价指标体系和评价方法方面。

在工程项目管理绩效评价指标体系研究方面,袁宏川等(2007)[28]从企业质量和工程项目质量两个方面建立了一套对我国工程项目管理企业绩效进行评价的指标体系。刘历波等(2008)[29]从过程控制能力、敏捷性、项目效益、项目满意性、合作能力和环保能力等方面构建工程建设项目集成管理绩效评价指标体系。王华等(2008)[30]在评述了当前工程项目组织绩效评价的几种方法的基础上,提出了一种基于利益相关者角度进行的项目组织绩效的综合评价方法,建立了一种可持续发展的项目绩效评价体系。王增民等(2009)[31]采用可拓学理论中的物元分析方法,建立一个综合考虑项目质量、费用、工期、安全四大控制指标的EPM 绩效评价物元模型,并采用相关数据对该模型进行验证。

在评价模型和方法的研究方面,许多学者采用模糊综合评价方法结合层次分析法进行绩效评价方面的研究。比如,蔡守华等(2002)[32]根据模糊数学理论,建立了定量与定性相结合的工程项目管理绩效模糊综合评估模型。赖茇宇等(2006)[33]提出了一种基于模糊聚类分析的开放、动态的项目管理绩效评价模型。张龙兴(2007)[34]结合高速公路施工工程项目管理的特点,构建了高速公路施工工程项目管理绩效评价的定量与定性评判指标体系,并运用模糊层次分析法构建了高速公路施工工程项目管理绩效模糊综合评价模型。唐盛等(2010)[35]则应用模糊数学理论,结合公路工程项目的实际情况,构建出公路工程项目管理绩效等级综合评价模型。

还有一些学者采用人工神经网络进行研究。比如,闫文周等(2005)[36]运用人工神经网络(ANN)中的 BP 网络对工程项目管理绩效评价问题进行研究,建立了一个综合考虑项目工期、质量、费用、安全四大控制指标的绩效评价模型。另外,赖茇宇等(2006)[37]利用神经网络的自学习、自调整以及非线性映射功能,建立了基于 BP 神经网络的项目管理绩效评估模型的结构和算法,并进行了实证分析。庞玉成(2008)[38]在构建项目集成管理绩效评价指标体系的基础上,利用神经网络的自学习和自适应能力,用经过训练的神经网络系统模拟专家的评价思想,提出一种基于人工神经网络的项目集成管理绩效评价模型。

另外,黄健柏等(2007)[39]从企业价值层面、顾客层面、项目或内部流程层面以及创新与学习层面构建绩效评价指标,建立了基于平衡计分卡的项目管理绩效评价模型。王祖和等(2008)[40]运用层次分析法及数据包络分析法,建立了多项目管理的绩效综合评价模型。郭峰等(2009)[41]为了更好地解决建设项目实施过程中产生的各种冲突、提高管理效率、实现建设项目的可持续发展,提出了建设项目协调管理理论。而曾晓文等(2010)[42]从项目决策权与监督权分配的角度,提出高速公路工程项目管理绩效影响因素指标体系,并采用 DEMATEL方法(决策试验与评价实验室法)分析并优化该指标体系,进而分析出影响高速公路建设项目管理绩效的关键因素。

2.1.2 项目管理绩效改善研究现状

20世纪80年代以前,项目管理绩效改善的方法都是一些结合预算、工期和技术说明的控制方法,对绩效的提高是有限的,改善效果不太理想。于是人们开始将工程项目视为一个系统,并试图寻求一种全过程、系统化的方法来大幅提高项目管理绩效,提出了通过项目内部的系统改善以及项目之间的系统化管理来实现绩效改善的做法。上述主要做法包括:① 将集成管理的思想应用于项目管理过程中,比如将工程设计与施工工作进行整合[43],提出了建筑供应链管理的概念[44]。② 引入了企业管理中的一些系统化理论,比如 Dey(1999)[45]、Barber(2004)[46]和 Male(2007)[47]分别将企业流程再造、标杆管理和价值管理等理论引入到项目管理领域中来。③ 将项目成功标准作为项目管理绩效改善的目标,主要研究项目的成功标准以及项目成功的关键因素,比如 Chan(2001)[48]和Fortune(2006)[49]研究了鉴定项目成功的关键因素,Du(2009)[50]提出了一个预测国际工程成功标准的结构方程模型,通过多元回归分析和人工神经网络分析可以较为精确的判断项目的成功情况。另外,Westerveld(2003)[51]提出了项目成功标准和成功因素的卓越概念模型。④ 通过项目之间的系统化管理来改善项目管理绩效,Reyck 等(2005)[52]和 Lycett 等(2004)[53]分别进行了项目组合管理与项目群管理理论的研究。二者相同之处都是将多个相关项目进行统一协调管理,从而获得单独对各个项目进行管理所无法获得的管理效益。

还有一些研究人员试图通过制度创新来提高项目管理绩效,比如 Berends(2000)[54]提出通过激励与约束机制的设计来改善项目管理绩效。Singh(2006)[55]和 Medda(2007)[56]认为,项目各利益相关者之间最合理的风险分担是提高项目管理绩效的关键所在。Turner(1999)[57]和 Koch(2006)[58]将公司治理理论引入项目管理领域,提出了项目治理理论和思想,以此来改善项目管理绩效。另外,Dai 等(2004)[59]讨论了项目管理办公室的特征及其与项目绩效的关系问题。Cho 等(2009)[60]利用结构方程模型分析了项目特点对项目绩效的影响关系。Ling 等(2009)[61]讨论了新加坡 AEC 企业所开展的一种项目管理实践方法对项目管理绩效的影响问题。Eriksson 等(2011)[62]提出一种通过建立协作的采购流程来提高建设项目管理绩效的方法。美国项目管理协会(Project Management Institute,PMI)为了方便项目管理组织更好地评估和改进项目组织业务绩效,进行组织变革,提出了组织级项目管理成熟度模型(Organizational Project Management Maturity Model,OPM3)。此模型成了美国国家标准 ANSI/PMI 08-004-2008[63]。杜亚灵等(2008)[64]通过大量的文献研究,归纳总结出项目管理绩效改善的方法主要有两种:一种是通过对项目管理技术或方法的改善来提高项目管理绩效;另一种是通过制度安排,达到利益相关者之间责、权、利的均衡,以此来激励和约束各方共同努力,实现项目管理的目标。

2.2　代建制及代建绩效的研究现状

2.2.1　代建制研究现状

研究人员在中国期刊全文数据库中以"篇名"为检索项,以"代建制"为检索词,共检索到 958 篇研究文献。这些研究文献发表时间为 2002～2010 年,可以看出,代建制及其相关研究一直是国内工程管理领域的一个研究热点。经过对大量研究文献的梳理和分析,可以将有关代建制研究的主要内容归纳为以下七个方面。

2.2.1.1　有关代建制和代建管理模式的综合研究

张伟(2008)[65]对代建制进行了较为全面系统的研究,界定了代建制的概念,阐述了其运作机理,分析了代建制下的产权关系、委托代理关系,研究了代建制的适用范围、项目实施流程、招标方式、计价方式、组织结构、责权分配、监管体系和成功要素等问题,辨析了代建管理模式的特点和内涵,构建了代建管理细则,提出了完善代建制相关法规体系的立法建议。另外,张伟等(2007)[66]将代建制模式与传统管理模式、工程总承包模式、施工管理(CM)模式以及工程管理承包模式进行了比较分析,指出了各类管理模式之间的区别。赵淳怡(2008)[67]界定了代建制的内涵和适用范围,揭示了其本质与特征,对代建模式、代建费用、绩效评估等主要问题进行分析,提出重点做好加快法制建设、完善代建制的基础性内容、构建激励和约束机制、加强配套措施等有关建议。徐勇戈(2006)[68]对实行代建制的相关机制进行研究,构建了基于非对称信息条件下的代建制委托-代理模型,设计出风险-收益机制、多任务条件下代建管理工作机制以及代建单位团队生产激励与约束机制。韩伟(2007)[69]提出了基于虚拟建设和动态联盟的代建制管理模式。谢颖(2008)[70]研究了政府投资人对代建项目的管理理论与方法。宋金波等(2010)[71]通过对国内试点地区政府投资项目代建制实施情况的分析,归纳总结出政府集中代建、市场化代建和中间模式三种不同的代建制模式,对三种模式的流程、特点进行对比分析,并阐释了各利益相关方的关系。

2.2.1.2 有关代建制风险的研究

李静(2006)[72]论述了代建制三方的关系及各自职责,分析了出资人和代建人承担的主要风险,并提出了风险规避的具体措施。陈伟坷等(2008)[73]通过构建代建委托-代理模型,分析了我国代建制推行过程中由于业主和代建人违约所引起的合同风险问题,针对发现的问题探讨了代建合同风险防范机制,提出建立代建制担保模式来有效规避代建工作风险。谢朦等(2010)[74]根据基于层次分析法、Delphi法和模糊数学理论相结合的风险评价方法,研究构建了有关代建单位风险的模糊评价模型。

2.2.1.3 有关代建合同的研究

邓中美(2007)[75]研究了代建合同主体各方的委托代理关系和信息不对称问题,建立了代建合同主体三方的动态博弈模型,从制度效率角度剖析代建合同条件,对代建合同条款进行风险评价,研究了代建合同管理费用标准,对代建合同条件方案设计与条文进行说明,并提出了完善代建合同条件的政策建议。兰定筠等(2008)[76]围绕代建合同成本激励系数、工期激励系数的设计问题,建立了政府委托人、代建人、承包商的收益和支付函数,讨论了政府委托人和代建人的收益、支付与单一的成本激励系数的关系,以及代建人的收益与项目工期的关系、工期激励系数与最优工期的关系,建立了政府委托人和代建人的主从递阶决策模型,并提出了求解模型的方法。黄晖(2009)[77]对代建管理费用构成进行分析,提出了代建管理费取费标准以及代建管理费取费意见。

2.2.1.4 有关代建单位选择的研究

李彪等(2006)[78]通过运用模糊数学的优选理论,建立了改进的代建单位模糊优选模型,提供了对代建单位进行定性、定量综合评选的方法。黄佳等(2008)[79]在构建了代建单位评选指标体系的前提下,建立了基于层次灰色关联分析技术与定性指标的模糊隶属度理论相结合的代建单位评选的数学模型。黄喜兵等(2009)[80]结合各地招标选择代建单位所用的评标标准,构建出对代建单位评选的综合指标体系,并提出基于数据包络分析的代建单位评选方法。

2.2.1.5 有关代建制激励约束机制的研究

兰定筠（2008）[81]对代建制进行了制度设计研究，提出制度设计内容包括体制、法制、运行机制和组织机构，得出对代建人的成本激励应实施累计激励的结论，并研究了政府委托人如何制定最优成本激励系数、最优工期激励系数，使政府委托人、代建人双方的收益最大化，建立了工期成本组合激励的计算公式。项健等（2010）[82]认为，在代建制管理模式下声誉机制对代建单位是一种有效的激励方式，并以政府业主与代建单位的监督激励为研究背景，应用声誉模型分析了声誉机制对代建单位的激励效应。

2.2.1.6 有关各地代建制实施情况的研究

周世玲（2006）[83]、朱艳梅（2006）[84]、谭国等（2007）[85]分别研究总结了贵州、四川、广西等地政府投资项目实施代建制的情况以及面临的问题，提出了相应的对策和建议。王书文等（2008）[86]对深圳、上海、重庆代建制试点模式进行了归纳，研究了它们的特点和具体管理方法，分析了它们在代建范围、行政主管部门、监管体系、代建单位资质等方面的差异。

2.2.1.7 有关代建制存在的问题及解决思路的研究

胡其彪等（2006）[18]、王炜（2007）[17]、梁昌新（2007）[16]、贾新堂（2008）[15]、陈砚祥（2008）[13]、强青军等（2008）[12]等均对实施代建制过程中存在问题进行了分析，并提出了解决的思路和相关措施。

2.2.2 代建绩效研究现状

2.2.2.1 代建绩效评价的研究现状

目前对代建绩效评价方面的研究，主要是立足于政府主管部门或政府委托人对代建单位管理绩效的评价。徐高鹏等（2006）[87]讨论了政府对代建单位绩效考评的重要性，提出了代建单位绩效考评制度的总体框架和路径，指出绩效考评方法体系包括：确定合理的绩效考评范围，建立适用的绩效考评指标体系，选择科学的绩效评定办法。赵彬等（2007）[88]从政府管理部门的角度构建了代建单位绩效考评指标体系，建立了基于层次分析法、模糊综合评价法以及数据包络法相结合的 AFD 综合评价模型。漆玉娟等（2007）[89]从质量管理、进度管理、投资管理、资金使用和管理、基本建设程序的履行、工程招标与发包等方面构建出代建单位绩效考评指标体系。邓曦等（2008）[90]以代建行为、代建业绩、代建人的技术管理水平、代建团队、项目满意度等五个方面为主要指标构建评价体系，用灰色多层次评价方法进行代建人的绩效评价。韩美贵等（2009）[91]运用层次分析法，从代建人的资质状况、管理水平和项目绩效三个方面构建出代建人绩效考核指标体系。崔跃等（2009）[92]利用网络分析法（ANP）构建了代建单位绩效考评体系模型。张静等(2009)[93]为便于政府主管部门对代建绩效作出综合评价,借鉴平衡计分卡方法,构建出政府投资项目代建单位绩效评价指标体系。

2.2.2.2　代建绩效改善的研究现状

在代建绩效改善研究方面,天津大学和天津理工大学的相关研究团队进行了较为广泛和深入的研究。传统的公共项目管理绩效改善普遍采用管理学范式的方法,即通过项目管理活动的优化来达到改善绩效的目的;而天津大学和天津理工大学的研究团队主要从项目治理的研究视角来探讨如何实现公共项目管理绩效的系统化、科学化改善。尹贻林等(2010)[94]认为,公共项目管理绩效改善研究经历了从管理学范式到经济学范式的转变,指出现阶段改善我国公共项目管理绩效的重要着力点应该是公共项目管理制度层面的调整和优化,公共项目管理绩效改善实际上是一个管理创新和制度创新相结合的过程。杜亚灵等(2008)[95]指明了公共项目管理绩效评价的过程化发展趋势以及改善方法由管理层面逐渐深入到制度层面的发展方向。杜亚灵等(2008)[96]还分析了公共项目绩效改善、项目治理以及风险分配之间的逻辑关系,阐述了合理的风险分配对于公共项目绩效改善的重要意义,并提出了公共项目风险分配模型。另外,杜亚灵等(2008)[97]总结出能够在很大程度上影响项目管理绩效并且可以为人们控制的两大类因素,即项目管理与项目治理,并运用SCP(结构-行为-绩效)范式分析了公共项目管理绩效、治理、管理之间的关系,揭示了公共项目管理绩效的形成机理,并针对政府投资项目管理绩效的改善机理进行了实证研究[98]。

严玲(2005)[99]提出了公共项目治理理论,探讨了公共项目治理结构和治理机制,建立了代建项目治理水平评价指标体系,并运用层次分析法(AHP)和模糊数学的方法对不同代建制方案进行了评价,提出了基于治理理论的代建制绩效改善途径。另外,严玲等(2006)[100]指出,企业型代建模式下所形成的治理结构的改善需要通过内部治理和外部治理以及政府监督机制这三个途径来实现。陆晓春(2008)[101]从项目治理的角度出发,构建了改善代建项目管理绩效的途径;从政府投资人的角度,建立了代建项目管理绩效评价指标体系,提出了基于标杆管理思想的、动态的代建项目管理绩效评价模型来实现代建项目管理绩效的持续评价与改善。

游亚宏(2007)[102]探讨了标杆管理在公共项目管理绩效改善中的应用问题,建立了基于标杆管理的公共项目管理绩效改善模型,并介绍了模型实现的方法和工具。柯洪(2007)[103]提出通过运用公共管理理论、标杆理论来寻找公共项目代建管理过程和效果的标杆,包括代建人的管理素质以及代建过程中的质量、进度和成本管理的最佳实践,并根据最佳实践建立了公共项目管理绩效持续改善的模型。范道津(2007)[104]指出,代建制绩效的产生与组织设计、参与人之间的耦合互动密切相关,结合代建制项目管理绩效的公共性,构建了按照"过程＋结果"模式确立的代建制项目管理绩效评价指标体系,并介绍了在不确定环境下对代建制项目管理绩效进行评价的方法。

张福庆(2009)[105]通过引入流程管理理论来实现对代建绩效的改善,根据代建项目和代建业务的特殊性,在前期决策、建设准备、建设实施、项目竣工、项目后评价等五个阶段,建立了标准规范的代建管理流程,来确保代建管理的规范运作,以实现代建管理效率的提升。

2.3 知识管理理论及其在工程管理领域的研究现状

2.3.1 知识管理理论研究现状

2.3.1.1 国外研究现状

知识的问题自古希腊以来就为哲学家们所讨论,并一直延续至今。随着第二次世界大战以后第三次科技革命的兴起,知识继资本、土地、劳动力之后成为现代重要的生产要素,其对经济增长的贡献随着知识经济的提出而凸显出来。世界经济合作与发展组织(Organization for Economic Co-operation and Development,OECD)自20世纪90年代开始深刻感受到知识及信息是经济快速成长的基础,而知识更是生产力及经济成长的动力,未来的经济发展应着眼于信息、科技与学习。经历了多年讨论后,OECD在《1996年科学技术和产业展望》的报告中,首次提出以知识为基础的经济(Knowledge-based Economy,知识经济)的概念,将知识经济定义为建立在知识和信息的生产、分配和使用之上的经济,并认为依附在人力资本和技术中的知识将是经济发展的核心。[106]

随着知识在信息社会中取代了土地、资本、劳力等实体资本成为最重要的经济资源,人们开始将知识视作一种重要的战略资源,以资源管理的理论和方法来研究如何对知识进行管理,提出了知识基础观,并在此基础上形成了知识管理理论。应当说知识管理是基于新的经济形态——知识经济的出现以及人们对知识与管理内涵的更深层次的理解而逐渐发展起来的。知识管理吸引了企业管理学、图书情报学、计算机科学、传播学等领域的学者进行积极地参与和研究,其理论基础具备了多学科融合的特点。[107]

被誉为"知识管理理论之父"和"知识管理的拓荒者"的日本管理学大师野中郁次郎(Ikujiro Nonaka),在跟踪观察日本制造企业由弱到强的变化规律的30多年里,发现了一个重要的共同特征,即一个组织之所以比其他组织更优秀或更具竞争力,是因为它能够有组织地充分调动成员在内心深处蕴藏的个人知识。[108]另外,他以索尼、松下、佳能、本田、日本电气和富士复印机等日本公司为例开展的研究表明企业必须不断创新,而知识才是创新之源。他指出,日本企业的过人之处,主要在于其组织的知识创造能力。[109]野中郁次郎深入研究了日本企业的知识创新经验,系统地提出了隐性知识与显性知识之间的相互转换模式。该转换模式已经成为知识管理研究的经典基础理论。野中郁次郎认为,企业需要更加重视由隐性知识所引发的知识创造,以形成创新的原动力。

国外对知识管理的研究目前主要集中在四个方面[110]:① 知识管理的实施问题,包括知识管理实施的环境、实施过程中遇到的问题及解决办法、实施的步骤和方法等。② 知识管理与组织的关系问题,包括组织环境对知识管理的影响、组织合并对知识管理的相互影响、知识管理对组织改革及创新的促进作用等。③ 知识管理与相关领域研究,包括知识管理与人力资源管理和全面质量管理相结合的问题、知识管理对信息管理的相互影响问题。④ 知识管理技术和软件工具的研究,包括知识管理的实现技术、知识管理软件、知识管理平台的构建技术、知识管理工具的选择问题。

2.3.1.2 国内研究现状

国内对知识管理理论的研究工作起步较晚,较为系统和正式的研究工作开始于 1998 年。虽然起步较晚,但随着国内学者和企业人员的日益重视,近年来此类研究也取得了大量研究成果。从国内知识管理的研究内容来看,1998 年的研究主要限于对国外知识管理思想的介绍;1999 年起企业知识管理开始成为研究热点;到了 2000 年便开始了知识管理的理论研究,主要包括对知识管理的系统、战略、模式的研究,以及对知识管理与信息管理、情报、核心能力、组织创新的关系的研究;从 2002 年起出现了对知识管理的理论和应用研究齐头并进的局面,在研究内容上也由宏观走向微观。[111]在国内,据蓝凌管理咨询支持系统有限公司 2005 年和 2006 年连续两年的全国性调查,中国企业的知识管理整体上已经走过初始阶段与认知阶段,进入重用阶段。[112]

近年来,知识管理研究的领域不断拓展,从图书馆学领域逐步拓展到各类生产制造行业,知识管理的基础理论逐步得到认可,人们对知识管理的作用更加重视。许多研究人员对知识管理测度的问题进行了专题研究,主要包括知识管理绩效的测度、知识管理能力的测度和知识管理状况的测度,其中对于知识管理绩效的评价研究开展最为广泛。[113]一些研究人员还对知识管理对企业核心竞争力和组织绩效的关系和作用机理进行了大量研究,[114]对企业知识管理系统的研究也是一个热点。[115-116]另外,研究人员继续将知识管理理论向其他生产和研究领域进行实践和推广,比如研究了知识管理与供应链管理、客户关系管理、虚拟企业、电子商务、协同商务等相融合的问题。[117]

值得提出的是,1999 年 6 月由清华大学、清华同方发起,开始建设国家知识基础设施工程(China National Knowledge Infrastructure,简称 CNKI)。CNKI 工程是以实现全社会知识资源传播共享与增值利用为目标的信息化建设项目。CNKI 工程采用数字图书馆技术,建成了世界上全文信息量规模最大的 CNKI 数字图书馆,并正式启动建设"中国知识资源总库"及 CNKI 网络资源共享平台,通过产业化运作,为全社会知识资源高效共享提供最丰富的知识信息资源和最有效的知识传播与数字化学习平台。这是一个典型的知识管理应用实践的成功案例。另外,为了规范知识管理领域的重要术语、概念、基本原理、方法、规则、模式和流程,我国制定了知识管理国家标准。其中,2009 年 8 月国家发布了知识管理国家标准第一部分即框架,从 2009 年 11 月 1 日开始实施;2011 年 1 月 14 日发布了术语、组织文化、知识活动、实施指南、评价等五个部分的国家标准,均从 2011 年 8 月 1 日开始实施。

2.3.2　知识管理理论在工程管理领域的研究现状

2.3.2.1　国外研究现状

Tah 等(2001)[118]提出了针对项目风险管理的知识管理思想和方法,提出了知识共享和知识库的运用,建立了项目风险知识管理框架的系统模型。Zou 等(2002)[119]指出许多公司开展了组织学习和知识管理工作来提高企业竞争力,虽然施工企业也是竞争性产业,但组织学习和知识管理的观念却很少在施工企业采纳,因此建议施工企业通过实施知识管理-组织学习模式来适应建筑业当前的发展环境。Arain(2006)[120]提出了一个基于知识的工程项目变更管理决策支持系统,包括知识库和决策支持框架。Dave 等(2009)[121]提出在建筑施工企业通过信息和沟通技术,建立基于协作的知识管理体系的设想。Kanapeckiene 等(2010)[122]指出,过去当建设项目完成后人们无法再从中进行学习,参与的管理人员虽然已经掌握了项目中的隐性知识,但当参与新的工程时就容易将这些很重要的知识忘却;强调了隐性知识的重要性,并指出知识的多方利用是建设项目有效实施的关键因素;在此基础上提出了建筑业的集成化知识管理模型。通过以上文献可以看出,知识管理在工程(项目)管理领域的应用问题当前在国外依旧是一个研究热点。

2.3.2.2　国内研究现状

对于作为项目管理学科基础的项目管理知识体系(Project Management Body of Knowledge,简称 PMBOK)的研究,自 1986 年以来一直是国际项目管理专业领域关注的焦点,由于管理的双重属性(自然属性和社会属性),世界各国都在研究制定本国的项目管理知识体系。中国项目管理知识体系(Chinese-Project Management Body of Knowledge,简称 C-PMBOK)的研究工作开始于 1993 年,是由中国优选法统筹法与经济数学研究会项目管理研究委员会(Project Management Research Committee,简称 PMRC)发起并组织实施的。PMRC 于 2001 年 7 月在《中国项目管理知识体系与国际项目管理专业资质认证标准》一书中正式公开颁布了"中国项目管理知识体系"(即 C-PMBOK2001),2006 年 PMRC 在 C-PMBOK2001 的基础上组织编写了新一版的《中国项目管理知识体系》(即 C-PMBOK2006)。该知识体系主要分为三大部分:第一部分是项目管理学科的体系框架,罗列出了中国项目管理知识体系结构;第二部分是面向临时性组织的项目管理知识;第三部分是组织项目化管理,主要讨论长期性组织项目化管理的体系框架与主要方法。[123]2003 年,在借鉴国际工程项目管理通用做法,并结合中国工程项目管理实际的基础上,以吴涛、丛培经为首的编委会编写出一部适用于工程项目管理领域的专业知识体系教科书《中国工程项目管理知识体系》。

王众托(2003)[124]较早地进行了在项目管理领域开展知识管理的研究工作,探讨了项目管理中所使用的知识的类型和作用、在项目管理的各个阶段获取和使用的知识内容、知识的转化与知识创新问题,以及知识管理中的技术工具支持问题。王华等(2005)[125]在分析传统工程项目管理组织模式局限性的基础之上,提出了通过建立工程项目管理知识联盟来提高工程项目管理的专业化和市场化的观点,并探讨了工程项目管理知识联盟的基本形式及构建机制。林纪宗等(2005)[126]从工程项目质量管理的过程、影响因素、主体和管理方法等四个方面论述了知识管理在工程项目质量管理中的应用问题,介绍了工程项目质量管理知识库的构建方法。车春骊(2006)[127]分析研究了建设项目管理与知识管理的关系,建立了以项目管理为核心,包含组织体系、人员体系、技术体系、经营体系、风险管理体系的大型建设项目知识管理体系。

徐森(2006)[128]在分析知识管理的特点及模式的基础上,构建出以团队为基础的工程项目知识管理网络组织。另外,徐森(2007)[129]还分析了知识管理与项目文化的关系,提出了通过建立以信任和学习型文化为基础的知识导向型项目文化,来保障知识管理在工程项目组织中能得到成功实施。吴贤国(2006)[130]提出对最佳实践知识和失败知识的管理是建筑业知识管理的两个重点,探讨了工程项目失败的原因及其阶层性,提出了工程项目失败的判别指标、工程项目失败的影响因素,研究了工程项目失败知识化过程和建立相关知识库的过程,设计了工程项目失败知识库数据表结构和基于 PDCA 循环的知识更新过程,并分析了工程项目失败的监测预警系统。

沈良峰(2007)[131]从房地产企业知识管理运行的角度,构建出基于知识管理的房地产开发企业知识管理规划体系;提出基于知识管理的房地产开发企业组织结构模型,建立了知识资源体系;提出了面向流程的知识地图实现、知识管理框架和知识库的构建方法,以及基于知识管理的文化结构层次内涵和建设思路;讨论了房地产开发企业知识管理支撑的技术体系。李蕾(2007)[132]从建筑企业的角度出发,针对建筑企业实施建设项目知识管理的难点,结合对项目各阶段知识的分析,构建出面向建设项目的知识管理理论框架,建立了建设项目知识管理的系统模型;从知识管理过程能力和基础设施能力两方面着手,建立了知识管理能力指标体系;在分析知识管理能力与项目绩效之间的关系的基础上,建立了建设项目知识管理绩效评价的概念模型。

张瑾(2008)[133]建立了工程项目全寿命周期的知识管理系统,提出了知识管理在项目各阶段的实施方案,并对工程项目信息系统与知识管理的关系和作用进行分析。高峰等(2008)[134]提出了基于知识管理的工程项目管理框架体系,从组织结构、组织文化、项目实施过程和风险管理四个维度对工程项目知识管理进行了分析。高照兵等(2008)[135]在分析美国、英国等代表性国家或组织项目管理知识体系的基础上,构建出了项目管理知识体系框架。孟宪海(2008)[136]分析了工程项目环境下的知识管理体系、知识管理与其他管理的联系以及知识管理的主要任务,指出通过持续学习项目团队将不断丰富知识、提高管理水平、改进绩效表现。刘晓东(2009)[137]在对知识管理、工程项目进度管理持续改进、工程项目进度管理相关知识进行分析的基础上,提出了知识管理对工程项目进度管理持续改进的过程原理。王刚等(2010)[138]指出,传统的建设监理知识分类方法不能满足建设监理信息化的要求,并从知识管理视角将建设监理知识分为四类:专业知识、程序知识、行规知识、经验知识。

2.4　组织学习理论及其在工程管理领域的研究现状

2.4.1　组织学习理论研究现状

2.4.1.1　国外研究现状

March 和 Simon 在 1958 年就开始了有关组织学习的研究,[139] 1965 年 Cangelosi 和 Dill 首次提出了组织学习的概念,[140] 其后在 20 世纪 70 年代以 Argyris 和 Schon 为代表的一批学者将组织学习的研究推向新的发展阶段。Argyris 和 Schon 在 1978 年出版了《组织学习:行动观察的理论》,组织学习理论的提出,是 Argyris 对于组织变革问题的一种继续思考和研究的结果。Argyris

认为组织学习是所有组织都应该培养的一种技能,组织学习越有效,组织就越能够不断创新。他强调优秀的组织总是在学习如何能更好地检测并纠正组织中存在的错误(这里所指的错误是指计划与实际执行之间的差距,可能出现在技术、管理、人员等各个方面)。鉴于 Agryris 在组织学习理论研究方面作出的贡献,其被誉为"学习型组织之父"。

经过数十年的发展,在 20 世纪 90 年代组织学习理论迎来了一个研究高峰期,组织的学习能力也被视为是组织获取竞争优势的源泉,将组织学习理论系统化并把它推向高潮的是麻省理工学院组织学习中心(1990 年成立)主任彼得·圣吉(Peter M. Senge)教授。彼德·圣吉使用了一个新的术语:学习型组织(Learning Organization)。

壳牌石油公司 1983 年的一项调查表明,1970 年名列《财富》杂志"500 强企业"排行榜的企业,已有 1/3 已销声匿迹。据壳牌公司估计,大企业的平均寿命不超过 40 年,约为人类寿命的一半。彼得·圣吉通过对西方激烈竞争环境下的诸多企业进行系统和深入的考察,发现绝大多数企业的寿命都比较短,在通过对寿命在 100 年以上的企业进行深入研究后他得出这样的结论[141]:所有的"长寿企业"都具有一个共同特征,那就是具有很强的学习能力。这种学习不同于个体学习,也不是单纯对知识的学习,而是将企业作为一种具有生命活力的社会组织,对企业发展目标、现状和存在问题进行系统思考,改变企业决策者的心智模式的学习活动。

1990 年彼得·圣吉出版了《第五项修炼——学习型组织的艺术与实践》一书。书中对企业创建学习型组织的原因、学习型组织的内涵及其创建的思想和过程进行了深入分析。该书标志着组织学习理论研究产生了历史性的飞跃,带动了学习型组织理论研究与实践的热潮,并于 1992 年荣获世界企业学会最高荣誉——开拓者奖,被《哈佛商业评论》评选为在过去 75 年中影响最深远的管理书籍之一。彼得·圣吉认为,许多企业在学习能力上存在缺陷,即学习障碍,这种缺陷使企业在环境改变时不能迅速应变,从而严重损害了组织的生存与发展,因此必须建立学习型组织。彼得·圣吉提出了通过五项修炼,即自我超越、改善心智模式、建立共同愿景、团体学习和系统思考来建设学习型组织的观点。

在组织学习实践方面,世界排名前 100 位的企业几乎都按照学习型组织模式进行了改造,在美国排名前 25 位的企业当中有 80% 按照学习型组织模式改造了自己,微软公司取得惊人成就的秘密之一就是创建学习型组织,荷兰及美国都先后成立了组织学习研究中心。[142] 有数以千计的美国乃至世界各地的知名企业家,纷纷慕名涌入麻省理工学院学习中心接受学习型组织理论培训。[143]

目前有关组织学习和学习型组织的研究在国外仍是一个热点。比如,

Tolbert 等(2002)[144]提出了创建全球学习型组织的设想。JEREZ-GÓMEZ 等(2005)[145]研究了组织学习能力的衡量问题。Dimovski 等(2008)[146]通过对企业调研比较分析了斯洛文尼亚、克罗地亚、马来西亚三个国家的企业的组织学习过程,指出了各自的差异和优缺点。Hannah 等(2009)[147]通过一个多级模型讨论了如何建设和领导学习型组织的问题。

2.4.1.2　国内研究现状

国内对于组织学习和学习型组织理论的系统研究主要是从 21 世纪初才开始的,经历了一个从单纯介绍西方的相关理论和实践情况,到以西方理论和中国实际为基础,建立和发展适合于中国的相关理论和模型的过程。

国内以清华大学陈国权教授为首的研究团队一直致力于组织学习、学习型组织的理论和实证研究工作,取得了大量研究成果,为组织学习理论在中国的推广和应用作出了重要贡献。陈国权教授在 20 世纪 90 年代末承担国家"863 计划"基金项目"我国实施敏捷制造企业间合作机制及企业经营管理上敏捷化改造研究"(编号:863-511-9844-001)时,开始考虑通过组织学习来提高企业对市场机遇和客户需求的敏捷反应速度,进而开始了组织学习理论的研究工作。其主要研究成果体现在:研究确定了组织学习及学习型组织的概念、模型和测量体系;建立了一整套影响和推动组织学习和学习型组织的管理方法;确定出组织学习和学习型组织对组织绩效的影响关系;厘清了个人学习、团队学习和组织学习本身的机理及其与各自的前因后果因素之间的关系等。[148]

作为学习型组织研修中心(中国学习型组织网)创始人的邱昭良博士从 1996 年便开始了学习型组织的研究工作[149],并于 2003 年出版了《学习型组织新思维:创建学习型组织的系统生态方法》。邱昭良博士近年来一直致力于学习型组织和知识管理的研究、培训和推广工作,2010 年又出版了《学习型组织新实践:持续创新的策略与方法》一书,从理论和实践两个方面为建设学习型组织提供了行动指南。

华东师范大学俞文钊教授(2003)[143]以国家自然科学基金项目"现代企业建立学习型组织的理论与方法研究"(编号:70071010)为依托,详细研究了创建学习型组织的理论与方法,形成了学习型组织的理论、培养学习型员工的理论与方法、创建学习型团队的理论与方法、培养学习型领导的理论与方法,并探讨了学习型组织中管理者与员工的心智模式以及组织学习的理论与方法。

华南理工大学谢洪明博士带领的研究团队从 2005 年便开始了组织学习方面的研究工作,以组织学习为载体或中介,先后对市场导向、环境变动、社会资本、组织文化、组织创新、知识整合、核心能力、组织绩效等多个要素之间的相互关系和影响机制进行了深入研究,取得了许多研究成果。[150-155]

近些年,在国内组织学习仍然是一个研究热点,许多研究人员继续开展了大量研究工作。云绍辉(2006)[156]研究构建了学习型组织结构模型及其评价体系。王琳(2007)[157]分析比较了知识管理与组织学习理论的联系和区别,讨论了两种理论融合的可能性和理论框架。于海波等(2007)[158]通过调研得出我国企业组织学习的内部机制是一个以个体、团体、组织层和组织间学习为主线,以开发式和利用式学习为内容的过程。王文祥(2008)[159]对组织学习定义的分类情况进行评述,并提出了学习维度视角的组织学习定义分类框架,将组织学习定义分成单维度组织学习定义和多维度组织学习定义两类。云绍辉等(2007)[160]和高俊山等(2008)[161]分别建立了有关组织学习能力的评价指标体系和评价模型。朱瑜(2009)[162]从组织学习和创新的视角研究了企业智力资本与绩效关系的问题。

另外,鉴于组织学习和学习型组织的重要性,国内的诸多企业也进行了积极的实践。20 世纪 90 年代,我国的宝钢、伊利等数以百计的企事业单位,先后运用彼得·圣吉的五项修炼理论在企业内部建立了学习型组织,并从实践中取得了显著成效。[163]1994 年 10 月上海三联书店出版了彼得·圣吉的《第五项修炼——学习型组织的艺术与实务》一书,为国内研究学习型组织理论与实践探索提供了坚实基础。1996 年 7 月由上海市成人教育协会、同济大学、宝钢等 17 家单位的相关人员组成了学习型组织研究推进中心,随后上海明德学习型组织研究所正式注册成立。之后,两个组织在全国范围内开展了几百场报告、讲座与培训,并编写出版了多本专著。与此同时,全国其他省市也开始了学习型组织的学习和创建工作。

2001 年 5 月,江泽民同志在亚太经济合作组织人力资源能力建设高峰会议上提出了"构筑终身教育体系,创建学习型社会"的主张后,到 2001 年年底,全国已有 40 多个城市提出了创建学习型城市的目标。随后党的十六大报告又进一步指出要形成全民学习、终身学习的学习型社会,促进人的全面发展。2004 年,国家九部委联合发文倡导创建学习型企业,争创知识型员工。至此,学习型组织创建活动受到普遍重视,成千上万家企事业单位、数百个城市正在如火如荼地开展学习型组织创建活动。2009 年 9 月,党的十七届四中全会明确提出了建设马克思主义学习型政党的战略部署,2010 年 2 月中共中央办公厅下发通知,要求各级党组织积极建设学习型党组织,这两大举措又将学习型组织的研究和实践活动推向一个高潮。

当前国内外学者对于组织学习的理论研究已从早期有关组织学习的源起、内涵和本质等基本性问题,组织学习的类型、过程及机制等理论性问题,组织学习与学习型组织的关系问题,以及组织学习的测量、工具、障碍及方法等实际性问题的研究,逐渐过渡到当前对前期研究成果的归纳梳理、跨组织学习模型构建问题、组织学习与知识管理的相互作用问题、提高组织学习力的问题、组织学习与组织绩效的关系问题、组织学习的跨领域交叉渗透问题的研究。在实证应用方面,现有的组织学习研究,尤其是应用研究,大多数都面向生产制造企业,针对其他组织类型的研究相对较少。由于不同组织类型其组织学习特性并不相同,适合于生产制造企业的组织学习理论和方法未必适用于其他组织类型。因此,其他组织类型的组织学习研究相对滞后,这在一定程度上也妨碍了组织学习理论的推广和应用。

2.4.2　组织学习理论在工程管理领域的研究现状

2.4.2.1　国外研究现状

将项目管理与组织学习结合起来进行研究,在国外已有很多研究成果。比如,Kotnour(2000)[164]提出基于计划-执行-研究-行动的 PDSA 循环(The Plan-Do-Study-Act Cycle)的组织学习过程框架,并指出组织可以从项目实践经验中不断整合学到的知识,进而改善项目知识和组织绩效。Schindlera 等(2003)[165]提出了一个通过汲取项目经验教训来获取项目知识的项目学习方法。Sense(2004)[166]提出了组建学习型项目组织的五个要素,包括:学习关系、认知类型、知识管理、学习要求和学习环境、权力金字塔。Wong(2008)[167]分析了组织内部学习行为与建筑承包商组织绩效改进之间的联系。

2.4.2.2　国内研究现状

近年来,国内一些研究人员也开始将组织学习和学习型组织理论运用到工程管理领域,希望通过这种举措来提升企业或组织的管理水平和生产效率。

在构建学习型项目组织或项目管理组织方面,于仲鸣等(2006)[168]分析了建设学习型项目组织的意义以及学习型项目组织的内涵,讨论了建设学习型项目组织的要点。武玉琴等(2006)[169]分析了构建学习型工程项目管理组织的必要性,提出通过构建组织文化、激励机制、信息文化、组织目标来构建学习型工程项目管理组织的思路。徐友全等(2009)[170]分析了学习型项目管理组织的特点以及创建学习型项目管理组织的基础和模式,探讨了创建学习型项目管理组织的若干问题。

在创建学习型建筑企业方面,沈立平(2005)[171]在组织学习和学习型组织理论基础上结合工程建设的特点提出了施工企业的项目后评价学习模型,并利用该模型对项目后评价实践案例进行评价。秦霞等(2005)[172]从建筑企业的组织主体、组织目标和组织环节出发,构建出基于组织学习的生态型建筑企业组织模型,来提升建筑企业在知识经济时代的适应力和核心竞争力。姜保平

（2005）[173]提出了创建学习型建筑施工企业的思路、步骤和注意事项。陈津生（2005）[174]提出了建筑企业创建学习型组织的八个基本环节和三个标准。丁慧平等（2009）[175]在研究建筑企业成长能力演进机理问题时指出，为应对外部环境的变化，建筑企业沿着经验环和创新环，通过组织记忆以及企业层、项目层和组织间三个层面的组织学习与互动，将知识整合成市场开拓流程、组织管理流程、技术创新流程和网络合作流程，形成了相应的子能力，进而构成了建筑企业成长能力。

在创建学习型监理企业方面，韩风光（2009）[176]从监理企业性质、监理行业现状、监理市场竞争及规范化开展监理工作四个方面对创建学习型监理企业的必要性进行了分析，提出了创建学习型监理企业的六个措施。赵羽斌（2010）[177]总结归纳了创建学习型监理企业的经验，并从领导者的作用、管理制度的修订、学习与创新三个方面进行了具体阐述。方波浪（2011）[178]提出通过建立学习型组织，来共享企业内部的知识经验技能，进而提升监理企业核心能力的举措。

在其他研究方面，张维（2003）[179]针对建筑设计行业学习现状，从组织学习的外部环境、领导层观念转变、人员录用、组织文化创建及知识管理等方面，论述了改善建筑设计行业组织学习的措施，并提出丰富设计工作内容、创建知识同盟、学习者管理学习及终生学习等建议和理念。邹祖绪（2006）[180]讨论了房地产企业中创建学习型组织的措施。尹科夫（2007）[181]提出通过创建学习型组织来促进工程咨询业和谐发展的倡导，并从五个方面分析了创建活动的具体做法。方以川（2010）[182]分析了非经营性政府投资项目管理过程中建立学习型组织的意义，并从六个方面提出了构建学习型组织的具体措施。

2.5 核心能力理论及其在工程管理领域的研究现状

2.5.1 核心能力理论研究现状

2.5.1.1 国外研究现状

核心能力理论是由美国学者普拉哈拉德（Prahalad）和英国学者哈默（Hammel）首次提出的，1990 年他们在《哈佛商业评论》（*Harvard Business Review*）上所发表的《公司的核心能力》（*The Core Competence of the Corporation*）一文中首次提出了企业核心能力的概念。他们提出，核心能力是企业持续竞争的优势之源[183]。此后，核心能力理论成为管理理论界的前沿问题并被国内外学术界和企业界广为关注，它代表了战略管理理论在 20 世纪 90

年代的最新进展。

国外对于核心能力的研究已从理论研究转移到应用研究方面,通过实证分析来界定和评价企业的核心能力,更加强调理论和实践的紧密结合。比如,Leonard-Barton(1992)[184]从知识的角度对企业核心能力的构成进行了研究,认为核心能力是使企业独具特色并为企业带来竞争优势的知识体系,其包括技巧和知识、技术系统、管理系统、价值观系统等四个维度。Stalk 等(1992)[185]以 Honda 公司为例来进行企业核心能力的讨论,指出了企业核心能力对企业发展的重要性。Javidan(1998)[186]从实践的角度研究了企业核心能力的识别问题。Roux-Dufort 等(1999)[187]以法国核电站为例讨论了如何通过危机管理中的组织学习来构建企业的核心能力。Duysters(2000)等[188]研究了计算机领域企业核心能力与企业绩效的关系问题。Walsh 等(2001)[189]提出了运用能力金字塔来分析企业核心能力。Watanabe 等(2004)[190]以日本的医药及电子仪器行业在过去 20 多年的发展过程为对象,研究了企业核心能力的增强与响应多变市场的敏捷反应之间的关系问题。Bonjour 等(2009)[191]以汽车工业中自动变速箱设计为例分析研究了设计单位核心能力的构成,并提出了一种从产品、工艺、组织等方面诊断设计单位核心能力的方法。Worthington(2009)[192]研究验证了一个评价政府公共部门核心能力的模型。Nobre(2011)[193]从技术、管理和组织三个方面研究了 21 世纪新兴制造业企业的核心能力的构成和特征。

2.5.1.2　国内研究现状

国内对核心能力的研究起步较晚,也是从对国外研究成果的介绍和综合,逐渐过渡到对国内企业核心能力培养、识别和评价上来,并开展了实证研究工作。比如,王毅(2000)[194]、袁智德等(2000)[195]、曹兴等(2004)[196]、王晓萍(2005)[197]等对国内外企业核心能力的理论发展和研究状况进行了评述和比较。踪程等(2006)[198]研究了企业核心能力的评价问题。黄定轩(2007)[199]研究了企业核心能力的识别问题。吴雪梅(2007)[200]对企业核心能力的内涵和特征进行了界定。王宏起(2007)[201]和范新华(2009)[202]分析研究了企业核心能力的形成机理。贺小刚等(2007)[203]对高科技企业核心能力的培育机制进行了实证研究。黄文锋(2010)[204]讨论了企业核心能力的测度方法。当前核心能力理论并不成熟,在国内仍然是一个研究热点。

2.5.2　核心能力理论在工程管理领域的研究现状

作为建筑业范畴的建筑施工企业、监理企业、房地产企业、工程咨询企业等在长期实践过程中,会形成自己的核心能力,对企业参与市场竞争和发展壮大具有重要作用,因而受到业内人士的普遍关注。近年来,国内外一些研究人员对建筑业企业的核心能力的构成、培育和评价等方面进行了一些研究。

Lampe(2001)[205] 从企业、技术、评价、相关者等四个方面讨论分析了 EPC (Engineering Procurement Construction)总承包企业的核心能力的组成及其对大型工程项目实施过程控制的效果与作用。丁彪(2004)[206] 从管理能力、各类人才、创新能力、品牌建设、服务范围、市场营销、企业文化、企业机制等八个方面讨论了如何提升监理企业核心能力的问题。郭建斌(2006)[207] 提出通过强化企业创新能力建设、建设学习型组织、改进企业知识管理、重视企业品牌建设来培育工程咨询企业的核心能力。黄定轩(2007)[199] 讨论了构建建筑企业核心能力的途径。张小峰(2008)[208] 提出从发现项目、承揽项目、执行项目、升华项目等四个环节对传统施工企业核心能力构成要素进行整合,并提出一个基于核心能力的施工企业成长框架。郑丹丹等(2008)[209] 认为,构成建筑企业核心能力的要素包括三部分:市场能力、管理能力和技术能力,提出了建筑企业应实施识别-选择-培育-评价-调整核心能力的企业战略管理,以便在激烈的市场竞争环境中把握机遇,获得持续的竞争优势。彭苏勉(2009)[210] 研究构建了一个基于信息技术的建筑企业核心能力评价模型。何正林(2005)[211] 从创建学习型组织、更新企业文化、培养经营管理人才、强化企业战略资源整合能力和创新能力等方面讨论了房地产开发企业的核心竞争力培育问题。解冻等(2007)[212] 在比较了基于要素和基于过程的房地产企业核心能力理论的基础上,构建了基于组织知识的房地产企业核心能力模型。蔡俊岭(2008)[213] 研究了房地产开发企业核心能力的分析维度及指标体系,并采用模糊决策分析法和可拓评价方法构建出新型房地产开发企业核心能力评价模型。

虽然目前尚没有人提出项目管理核心能力的概念,但在项目管理能力的研究方面,国内学者已进行了不少的研究。孙震等(2004)[214] 提出了一个包括工期管理、质量管理、成本管理、技术管理、公共关系管理、安全管理与环保管理等七个方面的建筑企业项目管理能力评价指标体系,并实现了模糊综合评价。卢毅(2006)[215] 提出了一个基于项目经理的知识范围来划分项目经理的项目管理能力层次(共分为四个级别的项目管理能力层次)的方法。徐先国等(2007)[216] 从项目管理工具的使用能力、项目管理培训能力、统一方法的形成能力、知识管理及应用能力、单位内部的项目环境因素、以往的项目完成情况等六个方面构建了国防项目管理能力评价指标体系。吴新华等(2007)[217] 从组织机构建设、技术力量及历史业绩、对项目管理控制协调的力度三个方面构建了项目管理能力评价指标体系。营利荣等(2006)[218] 提出,从制定项目管理战略规划的能力、项目管理组织结构的选择能力、项目管理的系统工程能力(包括分解能力和集成能力)以及项目管理的团队能力(包括项目经理具备的能力、项目组具备的能力、胜任项目管理的大型组织具备的能力)等四个方面来建设项目管理能力体系。潘红(2008)[219]在 PMBOK 和 C-PMBOK 的知识体系的九大控制模块基础上,结合 OPM3 的评价标准、方法和绩效评价理论,提出了一套关于建筑施工企业项目管理能力的三级评价指标体系,并进行了实证研究。白思俊等(2008)[220]从项目管理能力分析出发,引入 OPM3、项目网络结构(PNS)等概念,提出了一个系统的和持续改进的组织项目管理能力开发模型(PMCDM)框架。杨启昉等(2009)[221]运用 OPM3 模型的核心思想,构建出适合我国组织项目管理发展现状的组织项目管理能力体系。韩连胜等(2010)[222]分析了企业项目管理能力与国内外通用项目管理能力的区别,讨论阐明了企业项目管理能力的内涵与特征。

2.6　相关研究现状的综合评述

(1) 当前对代建制的研究主要集中在宏观层面或制度层面,主要包括对代建制和代建模式综合研究以及代建制风险、代建单位选择、代建合同、代建激励约束机制、各地代建制实施情况等方面的研究,范围广泛,成果丰富。但目前所开展的研究一般从制度设计者角度或政府委托人角度或政府部门角度进行研究,从代建单位的角度进行的研究较少。另外,此类研究当前主要以理论研究为主,有关代建制的实证研究很少。

(2) 当前对代建绩效的研究主要集中在政府部门或政府委托人对代建单位绩效考核和评价方面,以此作为支付代建费用、对代建单位进行奖罚、对代建资质进行管理、选择代建单位的依据。研究主要侧重于评价方法和指标体系。采用的方法主要包括层次分析法、模糊综合评价法、数据包络法、路径分析法、灰色多层次评价方法、网络分析法、平衡计分卡法等。评价指标主要体现在质量管理、费用管理、进度管理、安全管理、合同管理、环境管理、变更管理、信息管理、企业实力、人员组织配备、组织协调能力、满意度等方面。而有关代建绩效改善方面的研究比较少,且主要是从制度的角度研究代建制绩效的改善,主要引入了公共管理理论、公共项目治理理论、供应链管理理论、项目成功因素、标杆理论进行研究。很少有人从代建单位的角度,基于提升项目管理能力和管理水平、提高企业竞争力和经济效益来研究代建绩效改善的问题。

(3) 近年来,国内外学者已将知识管理理论、组织学习理论、学习型组织理论和核心能力理论应用于建筑行业和工程项目管理领域,并开展了一些研究工作,但相对于其他领域,研究面还比较狭窄,研究深度不够,没有形成系统化研究,研究成果较少,许多问题还在探讨的过程中。国内此方面的研究工作更是刚刚起步。在工程管理领域,对于知识管理和组织学习是如何影响项目管理绩效的,项目管理能力与项目管理绩效的关系如何等问题,目前只进行了初步的定性研究,研究还不够系统,相关的实证研究更是凤毛麟角。

综上所述,通过大量文献研究分析发现,目前很少有人从代建单位的角度研究如何提高和改善代建绩效问题,尚没有发现综合运用知识管理、组织学习和核心能力理论进行代建绩效改善的专题研究。鉴于代建项目和代建工作的特殊性,对于知识管理和组织学习如何改善代建绩效、对代建绩效的改善效果如何、如何实现对代建绩效的改善、项目管理核心能力能否起到中介作用等问题目前还没有答案。这些问题都需要通过本书的理论研究、实证分析以及系统仿真加以解决和明确。

2.7 本章小结

本章先后分析了项目管理绩效评价与改善的研究现状、代建制及代建绩效的研究现状、知识管理理论及其在工程管理领域的研究现状、组织学习理论及其在工程管理领域的研究现状、核心能力理论及其在工程管理领域的研究现状,并对本书相关的研究现状进行综合评述,指出了当前研究中存在的不足之处。

第 3 章
代建绩效现状及其影响因素研究

3.1 代建制及代建管理模式概述

3.1.1 代建制内涵和概念的界定

3.1.1.1 对代建制的认知现状

在当前人们对代建制的理论研究中,代建制的概念还没有完全统一,存在一些差别。从国家层面上对代建制比较正式的定义只是在《国务院关于投资体制改革的决定》(国发〔2004〕20 号)中有所体现。此文件指出,对非经营性政府投资项目加快推行"代建制",即通过招标等方式,选择专业化的项目管理单位负责建设实施,严格控制项目投资、质量和工期,竣工验收后移交给使用单位。由于代建制当前尚处于试点推行阶段,还不具备出台国家级的规范性法律法规文件对代建制进一步定性的条件,研究人员对代建制的理解和认识并不统一,有着不同的见解。部分研究文献中对代建制的定义如表 3-1 所示。

表 3-1　　　　　　　　　　研究人员对代建制的界定

研究文献	代建制的定义	代建制的内涵
黄喜兵等 (2009)[223]	代建制是选择专业化的、具有相应资质的项目管理单位代替非专业化的、临时性的工程项目管理机构,由其对工程项目建设的投资、质量和工期进行控制并对其负责的一项新的非经营性政府投资项目建设的实施方式	代建制作为政府投资项目建设实施方式的一种制度安排,可提高政府公共财政的利用效率、增大社会福利、促进社会公平与和谐,是我国政府投资项目实施方式的发展方向,也是我国健全市场经济体系的必然选择

续表 3-1

研究文献	代建制的定义	代建制的内涵
张 伟 (2008)[224]	代建制是指对财政性直接投资或以财政性直接投资为主的非经营性项目,由政府投资主管部门或其授权机构通过招标方式选择专业化的项目管理公司,对项目建设实施全过程或分阶段管理,严格控制项目的投资、质量和工期,项目竣工验收后移交给使用单位的建设方式	代建制与 CM 模式、DB 模式、PMC (Production Material Control) 模式和 EPC 模式一样,也是一种项目管理模式,但存在明显区别
兰定筠等 (2008)[225]	代建制不同于工程建设的其他组织实施方式,是政府投资体制和工程建设管理体制的制度创新,也是我国政府投资项目管理制度的创新	代建单位的项目管理与 PM(Project Manager,PM)项目管理公司、工程承包商、PMC 承包商、CM 单位的项目管理在管理主体、目标、内容、职权、合同关系等方面存在区别,代建单位的项目管理属于业主的项目管理
王 炜 (2007)[17]	代建制是指政府通过招标或规定的方式,选择社会化、专业化的项目代建单位,负责项目的投资管理和建设实施组织工作,严格控制项目的投资、质量和工期,项目建成后交付使用单位的制度	代建制是在工程项目管理服务和工程总承包基础上发展而来,但与两者之间存在着较大的区别
孔 晓 (2006)[226]	代建制是改革政府参与工程项目建设实施方式的一项管理制度,是中国政府投资工程项目委托管理制度的特定称谓,可称为政府投资工程项目的委托管理制	代建制是一项管理制度,而不是工程项目的管理模式;代建制可通过国际通用的多种工程项目管理模式予以实施,但 EPC 不是代建方式
陈应春 (2004)[227]	代建制是工程项目管理的一种表现形式,通过招标等方式,选择专业化的项目管理单位负责建设实施,严格控制项目投资、质量和工期,建成后移交给使用单位	代建制源于政府投资项目,与工程总承包不同,属于《关于培育发展工程总承包和工程项目管理企业的指导意见》(建市〔2003〕30 号文)中的工程项目管理
乌云娜等 (2004)[228]	国际上项目代建制的运用已十分普遍,美国、加拿大等国家的大型工程公司主要业务形式均为项目代建服务,其中工程总承包业务占 65% ～ 85%,工程项目管理服务占 5% ～15%;代建制在工程建设管理中的主要应用模式包括工程总承包和工程项目委托管理两种	代建制等同于工程总承包(包括 DB 模式、EPC 模式)和工程项目委托管理(包括 PM 模式和 PMC 模式)两种
胡昱等 (2003)[229]	代建制即政府主管部门对政府投资的基本建设项目,按照使用单位提出的使用、建筑功能要求,通过招投标的市场机制选定专业的工程建设单位(即代建人),并委托其进行建设,建成后经竣工验收备案移交给使用单位的项目管理方法(俗称交钥匙工程)	代建制是国际上比较成熟的一种项目法人运作方式,在我国属于刚起步的新生事物

3.1.1.2 代建制目前的实施方式

从各地代建制实施的情况来看,承担代建任务的代建单位主要有两类:一类是各级政府成立的集中代建机构,如河北省社会公益项目建设管理中心、贵州省省级政府投资工程代建中心、安徽省公益性项目建设管理中心、深圳市建筑工务署、鹤壁市政府代建中心、玉溪市政府投资项目代建中心、江苏省各市设立的政府投资工程集中代建机构等,本书将该代建实施方式称为集中代建模式;而另一类是社会化的工程管理公司,如北京、上海、浙江、广东、福建、湖北、重庆等地的代建制就是通过选择专业化、社会化的工程管理公司来实施代建的,本书将这种代建实施方式称为企业代建模式。另外,一些地区比如江苏省,既在推行集中代建,同时又允许社会化的工程管理企业参与承担政府投资项目的代建任务。江苏省从 2006 年至 2009 年先后认定了三批江苏省项目管理试点企业和政府投资工程集中代建机构,分别为 148 家和 30 家(如表 3-2 所示),为江苏省更好地推行代建制奠定了基础。

表 3-2 江苏省项目管理试点企业和政府投资工程集中代建机构的认定情况

批 次	公布时间	相关文件	项目管理试点企业数量	政府投资工程集中代建机构数量
第一批	2006 年 4 月 18 日	苏建工〔2006〕190 号	55	13
第二批	2008 年 3 月 19 日	苏建工〔2008〕87 号	51	2
第三批	2009 年 6 月 23 日	苏建工〔2009〕194 号	42	15
合 计			148	30

为了更好地推行代建制,各地对代建业务的主管部门进行了明确,或者成立专门的管理机构进行管理,比如北京市、江苏省、重庆市、福建省等地由发改委负责管理,上海市由市政管理局负责,广东省则专门成立了有法人资格的直属省政府的事业单位——广东省代建局来负责选择和考核代建单位,并参与代建项目的验收工作,而作为代建制发源地厦门市则由建设委员会主管。

从以上内容可以看出,当前研究人员对代建制的认知和理解并不完全一致,对于代建制的内涵的理解有的甚至大相径庭。在其他的研究文献中,个别研究人员甚至抛开了政府投资项目讨论代建制,还有人提出对于经营性政府投资项目和私人项目也可以或也应推行代建制。另外,当前国内对代建制的实施方式尚没有一个统一的要求,各地的实施方式也存在差异,依旧在"摸石头过河"。因此,为了更好地在我国完善和推广代建制,必须进一步对代建制的定义和内涵进行明确和界定。本书认为,要想对代建制有一个正确的认识和把握,必须从推行代建制的本质上进行考虑,应重点分析代建制产生的背景和推行的初衷。

3.1.1.3 代建制产生的背景及推行初衷的剖析

（1）代建制产生的背景

在代建制被提出之前,我国在对政府投资项目管理上已采用了多种有效制度,主要包括基本建设程序制度、项目法人责任制、招投标制度、合同管理制度、建设监理制度、项目审计制度、财政管理制度、重大工程稽查制度、项目后评价制度等,这些制度共同构成了我国政府投资项目的传统管理体制。传统管理体制较好地解决了经营性政府投资项目建设过程中存在的问题,但非经营性政府投资项目建设过程中的诸多问题依旧存在,比如:项目投资失控和资源浪费现象严重、工程质量和工期得不到保证、组织者违规操作现象严重、腐败事件时有发生等。[230]本书认为,产生这些问题的原因主要在于以下四点。

① 无法真正落实项目法人责任制。虽然《关于实行建设项目法人责任制的暂行规定》中明确规定非经营性政府投资项目可参照此规定执行,但由于公益性和事业性项目主要由政府拨款建设,建成后不存在运营机制,建设单位不需要为项目资金的筹措、债务的偿还和资产的保值增值负责,因而一般不需要组建公司性质的项目法人,通常是由各地的使用单位、建设主管部门、工程指挥部、投资主管部门或者资产管理部门来充当建设单位负责项目建设任务。虽然有些地方由具有法人资格的政府下属的投资公司或资产经营公司作为项目法人,但其往往权力有限,都无法真正落实项目法人责任制。因此,最终形成了投资、建设、管理、使用多位一体管理不到位的不良局面。一方面,建设单位缺乏控制投资的动力;另一方面,政府部门监管困难,这就为投资失控、违规操作和工程腐败埋下了伏笔。

② 传统管理模式存在较多弊端。在传统管理体制下,非经营性政府投资项目建设领域形成了以使用单位设立的基建处、临时组建的工程指挥部（或筹建处）、具有行业特色的政府部门等为建设管理主体（即通常所说的政府业主）的建设监理模式,本书分别简称基建处型、工程指挥部型、政府部门型管理模式。传统管理模式虽然有其优势,但存在的弊端也十分突出,主要体现在两个方面:一是各类建设管理主体存在诸多缺陷,容易出现各类问题,具体缺陷如表 3-3 所示。二是监理单位作用弱化,管理效果不理想。本书认为,监理效果不理想的原因除了监理单位自身管理水平不高外,还体现在政府业主处于强势地位,对监理单位的授权一般不足,项目实施过程中经常会干预监理工作,而监理单位考虑到各种影响不希望因工程事宜得罪政府业主,许多事情都由政府业主来进行决策和拍板,习惯性降低自己的管理地位和威望,管理力度不够,效果较差。

表 3-3　　　　　　　　　传统建设管理主体存在的主要缺陷

建设管理主体	主要缺陷
基建处	① 大型复杂项目的管理经验不足,管理水平有限,容易发生工程问题 ② 各部门中基建机构广泛设置,占用大量人员、设施和场地 ③ 受自身利益的驱使,项目的建设标准及投资规模难以控制,"三超"现象和"钓鱼"工程时有发生,物力、财力浪费现象严重 ④ 工程淡季易造成人员闲置,机构价值得不到充分利用
工程指挥部或筹建处	① 管理主体的责任不明,出现工程问题时,不容易追究当事人的责任 ② 受领导意愿和喜好干扰大,不易科学决策 ③ 临时抽调工作人员,许多工作需要磨合期 ④ 项目建完后机构即解散,不利于积累管理经验 ⑤ 管理组织机构组建成本高,费用开支大,浪费现象严重 ⑥ 不利于政府部门的监管,容易出现腐败问题
政府部门	① 缺少竞争机制,不符合市场经济要求 ② 易形成垄断,发生寻租现象,滋生腐败 ③ 缺少激励机制,管理人员的投资控制积极性不高 ④ 只适用于建设项目较多的部分行业或部门

③ 建设任务委托的重要环节缺少合同约束。对于非经营性政府投资项目,从公众产生项目需求一直到项目交付使用,存在着以下多个委托环节:纳税人、各级人大、政府职能部门、政府业主、各参建单位。在任务委托过程中需要委托人与代理人签订完善的委托代理合同,来对代理人的行为进行激励和约束,避免出现因委托代理问题而使委托人处于不利的地位的情况。但是,作为非常重要的任务委托环节,政府将项目建设任务委托给传统政府业主负责实施的过程通常只是通过行政途径进行委托,并未签订委托合同加以约束,出现工程问题很难追究责任,也为违规操作和权力寻租埋下了隐患。

④ 现代工程项目对工程管理提出了更高的要求。随着社会、经济的发展,工程的建设规模及其复杂性越来越大,工程已成为推动科技进步和社会发展的重要动力。与此同时,它对自然生态以及社会环境的影响也越来越大,并且许多影响是历史性的,工程的许多负面影响越来越引起人们的关注。[231]现代工程的建设应当实现工程与自然环境和谐共处,担负起工程的社会责任和历史责任,应向高科技、大系统方面发展,并通过高科技、新技术在工程中的综合应用实现工程创新。因此,现代工程项目对工程管理提出了更高的要求,项目的实施过程需要更加专业的工程管理工作。这同样适用于非经营性政府投资项目。因为项目管理的难度增加,所以传统的建设管理主体已很难满足现代复杂项目的管理要求。

综上所述,代建制就是在这种背景下提出的,可以看出其产生具有明显的时代印记,是与现阶段国内政府投资项目的管理状况以及解决实际问题的需要密不可分的。

（2）推行代建制的初衷分析

推行代建制的初衷主要体现在以下四个方面。

① 实现"投、建、管、用"四分离。在现有政治体制下,政府投资主体和行政管理主体相对稳定且运作模式较为成熟,而项目使用主体不可改变,因此,推行代建制的根本目的就是要选取新的建设管理主体来负责项目的建设实施,进而弥补项目法人责任制的不足;终止采用传统管理模式时产生的建设管理主体、项目使用主体、行政管理主体以及政府投资主体多位一体的关系,最终通过明确各方主体的职责、权利和义务,实现"投、建、管、用"四分离;使得各方主体能够在各自的利益诉求和职责范围内,形成互相制约的运作机制,从而为非经营性政府投资项目的建设实施创造有利环境。

② 实现对政府角色的合理定位。在市场体制下,市场在社会经济活动中处于主导地位,对资源配置始终起着基础性作用;政府对经济活动的介入和干预,只是辅助性和补助性的,且对市场活动进行干预的前提是市场的失灵。在政府投资项目建设领域,政府的角色应当是提供充分竞争的建筑市场环境和交易场所,做好投资决策和相关服务工作,通过制订完善的监管机制实施有效的行政管理。因此,推行代建制,可以将政府部门从参与具体工程建设工作中解放出来从事其本职工作;可以有效改变国内普遍存在的政府角色错位的现象,减少随之而来的违规操作和贪污腐败事件的发生。

③ 实现对政府投资项目专业化的工程管理。在项目建设过程中建设单位的项目管理处于整个项目管理系统的核心位置,建设单位的管理水平和管理态度对项目的成败至关重要。实施代建制后,代建单位作为专业化的工程项目管理单位,具备代建项目建设所需的专业知识和管理能力,并且具有对代建项目目标实施严格控制的动力和积极性,可以有效提高管理效率。

④ 实现政府部门对工程项目的有效监管。由于非经营性政府投资项目的一个先天不足就是项目建设期真正的项目业主——纳税人的缺位,不管是由传统政府业主担任项目建设管理主体,还是由代建单位承担,都解决不了真正的项目业主缺位的问题。不过从当前来看,由代建单位作为项目建设管理主体更为合适,政府有关部门可以通过加强与项目建设相关的法律和制度建设,以及通过完善的代建委托合同来约束代建单位,以便于实现对代建项目进行全过程的监管。

3.1.1.4 代建制内涵的界定

代建制的内涵主要体现在代建制的性质和地位、代建制的适用范围、代建单位的性质、代建工作范围等四个方面。本书分别从上述角度对代建制的内涵加以明确和界定。

（1）代建制的性质和地位

从代建制产生的背景和推行初衷来看，代建制是为了解决传统管理体制下非经营性政府投资项目建设管理过程中存在的弊端而提出的一种新的制度形式。代建制的实施弥补了项目法人责任制的不足，完善了现有的建设管理体制，从制度层面上重新界定了非经营性政府投资项目的建设管理主体，打破了"投、建、管、用"多位一体的不良局面。因此，代建制是与项目法人责任制同等重要的一种制度。综合运用两种制度，可以有效解决政府投资项目的建设管理问题，提高投资效益。

（2）代建制的适用范围

代建制的服务对象是非经营性政府投资项目，一般包括：党政机关办公楼项目；教育、科技、文化、卫生、体育、民政、劳动保障及广播电视等社会事业项目；刑事拘留所、行政拘留所、戒毒所、监狱、消防设施、法院审判用房、检察院技术侦察用房等政法设施建设项目；非经营性的环保、水利、农业、林业、城建、交通等市政工程或基础设施建设项目；等等。

各地所规定的代建制的实施范围并不相同，尤其是在代建项目的投资规模和政府投资在项目总投资中所占的比例的限定方面更是相差很大。有些地方甚至就没有明确具体的代建范围，对于项目是否实施代建需要政府有关部门研究解决。这样容易造成推行代建制的不规范，不利于代建制的发展。因此各地在推行代建制时必须要结合当地的经济状况、代建单位的实力、政府投资项目的数量及投资规模等实际状况，综合研究制订明确且具体的代建项目范围。

当前可以考虑的界定代建范围的要素包括：① 项目性质：属于非经营性的或公益性的项目；② 项目投资规模：政府部门批准的项目总投资预算或概算的额度；③ 项目资金来源及比例：一般是政府财政投资为主的项目，也可以包括一部分靠多方融资的基础设施建设项目，需要明确政府投资所占的比例；④ 项目的可操作性：项目的建设规模和复杂程度。一旦代建范围确定，政府有关部门就应严格执行，在实践中再进行适当调整。

（3）代建单位的性质

前文已明确，推行代建制根本目的是实现"投、建、管、用"四分离，开展专业化的项目管理工作，便于政府部门进行监管，提高政府投资项目的投资效益。目前，承担代建任务的代建单位主要包括专门成立的负责集中代建的政府机构和社会化的具有相应资质的工程管理类或咨询类企业两种。按照前文的描述，将这两种实施方式分别称之为集中代建和企业代建。根据当前人们对这两类代建单位优缺点的讨论[232-235]以及自身参与代建实践的感受,对集中代建和企业代建两种模式的优缺点比较分析结果如表 3-4 所示。

表 3-4　集中代建和企业代建两种模式的优缺点比较分析

代建模式	主要优点	主要缺点
集中代建	① 能够解决"一次性项目业主"和"投、建、管、用"多位一体带来的问题 ② 可避免项目管理机构的重复设置,实现管理资源的整合,便于明确职责 ③ 管理经费由政府直接核定,有利于控制项目建设管理费用 ④ 便于实现工程集中统一管理、调配资源 ⑤ 能够实现专业化管理,有利于积累工程管理的经验和教训 ⑥ 方便与政府部门间协调解决工程建设过程中的问题,易于实现项目目标 ⑦ 组织机构相对稳定,一旦出现工程问题,便于落实责任制 ⑧ 管理机构不以盈利为主要目的,管理工作相对客观,利于协调参建各方的矛盾	① 不符合政府和事业机构改革的大方向 ② 不便解决人员编制与代建项目数量协调问题,当工程数量较多时,内部运作和管理不灵活 ③ 容易造成机构膨胀臃肿,且人员素质得不到保证 ④ 只有行政权威的激励和约束,当职员待遇低于市场行情时,缺少对项目控制的内在动力 ⑤ 易形成垄断,导致组织舞弊和权力寻租现象的发生,腐败问题不可避免 ⑥ 集中管理机构与实施监管的政府职能部门同为政府部门,属于内部监督,易流于形式 ⑦ 委托环节缺少合同制约,项目出现问题时难以落实责任主体,经济责任仍由政府或国家承担
企业代建	① 解决了"一次性项目业主"和"投、建、管、用"多位一体带来的问题 ② 实现了专业化、全过程的工程管理,有利于积累工程管理的经验和教训,也有利于工程管理与国际接轨 ③ 能有效转变政府职能,促进政治体制改革 ④ 通过市场竞争可以选择真正有实力的代建单位,同时能够减少交易费用 ⑤ 政府可以通过严格的合同文件对代建单位进行激励和约束,调动其对项目控制的积极性和主动性 ⑥ 责权利明确,工程出现问题便于追究责任 ⑦ 便于政府职能部门进行全过程监管,规范建设行为,减少工程问题的发生	① 代建市场不够完善,高水平的工程管理公司较少,竞争机制尚未形成 ② 尚无执业资格衡量标准,代建人员的素质普遍不高,管理效果不够理想 ③ 代建单位的法律地位不明确,项目前期手续、征地拆迁工作由代建单位推进较困难 ④ 代建单位与监理单位存在职责重叠,易产生工作矛盾,且易造成管理资源的浪费 ⑤ 代建工作容易受到使用单位或委托人的干涉 ⑥ 代建费取费标准不高,代建单位配备的人力和物力往往不够,易重蹈监理制的覆辙 ⑦ 若相关合同约束不严,监督不力或配套制度有缺陷,容易产生代建单位与施工单位合谋共同索取项目利益的问题

本书认为,虽然集中代建和企业代建模式都存在诸多优缺点,但集中代建模式与前文论述的政府部门集中管理模式本质上是一样的,仍然存在根本上的弊

端。集中代建模式在市场经济的大环境下,要想发挥其优势,需要一定的条件:① 需要制订出严格的规章制度和管理工作流程;② 需要一个廉洁高效的政治环境,相关领导和职员的政治觉悟和道德修养较高;③ 机构领导和职员必须是专职人员,专业经验丰富,业务素质高;④ 需要制订十分严格的惩罚和激励机制,并严格执行;⑤ 应保证管理过程要完全公开化和透明化;⑥ 政府职能部门和公众的监管应十分到位;⑦ 所负责代建的项目数量不应太多。

从长远来看,由社会化、专业化的工程管理企业作为代建单位更为合理。政府可以通过竞争机制,在公开、公平、公正的基础上,选拔出真正有实力、具备相应资质的工程管理公司实施代建。这将有利于提高投资效益,也更能适应我国当前广泛开展基础设施建设的现状,满足实际工程需要。对于企业代建存在的问题,可以通过完善相关法律、法规,逐步培育代建市场,完善代建合同标准文本等途径加以解决和完善。值得说明的是,代建单位作为新的建设管理主体,应具有建设期项目法人的地位,并承担建设期项目法人的相关责任。另外,对于部分地区允许施工总承包企业、房地产企业承担代建任务的做法,本书并不认同。因为这两类企业做自己本职工作的利润和收益远远高于当前的代建业务收益,对他们来讲,代建业务并没有多少诱惑力,即便承担了代建业务也不会配备较强的管理队伍,更何况许多总承包企业连自己的施工任务尚且完成不好。因此,此类代建单位不在本书范围之内,若无特殊说明,本书所讨论的代建单位是指社会化的工程管理企业。

(4) 代建工作范围

企业代建模式又可分为阶段性代建和全过程代建两种类型。为了更好地衡量代建工作成效,减轻政府和使用单位的工作负担,应尽可能实行全过程代建模式。不过,从目前各地实施代建制的有关规定来看,代建单位的介入时间还没有统一,但大部分地区还是规定代建单位在项目建议书批复后介入。本书也赞同代建单位应从项目建议书批复后介入,因为此时项目的功能要求基本明确,并具备了初步的项目投资限额,可以作为衡量代建工作的基础,也可以防止代建单位故意提高投资估算,索取更多的管理费。

3.1.1.5　代建制概念的界定

鉴于以上对代建制内涵的分析和讨论,本书将集中代建模式划归为政府部门集中管理模式的范畴,将企业代建模式作为真正意义上的代建制来定位。在借鉴《国务院关于投资体制改革的决定》(国发〔2004〕20 号)中对代建制的定义上,本书将代建制定义为:为了提高非经营性政府投资项目的投资效益和建设管理水平,各级政府的相关主管部门通过招标等方式选拔社会化、专业化、具有相应资质的工程项目管理企业(代建单位)作为建设期的项目法人,负责非经营政府投资项目建设实施过程中的项目管理工作,严格控制项目的投资、质量、工期和安全等目标,竣工验收后将代建项目移交给使用单位或资产管理部门的制度。

3.1.2　代建管理模式及其组织结构

3.1.2.1　代建管理模式的概念

代建制是一种制度,其本身并不是一种管理模式,只是在实施代建制过程中,形成了一种特定环境下的新型管理模式,本书将其称之为代建管理模式,并将代建管理模式定义为:在对非经营性政府投资项目实施代建制过程中形成的以代建单位为核心,由政府委托人、使用单位、监理单位、勘察设计单位以及各类施工承包商和材料设备供应商共同参与配合,通过严格的工程合同对各方行为进行限定的一种组织实施方式。[19]为了确保代建单位能够承担起项目建设管理主体的角色,必须授予其在政府部门的监督下对建设资金的支配权,同时承担相应的责任和风险,能够以建设期项目法人的名义与勘察、设计、监理、供货、施工等企业签订合同,同时监督合同的履行情况。代建单位通过开展专业化的工程管理工作获得代建管理费,还可以根据代建委托合同获取投资节余奖励。

3.1.2.2　代建管理模式的组织结构

代建管理模式下的项目组织主要由政府行政管理部门、政府委托人、使用单位、代建单位、监理单位、设计单位、施工单位、材料设备供应单位等项目干系人构成,在分析代建单位与各干系人关系的基础上,可得出代建管理模式的基本组织结构,如图 3-1 所示。政府委托人、使用单位和代建单位签订三方代建委托合同,明确各方的责权利,三者合在一起等同于私人建设项目中的建设单位或业主。为了避免代建单位与监理单位职能重叠,又不与目前我国强制施行的监理

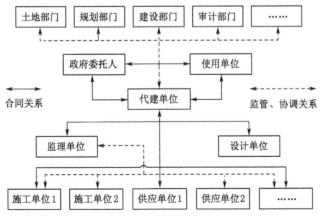

图 3-1　代建管理模式的基本组织结构

制发生冲突,可以将代建单位和监理单位合二为一,由具备资质的代建单位同时承担代建和监理业务。

3.1.2.3　代建管理模式的内涵

当前在谈论代建管理模式时,许多工程人员或研究人员经常将其与项目管理服务 PM 模式、PMC 模式、CM 模式、EPC 模式相提并论,甚至有人称 PMC 模式、EPC 模式也是代建管理模式,许多私人企业业主和房地产企业为了"赶时髦",对外也宣称自己"从事代建工作"了。另外,从近几年的发表的有关代建制的期刊文章来看,也出现了"忽如一夜春风来,遍地都是代建制"的热闹景象,但是有些文章的作者并没有弄清楚代建制的本意和特点,甚至将代建管理模式与其他管理模式混为一谈,导致大家对这一概念的误解。

本书认为,代建管理模式的产生有其特定的历史背景,该模式同样需要用到 PM、PMC 和 CM 模式中的一些方法,所开展的工作有一定的相似性,但绝不能相提并论,如果其与其他模式一样的话,也就没有单独进行称谓的必要,直接用其他模式代替也就罢了。代建管理模式与其他模式最大的区别在于:其服务于非经营性政府投资项目,代建单位在项目建设期具有法人地位,承担建设期项目业主的职责。因此,讨论代建管理模式不能抛开非经营性政府投资项目,不能把代建单位看作普通的项目管理单位,每一种模式都有它的适用条件和环境,不应当把它刻意夸大为"放之四海而皆准"的万能法则。当然,代建制更不能成为某些有私心的政府部门或使用单位负责人推卸责任、规避风险的"挡箭牌"。

3.1.3　代建工作及其实施方式

3.1.3.1　代建工作的主要内容

代建工作是指代建单位为实现代建项目目标,按照与政府委托人签订的代建委托合同以及有关法律和管理规定,所开展的专业化的工程项目管理工作。本书以代建单位从项目建议书批复后介入对项目实施全过程专业化管理为例进行分析,将代建工作阶段划分为前期策划阶段、设计与计划阶段、招投标及施工准备阶段、施工阶段、验收移交及维修阶段等五个主要阶段。现分阶段罗列出代建单位通用的主要工作内容。

(1)前期策划阶段

前期策划阶段的主要工作内容为:① 负责组织编制可行性研究报告;② 协助办理项目报批的相关手续;③ 制订项目投资、质量、安全和进度等的总体目标及相关计划和保障体系;④ 进行项目的风险分析,制订风险管理预案;⑤ 进行项目组织设计,策划承发包模式,编制项目管理手册;⑥ 协助办理规划许可手续,进行工程前期征地、拆迁和建设条件落实。

（2）设计与计划阶段

设计与计划阶段的主要工作内容为：① 确定项目范围,编制项目工作分解结构和设计工作的进度计划；② 编制勘察、设计任务委托书,组织开展工程勘察、设计单位等招标工作；③ 谈判并签订勘察、设计委托合同；④ 审核工程勘察报告；⑤ 组织开展设计方案汇报和评审工作,对工程预算进行审核与控制；⑥ 对项目初步设计和施工图设计文件提出合理化建议或组织专家进行审核；⑦ 组织开展设计成果的报批工作；⑧ 组织办理建设主管部门和消防部门有关施工图纸审查手续；⑨ 审核支付工程勘察和设计费用。

（3）招投标及施工准备阶段

招投标及施工准备阶段的主要工作内容为：① 选择招标代理机构,签订相关合同；② 进行承发包模式策划和工程任务分解,明确监理、总包、分包、供应等项目任务的招标时间,编制进度计划；③ 组织办理招标手续、工程量清单、标底的编制等工作；④ 组织编制监理、施工、主要材料和设备招标文件,并组织招标和评标；⑤ 组织开展合同谈判工作并签订各类工程合同；⑥ 做好与各政府职能部门的协调工作；⑦ 协助办理质监、安监以及施工许可证等工程建设的有关手续；⑧ 进行施工准备,完成七通一平工作。

（4）施工阶段

施工阶段的主要工作内容为：① 对施工组织设计进行审核；② 熟悉施工图纸,组织图纸会审工作；③ 组织召开第一次工地例会,并做好会议记录工作；④ 每天检查工地现场施工进展状况,及时协调解决各类工程问题；⑤ 负责协调设计单位、监理单位、施工单位、供应单位的关系；⑥ 定期参加各类工地例会或工程协调会；⑦ 按项目进度要求上报年度投资建议计划,并按月向使用单位和有关部门上报工程进度和资金使用情况；⑧ 负责工程款、监理费、设计费等的审核和支付工作；⑨ 负责施工中出现的工程设计变更的报批手续；⑩ 做好索赔管理工作,审批各类签证；⑪ 对工程质量、进度、费用、安全等目标进行动态控制和管理；⑫ 负责施工过程中的部分招标工作,并开始进行各类合同管理工作；⑬ 做好施工阶段的文档、资料管理工作。

（5）验收移交及维修阶段

验收移交及维修阶段的主要工作内容为：① 组织开展消防检测和消防验收工作；② 审查施工单位的竣工报告和监理单位的预验收报告,参与工程预验收工作；③ 组织竣工验收工作；④ 负责项目竣工资料的整理汇编工作；⑤ 向使用单位或资产管理单位办理项目移交手续；⑥ 协助进行工程结算审计工作,并审核支付各类工程尾款；⑦ 在工程保修期内组织开展质量缺陷的修复工作；⑧ 协助开展项目后评价工作。

除此之外,代建单位在各个阶段还要开展信息管理、人力资源管理、财务管理工作,以及各项管理目标的动态控制、沟通、组织协调等大量工作。

3.1.3.2　代建工作的特点

（1）代建工作的系统性

工程项目作为一个复杂的系统,是技术、物质、组织、行为、管理系统的综合体,包括环境系统、目标系统、对象系统、行为系统、组织系统和管理系统。[236]代建单位需要从整个工程大系统进行全面系统的策划与控制。比如:① 要对项目全过程和各阶段进行费用、进度、质量等目标的系统策划;② 对项目任务进行科学合理的系统分解;③ 对项目任务的承发包方式和过程进行系统策划;④ 必须具备管理方法、施工技术、经济分析、法律法规等方面的系统知识,通过系统性代建工作来保证项目完成后具有可持续发展的能力;等等。

（2）代建工作的复杂性

现代工程项目越来越复杂,主要体现在:工程结构和造型更加复杂多变、涉及的专业和学科更多、经常使用一些新型材料和设备、对施工技术和管理水平要求更高、建设周期较长受自然环境影响大、参建单位数量更多等。这些对管理者提出了更高的要求,比如:① 每一个代建项目都会碰到新的情况和问题,没有可以完全照搬的先例,需要进行管理创新和知识创新;② 在选用新型材料和设备时需要开展大量的调研工作;③ 众多的参建单位之间存在着复杂的工作关系和利益关系,需要开展大量的协调工作;④ 代建项目具有浓厚的政治色彩,关系到政府的形象和业绩,政府官员往往会过多关注和参与此类项目的建设过程,故代建项目易受到行政干涉。上述这些问题都增加了代建工作的复杂性。

（3）代建工作的全局性

代建工作涉及代建项目建设实施的各个方面,代建单位必须具备对项目全局进行管控的意识和能力。① 代建单位需要遵循可持续发展理念,对各类项目目标和管理目标进行精心合理的策划,充分把握代建项目的质量、进度和投资的关系,实现最优项目目标;② 代建单位需要厘清项目范围,进行科学的结构分解,做好界面管理工作,编制各类计划,进行动态控制;③ 代建单位需要编制各类预案应对可能发生的各种情况,沟通协调各参建单位之间的关系,及时解决工程建设过程中存在的问题;④ 代建单位不但需要与政府职能部门、代建委托人和使用单位建立良好的合作关系,而且也需要与各参建单位之间保持良好的工作关系,协调各方矛盾,平衡各方利益,确保项目的顺利实施。

（4）代建工作的核心性

从前文中代建项目的组织结构图可以看出,代建单位处于整个代建项目组织的核心位置,与各项目干系人之间有着复杂的合同关系和工作关系,在项目实施过程中所有工程焦点问题全部会集中在代建单位身上,代建单位需要树立自己的威望,协调解决好各项目干系方之间的矛盾,促进各方团结,真正起到统筹全局、联系各方的核心作用。

通过上述对代建工作特点的分析可以看出,代建工作在代建项目建设实施过程中具有举足轻重的作用,代建工作质量直接决定着代建项目目标的实现程度,代建单位需要不断提高自身的工作效率和管理水平,提供更加优质高效的代建服务工作,更好地完成代建任务。为了做到对代建项目科学系统的策划、高效解决代建工作过程中存在的各类复杂问题、起到组织协调参建各方的核心作用、实现对代建项目全局的有力管控,代建单位需要建立起灵活高效的项目管理组织结构,学习和掌握管理、技术、经济、法律、计算机、心理学、社会学、组织行为学等各专业和学科的大量知识,不断总结和积累管理经验和教训,提高分析和解决各类工程问题的能力,努力适应各类代建项目环境。

3.1.3.3　代建单位项目管理组织结构及运作模式

（1）代建单位的项目管理组织结构形式

尽管代建制当前尚处于试点推行阶段,许多代建单位的代建业务还比较有限,但是随着代建制的推广和普及,以及代建市场的不断完善和健全,可以预见,将有一批以代建业务为主的专业化工程管理企业长期从事代建工作。因此,为了今后更高效地开展好代建工作,代建单位有必要建立相对稳定的代建项目管理组织。

考虑到代建单位一般会同时承担多个代建项目的管理任务,为了能够形成以项目任务为中心的管理,适应多变的项目环境,实现对企业各类资源统一指挥、优化组合,以及灵活、均衡地使用,保证项目管理组织和项目工作的稳定性,充分锻炼代建组织成员的素质和能力,促进信息共享以及代建人员之间互相学习与交流的目的,本书认为,代建单位需要从企业层面建立矩阵式项目管理组织结构。在企业层面设置若干为代建业务服务的职能部门,在每个代建项目上根据代建工作需要设置一个代建项目部,由其负责代建项目现场的具体代建工作,各职能部门对代建项目部的工作提供支持和保障。代建单位矩阵式项目管理组织结构,如图 3-2 所示。

对于代建单位派驻现场的代建项目部,可以建立直线式项目管理组织结构,如图 3-3 所示。具体部门可以根据具体代建工作需要灵活设置。对于在同一地点同时承担多个大型子项目,且代建人员较多的代建项目部也可以成立矩阵式项目管理组织结构形式的项目部,在每个子项目上设立一个项目组。

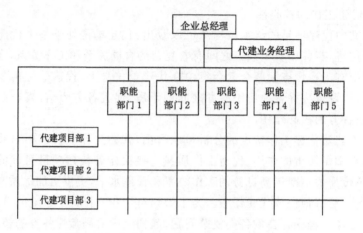

图 3-2 代建单位矩阵式项目管理组织结构

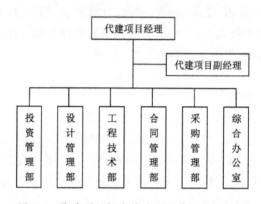

图 3-3 代建项目部直线式项目管理组织结构

（2）代建单位的运作模式

对于代建单位来讲，代建业务的实施步骤主要包括：获取代建业务需求信息、代建单位组织投标、中标取得代建业务、签订代建委托合同、组建代建项目部、开展代建工作、代建项目移交、保修期服务工作、代建工作结束。其中，代建委托合同由代建单位与政府委托人和使用单位签订；代建工作主要以代建项目部为核心开展；代建项目部对代建工作结果向企业负责；代建企业负责组建代建项目部；企业通过各职能部门对代建项目部进行配合、支持和管理，配备办公设施，提供办公经费和人员工资，对代建工作的顺利开展起到保障作用；代建项目部的项目经理负责代建项目部的领导和管理工作，根据代建项目特点，合理设置项目部组织机构，组建项目团队，划分工作职能，对代建人员进行分工和考核，并对代建项目部的正常运作负责。

3.2 代建绩效及其现状分析

3.2.1 绩效的概念及其层次划分

3.2.1.1 绩效的概念

绩效管理理论于 20 世纪 70 年代起源于美国,90 年代传入中国。最初在大量的绩效管理的研究文献中,绩效总是作为一个没有任何说明的概念被使用着,直到近十几年来,学术界才开始重视对绩效内涵的理解和界定。人们对于绩效的认识随着管理实践的发展而不断变化。但到目前为止,关于绩效的界定,学术界主要存在三种不同的观点:第一种观点认为绩效是结果;第二种观点认为绩效是行为;第三种观点则认为绩效既包括结果也包括行为,是两者的统一体。目前人们主要倾向于第三种观点,比如,颜世富(2007)[237]对绩效的定义是,绩效包括行为和结果两个方面,是指企业内员工个体或群体能力在一定环境中表现出来的程度和效果,以及个体或群体在实现预订目标过程中所采取的行为及其作出的成就和贡献。郭晓薇等(2008)[238]指出,绩效是指组织成员对组织的贡献或对组织所具有的价值,可以表现为工作数量、质量等结果,也可以表现为员工在实现工作目标过程中的行为,既包括与职责直接相关的行为,也包括在职责规定之外的自发行为。

3.2.1.2 绩效的层次及其关系

一个企业或组织一般由若干个部门或团队构成,而每个部门或团队的工作都是由部门或团队的成员或个体来完成,因此,按照考察对象和管理方法不同,可将企业的绩效分为组织绩效、团队绩效、个体绩效三个层次。其中,组织绩效是指一定时期内整个组织或企业所取得的绩效;团队绩效是指企业或组织中的各个部门或团队任务目标的实现情况以及为其他部门或团队的服务、支持、协调、配合、沟通等方面的行为表现;个体绩效是指在完成工作目标和任务的过程中每个成员或个体所表现出来的行为和结果。[239]企业绩效层次,如图 3-4 所示。

由此可以看出,组织绩效的实现是在团队绩效实现基础上的,而团队绩效依赖于个体绩效,个体绩效是团队绩效和组织绩效的基础;团队绩效和组织绩效与个体绩效密不可分,只有个体绩效和团队绩效实现了,组织绩效才能实现。另外,个体、团队、组织的潜在绩效是与其相应的行为绩效和结果绩效密不可分的。各类绩效之间的关系,如图 3-5 所示。

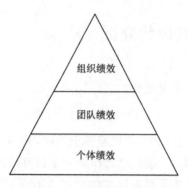

图 3-4   企业绩效层次

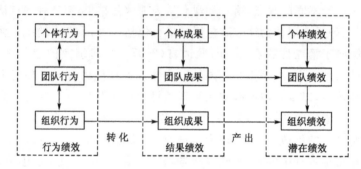

图 3-5   个体绩效、团队绩效和组织绩效之间的关系

3.2.2   代建绩效的概念及内涵界定

3.2.2.1   代建绩效的概念

马辉等（2008）[240]指出，对于工程建设项目来说，绩效是项目建设成果与过程的综合反映和体现。"绩"指项目结果是否达到预先设定的目标、主要任务是否完成、完成得怎样、侧重反映项目的结果；而"效"则指完成项目的效率，侧重反映项目过程。因此，工程项目管理绩效包括两部分内容：与项目相关的组织行为以及这些行为所产生的结果。徐高鹏等（2006）[87]将政府投资项目代建单位绩效定义为，代建单位在政府投资项目建设管理活动中的结果和效益，包括其管理活动中的行为表现和管理成果。

由于代建单位可以同时开展多个项目或项目群的代建管理工作，某个代建项目或项目群的管理绩效的高低，并不能反映代建单位总体工作绩效的高低，代建单位的工作绩效应当是多个代建项目管理绩效的总体表现。为了便于理解和区分，本书将代建单位工作绩效（代建绩效）分为广义的代建绩效和狭义的代建绩效。其中,广义的代建绩效是指代建单位所开展的多个代建项目或项目群的代建工作的绩效总和,是评价代建单位总体代建水平和企业实力的标准;而狭义的代建绩效是指代建单位针对同一委托人委托的相对独立的某个代建项目或项目群所开展代建工作的绩效,该绩效的取得主要来自代建项目部,同时也需要代建单位各职能部门的参与和支持。因此,该绩效是代建项目部和职能部门协同工作的结果。狭义的代建绩效的高低主要取决于代建项目部的绩效。广义和狭义的代建绩效所表示的范围,如图 3-6 所示。可以看出,当狭义的代建绩效提高了,那么广义的代建绩效也将随之而提高。

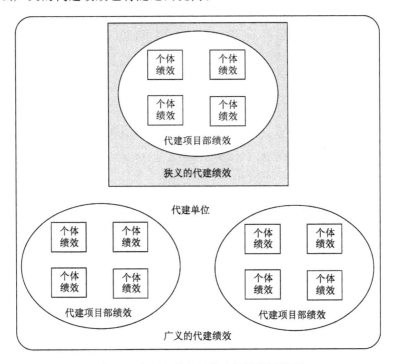

图 3-6 广义和狭义的代建绩效范围模型

根据上述有关代建绩效的区分结果,本书将所讨论的代建绩效归属于狭义的代建绩效范畴,并将代建绩效定义为:针对同一委托人委托的相对独立的某个代建项目或项目群,以代建项目部为主体,代建单位所开展的代建管理行为和取得管理成效的综合体现。

3.2.2.2 代建绩效的内涵

从以上定义可以看出,代建绩效产生的主体是现场代建项目部,但代建绩效的高低与代建单位各职能部门的支持和配合密切相关,同样取决于代建单位的总体实力和管理水平。从代建绩效的定义中可以看出,代建绩效是代建人员、代建项目部以及代建单位相关职能部门共同工作和努力的结果,属于组织绩效的范畴,但是起到核心作用的是具体服务于代建项目的代建项目部的团队绩效。因此,在衡量代建绩效、分析代建绩效影响因素的时候,既要考虑团队绩效,又要考虑组织绩效。

3.2.3 代建绩效的衡量标准

近年来,国内一些研究人员已从政府投资部门或政府主管部门的角度进行了代建绩效考核评价方面的研究,取得了一定成果。本书将相关文献中的代建绩效评价指标整理统计,如表 3-5 所示。从此表中可以看出,大家对代建绩效的衡量都是从多个维度进行的,但是评价指标并不统一,有的差别较大。

表 3-5　　　　　　　　代建绩效评价指标统计汇总表

研究文献	代建绩效评价指标
徐雯(2010)[241]	质量优良率、工期实现率、投资节省率、现场管理、节能环保
张静等(2009)[93]	① 财务层面:质量控制、投资控制、进度控制、安全控制 ② 客户层面:服务、环境保护 ③ 内部流程层面:基本建设程序的履行、合同管理、资金的使用和管理、作业控制、变更及响应能力 ④ 学习与成长层面:员工能力、信息系统能力、员工建议
崔跃等(2009)[92]	质量管理、投资管理、进度管理、安全管理、合同管理、综合管理
韩美贵等(2009)[91]	① 资质状况:企业实力、项目管理体系、管理团队、社会声誉构成 ② 管理水平:资金管理、建设程序履行、招标管理、信息化水平、资料管理 ③ 项目绩效:质量控制、进度控制、投资控制、安全控制、环境控制
杜亚灵(2009)[242]	质量、成本、工期、业主满意度、影响、安全、组织成长性和项目的未来发展
邓曦等(2008)[90]	代建行为、代建业绩、代建人的技术管理水平、代建团队、项目满意度
赵彬等(2007)[88]	质量控制、进度控制、投资控制、安全控制、环境控制、管理评价
漆玉娟等(2007)[89]	质量管理、进度管理、投资管理、资金使用和管理、基本建设程序的履行、工程招标与发包

本书认为,对于代建单位来讲,只有其意识到代建绩效的不足,才能有改善绩效的动力和积极性。由于代建绩效为组织绩效,再加上代建工作周期很长,中间的管理过程和环节非常复杂,很难对代建行为绩效进行衡量,因此,本书主要用结果绩效来衡量代建绩效,以近三年完成或即将完成的某个代建项目为对象,选择具体参与代建管理工作的代建人员进行调研。在借鉴上述研究成果的基础上,同时参考成虎(2007)[243] 提出的一个成功工程的标准,包括:达到预定的功

能和目的;以尽可能少的投资完成工程目标,提高整体经济效益;符合预定的时间要求;使工程相关者各方面满意;与环境和社会相协调;工程具有可持续发展能力等方面。经过与参与现场代建管理的工作人员和政府委托人代表进行访谈和咨询,本书拟通过主要管理目标的实现情况、代建单位收益情况以及利益相关者满意情况三个方面,从总体上对当前各地的代建绩效状况进行衡量。

3.2.3.1 主要管理目标的实现情况

（1）投资目标:从代建项目总投资额是否控制在可行性研究报告批复的费用目标范围内、项目资金是否得到充分利用、资金是否有浪费现象、是否能够顺利通过工程审计进行衡量。

（2）工期目标:从代建项目工期是否能够控制在合同工期范围内、项目能否按时移交投入使用进行衡量。

（3）质量目标:从代建项目建成后是否先进、美观、适用、节能,功能是否满足使用要求,工程优良率情况,是否获得了合同约定的各级工程质量奖进行衡量。

（4）安全生产与文明施工目标:从施工过程中安全管理措施是否到位、是否有人员伤亡事故发生、是否获得了合同约定的各级文明工地奖励进行衡量。

（5）代建项目对自然、经济和社会环境的改善情况:从建成后的代建项目是否对当地的自然、经济和社会环境起到积极的改善作用、是否达到了项目建设的目的和初衷进行衡量。

3.2.3.2 代建单位收益情况

（1）代建费获取情况:从代建单位是否能够按照代建合同的约定足额、及时地获取代建费进行衡量。

（2）企业形象的改善情况:从经过此项目的代建工作后代建单位是否获取了良好的社会声誉、树立了良好的企业形象、在行业内产生了积极影响进行衡量。

（3）对拓展代建业务促进情况:从该项目的代建效果能否对代建单位今后代建业务的拓展起到积极的推动作用进行衡量。

3.2.3.3 利益相关者满意情况

（1）政府主管部门和职能部门的满意度:从代建项目实施过程是否遵守基本建设程序、有无违规操作现象、政府各主管部门和职能部门是否对代建项目比较满意进行衡量。

（2）代建项目委托人、使用单位或资产管理单位的满意度:从代建项目委托人、使用单位或资产管理单位是否对代建项目满意以及对代建工作表扬多、批评少进行衡量。

（3）各参建单位的满意度：从各项目参建单位是否对参与该代建项目满意、对代建工作认可进行衡量。

（4）代建组织成员的满意度：从代建项目部组织成员是否对参与该代建项目的工作环境、工资薪水和自己将来的成长与发展满意进行衡量。

（5）公众和媒体的满意度：从公众和新闻媒体是否对代建项目满意以及正面宣传多、负面评价少进行衡量。

3.2.4　代建绩效现状分析

本书通过编制调查问卷对全国 9 个省市的 65 个代建项目的代建绩效现状进行调研,采用五级李克特量表(Likert Scale)打分法对代建绩效衡量指标实现程度进行衡量:"1"代表"非常不同意";"2"代表"不同意";"3"代表"一般";"4"代表"同意";"5"代表"非常同意"。经过对调查数据进行统计分析得出调研结果,如表 3-6 所示(详细的问卷编制、发放和数据分析,见第 5 章相关内容)。

表 3-6　　　　　　　代建绩效现状调研结果($N=128$)

序号	代建绩效衡量指标	均　值
（1）	主要管理目标实现情况（MP_1）	3.884
①	代建项目投资目标的实现情况（MP_{11}）	3.734
②	代建项目进度目标的实现情况（MP_{12}）	3.547
③	代建项目质量目标的实现情况（MP_{13}）	3.953
④	代建项目安全生产与文明施工目标的实现情况（MP_{14}）	4.078
⑤	代建项目对自然、经济和社会环境的改善情况（MP_{15}）	4.109
（2）	代建单位收益情况（MP_2）	3.901
①	代建项目代建费的获取情况（MP_{21}）	3.414
②	代建项目的实施对企业社会声誉和形象的正面影响情况（MP_{22}）	4.156
③	代建项目的实施对代建业务起到的拓展作用（MP_{23}）	4.133
（3）	利益相关者满意情况（MP_3）	3.900
①	政府各主管部门和职能部门对该代建项目的满意情况（MP_{31}）	3.961
②	代建项目委托人、使用单位或资产管理单位对该代建项目的满意情况（MP_{32}）	3.883
③	各项目参建单位对参与该代建项目的满意情况（MP_{33}）	4.102
④	代建人员对参与该代建项目的满意情况（MP_{34}）	3.508
⑤	公众和新闻媒体对该代建项目的满意情况（MP_{35}）	4.047
	代建绩效总体衡量结果	3.895

从表 3-6 中可以看出,衡量代建绩效的三个方面的指标的均值均未达到 4 分,而简单按照平均值求出的代建绩效水平总体评价得分为 3.895,说明目前的代建绩效尚有较大的提升空间。本书认为,研究讨论改善代建绩效的问题,必须要对代建绩效的影响因素进行分析和识别,从而找出改善代建绩效的思路和途径。

3.3 代建绩效影响因素的识别与界定

3.3.1 代建绩效影响因素的分类与识别

目前对代建绩效影响因素的专门研究极少,通过检索大量文献,只有杜亚灵(2009)[244]进行了专门研究,但其研究的核心是代建制的绩效,主要从制度层面进行研究,中间也详细讨论了项目管理层面的影响因素。她将(公共)项目管理绩效的影响因素进行了分类(见表 3-7),并通过调研筛选出的项目治理范畴内的企业型代建项目管理绩效影响因素主要包括代建单位选聘、权利配置、风险分担、利益分配、代建单位绩效考核、透明度及信息披露、利益相关者的参与等方面,项目管理范畴内的企业型代建项目管理绩效影响因素主要包括范围管理、决策与计划、执行、资源管理、组织管理、沟通等方面。

表 3-7   (公共)项目管理绩效的影响因素

类　别	内容及举例
可控的项目管理绩效影响因素	① 项目管理范畴的影响因素:如明确的目标,完备的项目计划,胜任的项目经理等 ② 项目治理范畴的影响因素:如代建单位的选聘,合理的风险分担,合理的授权等
不可控的项目管理绩效影响因素	项目所处情境相关的影响因素:如技术水平,经济气候,稳定的政治环境、文化、自然条件,完善的法律法规,社会压力(项目的紧迫性)等

考虑到代建绩效为组织绩效,并且起着主导作用的是以代建项目部为主的团队绩效,本书从组织绩效和团队绩效两个方面的影响因素入手进行识别。较早对团队绩效影响因素进行系统研究的学者是 Mcgrath 等人,Mcgrath 和 Salas 将团队绩效的影响因素划分为五类相对独立的关键因素,即团队成员个人因素、团队结构因素、团队环境因素、团队过程因素、团队任务因素。[245] Miller(1988)[246]提出组织结构会对组织绩效有积极的意义。潘旭明(2004)[247]将组织绩效影响因素归纳为战略取向、高层管理、组织结构、组织变革、组织内部的信任关系等五个方面。蒲德祥(2009)[248]将组织绩效的微观影响因素分为动机观、团队观和组织文化观三个方面。徐芳(2003)[239]指出,影响团队产生高绩效的因素包括团队凝聚力、团队成员熟悉程度、团队领导、团队目标、团队激励政

策、团队成员多样化、团队成员素质等方面。张延燕(2003)[249]指出,团队情商对团队绩效起着至关重要的作用,王亮等(2007)[250]也认为,项目团队情商对项目团队绩效有着重要的影响。邱静(2008)[251]指出,团队成员的多样化对团队绩效具有较大影响。李利等(2005)[252]指出团队文化对团队绩效具有重要影响作用。施杨等(2007)[253]认为,团队的有效沟通可以有效提升团队绩效。王端旭等(2010)[254]认为,团队成员变动对团队绩效影响显著。熊玲等(2006)[255]指出,团队工作绩效低的原因是个人理性与集体理性的冲突,需通过明确的绩效考核体系进行约束。另外,黄玉清等(2005)[256]也认为,冲突管理对项目团队能否高效运作有重要影响作用。

卢向南等(2004)[257]认为,项目团队绩效的影响因素包括:团队组成因素(团队领导、成员人格、角色平衡、团队规模)和团队过程因素(团队目标、团队沟通、团队冲突)以及环境因素(组织环境、风险、办公条件)。黄玉清(2006)[268]指出,高绩效项目团队应具有以下特征:① 团队目标明确、团队角色清晰、团队领导有力;② 团队成员之间相互信任、团队凝聚力强、团队成员授权充分、团队内部沟通顺畅、团队学习氛围好;③ 能够受到组织支持、具有良好的外部环境和团队激励措施到位。何妍(2008)[259]指出,知识团队的绩效影响因素主要包括:个人层面的因素(能力、人格、情商)和团队层面的因素(团队成员构成、团队角色平衡、团队目标、团队规模、团队结构、团队领导、团队情商、团队凝聚力、团队冲突、团队沟通、团队文化)以及组织层面的因素(组织文化、授权、高层支持、人力资源管理、选拔、绩效管理、薪酬管理、培训)。王茶(2007)[260]把虚拟团队绩效影响因素归纳为领导素质、团队成员选拔与配置、激励措施、绩效考核体系、团队沟通、培训制度、团队文化等七个方面。林艳伟等(2008)[261]指出,知识积累对团队绩效持续提升具有驱动作用。陈国权等(2008)[262]验证了团队学习能力对团队绩效具有重要影响作用。曾晓文等(2010)[42]分析指出,影响高速公路建设项目管理绩效的关键因素主要包括:管理信息化、监管体系、激励机制、监理企业、监理人员、承包企业、设备投入、施工队伍等。

从以上研究成果可以看出,当前人们对于组织绩效和团队绩效影响因素讨论较多的是组织和团队内部的因素,而代建工作与普通企业团队工作存在一定差别,最突出的一点在于,代建工作不但受到组织内部环境的影响,而且受外部环境和组织的影响也非常大,因此,代建绩效的影响因素更为广泛。为了更为准确合理的识别和界定代建绩效影响因素,为后续研究工作打下坚实的基础,本书拟结合前文讨论的代建工作内容和特点以及代建制推行过程中存在的问题,在参考前人研究成果的基础上,根据自身参加代建管理实践的体会和感受,来对影响代建绩效的各类因素进行归纳识别,然后再通过调查问卷对影响因素及其影响程度进行量化和界定。本书主要从政策法规、政府部门、代建单位、参建单位、各类环境、代建项目等六个方面对代建绩效的主要影响因素进行识别。

（1）政策法规方面

政策法规方面应主要考虑代建单位法律地位的合理性和明确性、代建各方的责权利界定和风险分担情况、代建单位合法权益受保障情况、代建管理费的取费标准及落实情况、代建单位的选取标准和要求、代建制规定中对代建单位的激励和约束措施以及执行情况、代建制与监理制重叠情况等七个方面的影响因素。

（2）政府部门方面

政府部门方面应主要考虑政府主要领导对代建项目的干预情况、政府各职能部门对代建单位的认可和支持情况、代建项目委托人对代建单位的授权和支持情况、使用单位对代建项目的干预情况、政府各职能部门对代建项目的监管情况、代建主管部门对代建工作的监督和考核实施情况等六个方面的影响因素。

（3）代建单位方面

① 高层支持情况应主要考虑企业高层对代建业务的经营理念和发展规划、企业高层和职能部门对代建业务的重视和支持程度两个方面的影响因素。

② 管理组织情况应主要考虑代建管理组织的组织结构及职能分工情况、代建人员的办公环境和工作条件、代建项目经理的领导能力和业务水平、组织成员数量和专业配置情况、组织成员的稳定性、组织成员的知识含量和管理经验、组织成员的职业道德和责任心等七个方面的影响因素。

③ 工作氛围情况。由于代建制推行时间较短，大部分代建单位在短期内无法形成企业文化，因此本书用工作氛围来代替企业文化。工作氛围情况应主要考虑组织成员之间的团队合作情况和组织成员之间的人际关系状况两个方面的影响因素。

④ 运行机制情况应主要考虑代建单位对内和对外的沟通机制、代建单位内部的激励约束机制、代建单位内部的创新机制、代建单位内部的绩效评价机制、代建单位对内和对外的管理流程、代建单位内部的规章制度等的设置和落实情况等六个方面的影响因素。

⑤ 管理水平情况应主要考虑代建人员开展业务学习和经验交流情况、代建所需的各类知识和经验以及教训的总结和运用情况、代建单位的项目管理综合能力情况三个方面的影响因素。

（4）参建单位方面

参建单位方面应主要考虑监理项目部的组织结构和人员配备情况、招标代理单位的经验和工作情况、勘察设计单位的综合实力和工作情况、施工单位的综合实力和项目部配置情况、甲供设备和材料供应单位的信誉和工作情况、跟踪审计单位的责任心和工作情况等六个方面的影响因素。

（5）各类环境方面

各类环境方面应主要考虑代建项目所在地的地质条件和气候状况、政治环境的稳定性、社会风气和周围组织的干预情况、代建市场是否健全和完善、建设交易市场是否公平公正、建筑市场中的资源和价格是否充沛和稳定等六个方面的影响因素。

（6）代建项目方面

代建项目方面应主要考虑代建项目的复杂程度、代建项目的质量标准的高要求、代建项目建设工期的紧迫性三个方面的影响因素。

3.3.2　代建绩效影响因素的界定

3.3.2.1　调查问卷的编制与发放

（1）问卷的编制过程

为了进一步判断所识别出的上述代建绩效影响因素是否科学合理，厘清哪些因素对代建绩效的影响更为显著，本书拟通过编制问卷调研的形式对代建绩效影响因素进行再次界定。调查问卷初稿编制完成后，先请多名有经验的代建管理人员进行试填，对描述不清楚或理解有偏差的问题进行修改，最终形成正式调查问卷。

（2）调查问卷的组成

本问卷共包括以下两个部分。

① 第一部分：答卷人背景资料。答卷人背景资料包括：职业、受教育程度、从事工程管理工作或研究工作的时间、对代建制和代建管理模式的认知情况、是否参与过或正在参与代建项目的相关工作，共计 5 个题项。

② 第二部分：有关代建绩效影响因素的调研。该部分内容包括政策法规、政府部门、代建单位、参建单位、项目环境、代建项目等 6 个方面的影响因素。其中，政策法规方面的影响因素包括 7 个题项，政府部门方面的影响因素包括 6 个题项，代建单位方面的影响因素包括 20 个题项，参建单位方面的影响因素包括 6 个题项，项目环境方面的影响因素包括 6 个题项，代建项目本身的影响因素包括 3 个题项，共计 48 个题项。

（3）调查问卷的填写要求

对于第一部分，只需要受访者根据自己的情况在问题答案选项所对应的"［ ］"内画"√"即可；对于第二部分，由受访者根据自己的经验和理解，对于各类影响因素对代建绩效的影响程度作出判断，问卷采用五级李克特量表（Likert Scale）进行打分："1"代表"影响很小"；"2"代表"影响一般"；"3"代表"影响较

大";"4"代表"影响很大";"5"代表"影响极大"。受访者在选定的数字下面打
"√"即可。

（4）调查问卷的发放对象和方式

本书考虑到虽然参与代建工作的代建人员对影响代建绩效的因素体会更为
深刻,但是容易出现"当局者迷"的情形,其往往倾向于将影响因素过多地归责于
代建管理组织以外的因素。因此,为了确保调研数据的客观性和有效性,本书将
调研对象的范围适当放大。调研对象的范围包括对代建制和代建管理模式以及
现场代建工作状况较为熟悉的高校工程管理专业的专家学者或研究人员、代建
管理人员、代建委托人代表、参与过代建项目的现场设计代表、总监或总监代表、
施工项目经理和其他人员等七类。调查人员采取当面发放书面调查问卷与先进
行电话或邮件联系然后发放电子问卷相结合的方式开展调研工作。

3.3.2.2　调查结果的统计分析

本次问卷调查工作历时近一个月,先后共发放调查问卷 150 份,收回问卷 126
份,回收率为 84%。经过筛选,将有漏选现象的问卷和受访者不清楚代建制和代
建管理模式的问卷进行剔除,最终得到有效问卷 111 份,有效回收率为 74%。

（1）样本特征分析

本书对回收得到的有效样本基本信息的统计结果,如表 3-8 所示。

表 3-8　　　　　　　　　　样本基本信息统计表

受访者的基本信息		样本数/个	所占百分比/%	累积百分比/%
职业	高校专家学者和研究人员	32	28.83	28.83
	代建委托人代表	12	10.81	39.64
	代建管理人员	34	30.63	70.27
	总监(总监代表)	8	7.21	77.48
	现场设计代表	4	3.60	81.08
	施工项目经理	12	10.81	91.89
	其他人员	9	8.11	100.00
受教育程度	博士(及在读)	22	19.82	19.82
	硕士(及在读)	43	38.74	58.56
	本科	33	29.73	88.29
	专科	11	9.91	98.20
	中专及以下学历	2	1.80	100.00

续表 3-8

受访者的基本信息		样本数/个	所占百分比/%	累积百分比/%
从事工程管理工作或研究工作的时间	不超过 2 年	22	19.82	19.82
	3～5 年	29	26.13	45.95
	6～10 年	28	25.22	71.17
	大于 10 年	32	28.83	100.00
对代建制和代建管理模式的认知情况	非常清楚	14	12.61	12.61
	清楚	65	58.56	71.17
	了解	26	23.42	94.59
	听说过	6	5.41	100.00
	不清楚	0	0.00	100.00
是否参加过代建项目的相关工作	是	91	81.98	81.98
	否	20	18.02	100.00

从表 3-8 中可以看出：

① 受访者中有 81.98% 的人参加过代建项目的相关工作，对代建单位和代建工作情况比较熟悉。没有参加过具体代建相关工作的人员主要是高校专家和研究人员，但其对代建制有一定的认识，并且对我国的工程管理的环境和现状较为熟悉，也可以作出客观的判断。

② 受访者中对代建制和代建管理模式了解、清楚和非常清楚的人数占到 94.59%；其中，清楚和非常清楚的人数达到了 71.17%。

③ 受访者的受教育程度普遍较高，其中，具有本科及以上学历的人数达到 88.29%。

④ 受访者中有 80.18% 的人从事工程管理工作或研究工作的时间超过了 3 年，其中，28.83% 的人从事工程管理工作或研究工作的时间达到了 10 年以上。可以认为，受访者的工程管理经验比较丰富。

⑤ 受访者中，代建管理人员、高校专家学者和研究人员、代建委托人代表、施工项目经理、总监（总监代表）、现场设计代表所占的比例分别为：30.63%、28.83%、10.81%、10.81%、7.21%、3.60%；受访者涵盖了熟悉代建制和代建管理模式的各个层面，样本分布较为合理，能够对代建绩效影响因素做出相对科学客观的评判。

（2）信度和效度分析

本书利用 SPSS 17.0 统计分析软件中的 Scale 可靠性分析功能对问卷中 6 个方面的因素进行信度和效度检验分析，信度检验采用 Cronbach's α 系数，结构效度检验采用"Item-to-total"项目与总体相关系数。本书以 Cronbach's α 系数在 0.6 以上认为通过信度检验,"Item-to-total"系数在 0.3 以上认为通过结构效度检验。信度和效度分析结果,如表 3-9 所示。从表中可以看出,各因素的信度和效度全部通过检验。

表 3-9   分量表的信度及效度检验指标

影响因素	题 项	均 值	Alpha	各个题项的"Item-to-total"系数
政策法规方面	7	3.390	0.792	0.402~0.695
政府部门方面	6	3.431	0.718	0.323~0.526
代建单位方面	20	3.547	0.935	0.439~0.739
参建单位方面	6	3.452	0.891	0.611~0.801
项目环境方面	6	3.108	0.825	0.546~0.642
代建项目方面	3	3.201	0.878	0.738~0.816

备注:信度和效度检验的相关内容,见本书第 5 章。

3.3.2.3　调研数据的处理

考虑到不同类型的受访者看待代建绩效影响因素的角度和侧重点会有差别;代建人员的观点和态度更具有参考价值;而高校专家学者和研究人员的意见更加客观;其他受访对象的意见也有一定的借鉴意义。因此,本书拟采用对不同类型受访者的打分结果设定不同的权重来进行判断,充分利用调研数据的价值。

本书采用层次分析法来确定各类受访者意见的不同权重。层次分析法(Analytic Hierarchy Process,AHP)是 20 世纪 70 年代中期美国著名运筹学家、匹兹堡大学教授 T. L. Satty 提出的一种定性与定量相结合的多准则决策分析方法。它通过把一个复杂问题表示为多目标、多层次的有序递阶层次结构,从而逐层计算每一层的组合权重,并最终求得目标层的综合结果。

AHP 法的基本步骤包括:① 分析系统中各因素之间的关系,建立系统的递阶层次结构,一般分为目标层、准则层、方案层三层;② 对同一层次的各元素关于上一层次中某一准则的重要性进行两两比较,构建两两比较判断矩阵;③ 计算权重并做一致性检验;④ 计算综合权重并进行排序。

利用 AHP 法进行权重计算的步骤[263] 如下:

(1) 构造递阶层次结构模型

根据研究问题将不同层次的因素进行分类和组合,构造一个各因素之间相互联系的递阶层次结构。

(2) 建立判断矩阵

通过对专家进行问卷调查,从层次结构模型的第二层 B_i 开始,对于从属于上一层 A 某个因素的同一层因素进行两两比较,得到如表 3-10 所示的两两比较的判断矩阵 $A=(a_{ij})_{n \times n}$。

表 3-10   判断矩阵示例

A	B_1	B_2	...	B_n
B_1	1	a_{12}	...	a_{1n}
B_2	a_{21}	1	...	a_{2n}
...	...	...	1	...
B_n	a_{n1}	a_{n2}	...	1

其中,$a_{ij}=1/a_{ji}$,$a_{ij}>0$,$a_{ii}=1$,a_{ij} 的取值如表 3-11 所示。

表 3-11   AHP 法 1~9 标度说明

标度	说明
9,7,5,3	分别表示 i 因素较 j 因素:极其重要,非常重要,明显重要,稍重要
1	表示 i 与 j 因素同样重要
1/3,1/5,1/7,1/9	分别表示 i 因素较 j 因素:稍不重要,明显不重要,非常不重要,极其不重要
8,6,4,2,1/2,1/4,1/6,1/8	表示上述相邻标度的中间值

(3) 计算权向量

计算判断矩阵的权向量,并进行归一化处理即可得到相对重要度 W_i:

$$W_i = \frac{1}{n} \sum_{j=1}^{n} \frac{a_{ij}}{\sum_{k=1}^{n} a_{kj}} \quad (i=1,2,\cdots,n) \tag{3-1}$$

(4) 一致性检验

对于判断矩阵 A,若对于任意 i、j、k 均有 $A_{ij} \cdot A_{jk}=A_{ik}$,此时称该矩阵为一致矩阵。在实际问题求解时,构造的判断矩阵并不一定具有一致性,常常需要进行一致性检验。若判断矩阵不满足一致性条件,就失去了意义,必须重新构建。为了检验判断矩阵的一致性,需要进行如下几个步骤的计算过程:

① 计算判断矩阵的最大特征值 $\lambda_{\max}$:

$$\lambda_{\max} = \sum_{i=1}^{n} \frac{(AW)_i}{nW_i} \tag{3-2}$$

其中,$(AW)_i$ 为向量 (AW) 的第 i 个元素。

② 计算一致性指标 CI(Consistency Index)：

$$CI = \frac{(\lambda_{\max} - n)}{n-1} \tag{3-3}$$

其中，n 为判断矩阵的阶数；$CI = 0$ 时表示判断矩阵具有完全一致性，CI 越大则表示判断矩阵的一致性越差。

③ 通过查表确定相应的平均随机一致性指标 RI(Random Index)。RI 为事先给定的常数，取值见表 3-12 所示。

表 3-12   **RI 取值**

n	1	2	3	4	5	6	7	8	9	10	11
RI	0	0	0.58	0.90	1.12	1.24	1.32	1.41	1.45	1.49	1.51

④ 计算一致性比值 CR：

$$CR = \frac{CI}{RI} \tag{3-4}$$

当 $CR < 0.10$ 时，认为判断矩阵的一致性检验通过，则可按照计算结果进行决策；否则需要重新考虑该模型或重新构造判断矩阵进行计算、检验，直到检验通过为止。

本书采用层次分析法对各类受访者意见的重要程度即权重求解，其过程如下：

① 将高校专家学者和研究人员、代建委托人代表、代建管理人员、总监(总监代表)、现场设计代表、施工项目经理、其他人员等七类受访者的意见(Opinion)进行编号，分别用 O_1、O_2、O_3、O_4、O_5、O_6、O_7 进行表示，各类意见的权重分别用 W_1、W_2、W_3、W_4、W_5、W_6、W_7 来表示。

② 构建有关受访者意见的递阶层次结构图，见图 3-7。

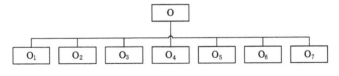

图 3-7   受访者意见层次结构

③ 邀请 5 名工程管理领域的专家，采用 1～9 打分法对各受访者意见的重要程度进行两两比较打分，并根据专家的打分结果构建判断矩阵，计算各指标权重并进行一致性检验。本书以专家 1 的打分结果为例进行说明，专家 1 的判断矩阵及权重统计结果如表 3-13 所示，从求出的 CI/RI 值可以判断，通过了一致

性检验。

表 3-13   专家 1 的判断矩阵统计表

O	O_1	O_2	O_3	O_4	O_5	O_6	O_7	W_i
O_1	1	2	1/2	3	5	4	5	0.242
O_2	1/2	1	1/3	2	3	2	3	0.138
O_3	2	3	1	4	6	5	6	0.354
O_4	1/3	1/2	1/4	1	3	2	4	0.107
O_5	1/5	1/3	1/6	1/3	1	1/2	2	0.048
O_6	1/4	1/2	1/5	1/2	2	1	3	0.074
O_7	1/5	1/3	1/6	1/4	1/2	1/3	1	0.036

$\lambda_{max}=7.229$；$CI=0.038$；$RI=1.32$；$CI/RI=0.029<0.1$；一致性检验通过

同理，按照上述步骤和方法，可以分别根据剩余 4 位专家的判断矩阵计算出权重，汇总结果如表 3-14 所示。

表 3-14   各位专家打分权重统计表

A	专家 1	专家 2	专家 3	专家 4	专家 5
	0.242	0.352	0.252	0.239	0.220
	0.138	0.160	0.142	0.116	0.134
	0.354	0.241	0.396	0.352	0.334
W_i	0.107	0.104	0.084	0.133	0.134
	0.048	0.068	0.040	0.061	0.049
	0.074	0.045	0.059	0.061	0.080
	0.036	0.031	0.027	0.039	0.049
λ_{max}	7.229	7.195	7.365	7.225	7.090
CI	0.038	0.033	0.061	0.038	0.015
RI	1.320	1.320	1.320	1.320	1.320
CI/RI	0.029	0.025	0.046	0.028	0.011
一致性检验	通过	通过	通过	通过	通过

④ 得出权重。根据表 3-14 中求出的结果，对 5 位专家给出的权重取平均数，即可得出各类受访者意见的权重值，见表 3-15。

表 3-15　　　　　　　　　　　各类受访者意见的权重

受访者	O_1	O_2	O_3	O_4	O_5	O_6	O_7
权重	0.261	0.138	0.335	0.112	0.053	0.064	0.036

设高校专家学者和研究人员、代建委托人代表、代建管理人员、总监(总监代表)、现场设计代表、施工项目经理、其他人员等对第 i 个影响因素的打分值分别为 V_{i1}、V_{i2}、V_{i3}、V_{i4}、V_{i5}、V_{i6}、V_{i7},其对应的权重分别为 W_1、W_2、W_3、W_4、W_5、W_6、W_7,则影响因素 i 的最终影响程度得分的计算公式为:

$$V_i = \frac{\sum_{j=1}^{7} V_{ij} \cdot W_j}{\sum_{j=1}^{7} W_j} \tag{3-5}$$

其中,$i = 1, 2, \cdots, 48$;$j = 1, 2, \cdots, 7$;$\sum_{j=1}^{7} W_j = 1$。

根据影响因素最终影响程度得分的计算公式,得出各影响因素的最终得分。

3.3.2.4　代建绩效主要影响因素的界定与讨论

在对代建绩效影响因素的影响程度的度量标准中,"1"代表"影响很小"、"2"代表"影响一般"、"3"代表"影响较大"、"4"代表"影响很大"、"5"代表"影响极大",本书将最终影响程度得分在 3 分及以上分值的影响因素归属为代建绩效的主要影响因素,需要重点予以关注。从调研结果可以看出,绝大部分影响因素的平均得分均在 3 分以上,说明本书较好地识别出了代建绩效的主要影响因素。在影响因素当中,政策法规方面的子影响因素中的"代建制与监理制重叠的情况",政府部门方面子影响因素中的"代建主管部门对代建工作的监督和考核情况""政府各职能部门对代建项目的监管情况",代建单位方面子影响因素中的"代建人员的办公环境和工作条件",项目环境方面子影响因素中的"代建项目所在地的建筑市场中的资源和价格是否充沛和稳定""代建项目所在地的地质条件和气候状况",代建项目方面的"代建项目的复杂程度"共计七个影响因素的得分低于 3 分。

经过研究人员对上述情况讨论分析认为,"代建主管部门对代建工作的监督和考核情况""代建项目所在地的建筑市场中的资源和价格是否充沛和稳定""代建项目的复杂程度"三个影响因素的得分分别为:2.982、2.969 和 2.969,均接近 3 分,决定予以保留。

对于其他四个影响因素:① 虽然目前存在代建制与监理制并存,代建单位和监理单位许多职能重叠的情形,但一些地区(比如上海市)通过规定代建单位须具备监理资质并由代建单位同时承担代建项目的监理任务来进行应对,另外一些地区(比如江苏省)则分别由代建单位和监理单位承担代建项目的代建和监理任务,但对两者的具体责权利和工作内容通过合同进行了明确界定以减少两者的冲突,也能够有利于代建项目的顺利实施,故本书将"代建制与监理制重叠的情况"删除。② 由于目前各地政府有关职能部门对各类在建项目的监管职能相对统一和稳定,监管职责的履行也相对成熟,因此,对于是否为代建项目并没有什么区别,故本书认为"政府各职能部门对代建项目的监管情况"对于代建绩效的影响不大,予以删除。③ 考虑到代建项目的建设地点多在城市当中或附近,为居民相对集中的位置,代建项目所在地的地质条件和气候状况一般不会太差,对代建项目的实施不会有较大影响,因此,本书将"代建项目所在地的地质条件和气候状况"删除。④ 代建项目的建设地点也决定了代建单位的工作环境和条件也不会太差,对代建绩效影响不大,因此,本书将"代建人员的办公环境和工作条件"也进行删除。

　　将上述四个影响因素删除后,按照分值从高到低进行排序,得到最终的代建绩效主要影响因素(共计 44 个)清单,如表 3-16 所示。

表 3-16　　　　　　　　代建绩效主要影响因素界定结果($N=111$)

影响因素	序号	子影响因素	加权均值
政策法规方面	1	代建单位法律地位的合理性和明确性	3.688
	2	代建各方的责权利界定和风险分担情况	3.657
	3	代建单位合法权益受保障情况	3.472
	4	代建单位的选取标准和要求	3.438
	5	代建管理费的取费标准及落实情况	3.406
	6	代建制规定中对代建单位的激励、约束措施及执行情况	3.244
政府部门方面	1	代建项目委托人对代建单位的授权和支持情况	4.046
	2	政府主要领导对代建项目的干预情况	3.874
	3	政府各职能部门对代建单位的认可和支持情况	3.595
	4	使用单位对代建项目的干预情况	3.304
	5	代建主管部门对代建工作的监督和考核情况	2.982
代建单位方面	1	代建项目经理的领导能力和业务水平	4.079
	2	代建单位的项目管理综合能力情况	3.888
	3	组织成员数量和专业的配置情况	3.855
	4	企业高层和职能部门对代建业务的重视和支持程度	3.788
	5	企业高层对代建业务的经营理念和发展规划	3.781
	6	组织成员的知识含量和管理经验	3.762

影响因素	序号	子影响因素	加权均值
代建单位方面	7	组织成员的职业道德和责任心	3.755
	8	代建管理组织的组织结构及职能分工情况	3.745
	9	代建单位对内、对外沟通机制的设置和执行情况	3.603
	10	组织成员之间的团队合作情况	3.593
	11	代建单位对内、对外管理流程的设置和执行情况	3.590
	12	代建单位内部激励约束机制的设置和执行情况	3.489
	13	代建所需的各类知识、经验和教训的总结和运用情况	3.441
	14	组织成员的稳定性	3.424
	15	代建单位内部绩效评价机制的设置和执行情况	3.347
	16	代建单位内部规章制度的设置和执行情况	3.325
	17	组织成员之间的人际关系状况	3.257
	18	代建单位内部创新机制的设置和执行情况	3.227
	19	代建人员开展业务学习和经验交流情况	3.137
参建单位方面	1	施工单位的综合实力和项目部配置情况	3.866
	2	监理项目部的组织结构和人员配备情况	3.551
	3	勘察设计单位的综合实力和工作情况	3.494
	4	甲供设备和材料供应单位的信誉和工作情况	3.405
	5	跟踪审计单位的责任心和工作情况	3.250
	6	招标代理单位的经验和工作情况	3.180
项目环境方面	1	代建项目所在地的建设交易市场是否公平公正	3.532
	2	代建项目所在地的代建市场是否健全和完善	3.478
	3	代建项目所在地的社会风气和周围组织的干预情况	3.204
	4	代建项目所在地的政治环境的稳定性	3.024
	5	代建项目所在地的建筑市场中的资源和价格是否充沛和稳定	2.969
代建项目方面	1	代建项目建设工期的紧迫性	3.498
	2	代建项目的质量标准要求情况	3.086
	3	代建项目的复杂程度	2.969

　　根据上述界定结果,可以得出六个方面的代建绩效影响因素的均值及排序情况,如表 3-17 所示。

表 3-17　　　　　代建绩效影响因素的均值及排序情况($N=111$)

序号	影响因素	均　值
1	代建单位方面	3.583
2	政府部门方面	3.560
3	政策法规方面	3.484
4	参建单位方面	3.458
5	项目环境方面	3.241
6	代建项目方面	3.184

3.4　代建绩效改善思路分析

3.4.1　绩效改善的概念和方法

绩效管理(Performance Management)是指依据一定的程序和方法,通过对员工工作绩效的界定、改进、评价、强化等一系列管理措施,对员工的工作绩效进行制度化、规范化的管理,以期提高和改善员工的绩效,从而提高组织绩效和实现组织战略目标的过程。[264]绩效管理的功能主要包括激励功能、沟通功能、支持功能和价值功能四个方面。实施绩效管理的本质和目的是为了提高组织的绩效。绩效管理系统是一个由绩效计划、绩效实施、绩效评价和绩效反馈等四个环节构成,并通过不断循环来提高组织绩效的过程。绩效管理系统如图 3-8 所示。

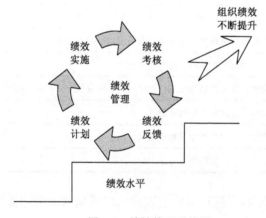

图 3-8　绩效管理系统图

虽然绩效管理的重要性已得到广大企业的认同,但是许多企业费了很大的人力、财力而效果却不理想,主要原因就是企业把过多的精力放在了绩效的结果上,过分追求绩效与薪酬挂钩,而忽略了绩效管理的本质——不断提升组织和员工的绩效。[265]绩效管理在实践中常常会变异为"绩效考核",很多企业把绩效管理当成大棒来惩罚员工,尽管部分企业也认识到了绩效管理应包括计划、指导、评价和反馈等四个环节,但是仍然将主要精力放在关键绩效指标的编制、界定及衡量方面,结果导致关键绩效指标满天飞,最后落入"考核陷阱"。[266]因此要改变当前绩效评价工作成效不显著的现状,就必须把一部分精力放在绩效改善方面。

绩效改善亦可称之为绩效改进,是指确认组织当中员工工作绩效的不足和差距,查明产生的原因,制订并实施有针对性的改进计划和策略,不断提高企业员工竞争优势的过程。[265]通过绩效改善可以有效提升绩效管理水平。绩效改善的步骤主要包括:确定绩效差距、进行绩效差距分析、确定绩效改善关键点、选择绩效改善方法、制定绩效改善计划、实施和检查绩效改善计划。

3.4.2 代建绩效改善的角度和思路

3.4.2.1 代建绩效改善的角度的确定

从代建绩效影响因素的界定结果来看,当前影响代建绩效的关键因素主要来自代建单位本身,其次为政府部门方面,再次为政策法规方面和参建单位方面,而项目环境方面和代建项目方面的影响相对较小。但是值得注意的是,这些影响因素之间并不是孤立的,而是存在着一定的关联度,其中代建单位方面的影响因素对其他方面的影响因素产生的不利影响能够起到调节作用,主要表现在以下五个方面。

(1)当前推行代建制的省市和地区均出台了代建制实施办法或细则,对代建项目范围、代建主管部门、代建单位资质要求、代建单位介入时间、代建工作范围和内容、代建各方责权利的界定、代建取费标准、代建项目组织实施方式、代建项目资金管理和监督及奖惩办法等内容都进行了明确。应当说内容是比较完备和全面的,可以为当地代建制的推行起到有力的规范和促进作用。只不过目前尚未具备出台国家层面统一的代建制实施办法,也没有在建设领域的主要法规里面明确代建制和代建单位的法律地位,使得社会对代建制和代建单位的认识和认可程度不高,在一定程度上影响和制约了代建制的推行和代建工作的顺利实施。但是,随着各地代建单位的广泛参与以及代建业务的不断拓展,高水平的代建单位越来越多,代建工作得以逐步明细化和规范化,能够为政府出台相对统一和完善的代建制管理规定和明确代建制及代建单位的法律地位提供参考,代建制的实施环境会逐步得到改善。

（2）当前不少地区存在代建委托人和项目使用单位对代建工作干预较多，对代建费的取费标准执行结果偏低，部分政府职能部门对代建工作支持不够等现象，影响了代建人员的工作积极性和工作效率。但是，代建单位通过提升项目管理能力，树立起自身较高的威望和良好的企业形象，在政府主管部门的协调与推动下，会逐步转变各方的观念，改变政府职能部门、代建委托人和使用单位对代建单位的看法，提升其在代建项目中的地位，进而可以减少来自政府部门方面的不利影响。

（3）虽然各参建单位的综合实力和工作情况对代建绩效也存在较大影响，但是各参建单位基本都由代建单位负责组织通过招标途径来选定。能否选择到真正有实力的参建企业与代建单位的工程管理经验、招标策划水平以及对建筑市场的熟悉程度有着密切关系。因此，一般情况下，高水平的代建单位往往能够选择到较高水平的各类参建单位，进而为代建项目的顺利实施奠定良好的基础。

（4）代建项目所在地的建筑市场环境、社会环境和政治环境能够对代建项目的顺利实施产生一定影响，但是从目前国内现状来看，各类环境相对稳定，尤其是社会环境和政治环境方面发生不利影响的可能性较小，而建筑市场环境的不利影响可以由代建单位通过完善的招标文件和合同文本中的相关条款将此类风险进行规避和转移，以减少产生不良影响。

（5）代建项目本身的复杂性、紧迫性和质量要求高的情况会增加代建项目实施的难度，经常会出现交叉作业、赶工期的情况，容易出现质量和安全事故。代建单位只有不断提高项目策划、控制与组织协调能力，才能预测和解决项目实施过程中可能遇到的各类问题，进而有效控制项目节奏，更好地实现项目目标。

从以上分析可以看出，代建单位方面影响因素的正面影响作用可以有效化解其他影响因素的不利影响，对代建绩效的影响作用更为显著。因此，从代建单位入手来考虑代建绩效改善的问题显得尤为重要。前文已提到，项目管理绩效改善的途径主要有两种，一种是通过项目管理的方法或工具进行改善，另一种是通过完善的制度安排进行改善，也就是分别从管理方法层面和管理制度层面进行改善。本书认为，完善的制度安排和先进的管理方法和工具固然能够起到项目管理绩效改善的目的，但如何更加有效地落实好各类制度，使用好各类管理方法和工具更加重要。本书认为，从项目管理实施者的角度来研究项目管理绩效的改善问题意义重大且能够行之有效。因此，本书拟从代建单位的角度来研究和解决代建绩效改善的问题。

3.4.2.2 代建绩效改善的思路

从调研结果可以看出,在代建单位方面的影响因素中,影响程度排在前两名的分别是代建项目经理的领导能力、业务水平以及代建单位的项目管理综合能力,这说明受访者普遍认为代建单位的项目管理能力对代建绩效的影响最大。那么如何才能提高代建单位的项目管理能力呢?这就需要代建单位通过更好地掌握代建项目相关的法律、经济、管理、技术等方面的知识,吸取管理过程中的经验教训,不断进行组织学习和团队协作,提高代建人员和整个组织的综合素质,进而实现代建单位项目管理能力的提升,而代建单位高水平的管理工作可以有效减弱来自其他方面的各类因素的不利影响,快速解决工程中的各类问题,进而更好地实现代建项目目标。由此得出的代建绩效改善的总体思路,如图 3-9所示。

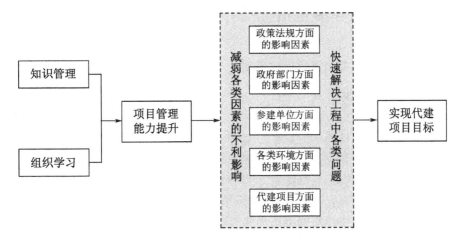

图 3-9　代建绩效改善的总体思路

3.5　本章小结

本章首先通过分析代建制产生的背景和推行初衷,对代建制的内涵和概念进行了界定,明确了代建管理模式、组织结构、代建工作内容以及代建单位的运作方式;其次,对代建绩效的概念和内涵进行界定,通过调研对当前各地代建单位的代建绩效现状进行衡量和分析,并通过文献研究和工程调研对代建绩效的主要影响因素进行识别与界定;最后,提出了代建绩效的改善角度和思路。

第4章

代建绩效改善机理理论模型研究

4.1 研究变量和测量指标的界定

4.1.1 知识管理及其测量指标的界定

4.1.1.1 知识管理的界定

（1）知识的概念

虽然，人们普遍认为，数据-信息-知识-智慧构成了一种由低到高、由浅入深、由易到难的序列，认识到知识与信息和数据是不同的，但是究竟什么是知识，目前并未形成统一的认识。《辞海》（2009 年版）将知识解释为：人类认识的成果或结晶。《现代汉语词典》（第七版）将知识解释为：人们在社会实践中所获得的认识和经验的总和。《牛津简明英语词典》认为，知识包括三类：一是由经验获得的信息范围；二是对某种主题、语言或某种意见相对的认识，或所知道的总和；三是经过证实的正确的认识，或与某种意见相对的认识。

1998 年 3 月，国家科技教育领导小组在《关于知识经济与国家知识基础设施的研究报告》中将知识定义为：知识是经过人的思维整理过的信息、数据、形象、意象、价值标准以及社会的其他符号化产物，不仅仅包括科学技术知识——知识中最重要的部分，还包括人文社会科学知识，商业活动、日常生活和工作中的经验和知识，人们获取、运用和创造知识的知识，以及面临问题作出判断和提出解决方法的知识。

王众托（2000）[267]指出，知识是一种有组织的经验、价值观、相关信息及洞察力的动态组合，它所构成的框架可以不断地评价和吸收新的经验和信息。它起源并且作用于有知识的人们的头脑。在组织机构中，不但存在于文件或档案之中，还存在于组织机构的程序、过程、实践与惯例之中。

（2）知识管理的定义

对于知识管理的定义，国内外学者的观点并不一致，其中比较有代表性的观点如下所述。

Bassi(1997)[268]认为，知识管理是通过连续性的知识创造、获取及应用等活动，来提升组织绩效过程的管理活动。

Malhotra(1998)[269]认为，知识管理就是当组织面对不断加剧而又不连续的环境变化时，为了提高组织的适应能力、生产能力和竞争能力，不断探求将组织利用信息技术处理信息的能力与组织成员创造与革新的能力相结合的一种过程。

原中国信息协会副会长、著名经济学家乌家培教授(1999)认为，知识管理是信息管理的延伸，是信息管理发展的新阶段，是信息转换为知识并用知识提高特定组织的应变能力和创新能力的过程。

李华伟等(2002)[270]认为，知识管理是指为了增强组织的绩效而创造、获取和使用知识的过程。

复旦大学郁义鸿(2003)[271]认为，知识管理是组织的管理者通过对组织内部和组织外部知识的管理和利用，并通过知识获取、知识共享、知识创新和知识应用，以达到提高组织创造价值能力这一目的的一种过程。

张波(2007)[272]提出，狭义的知识管理主要是对知识本身的管理，包括对知识的创造、获取、加工、存贮、传播和应用的管理；广义的知识管理不仅包括对知识进行管理，而且还包括对与知识有关的各种资源和无形资产的管理，涉及知识组织、知识设施、知识资产、知识活动、知识人员的全方位和全过程的管理。

在工程管理领域，杨礼芳等(2010)[273]将工程项目知识管理定义为：在对项目进行管理时，将知识作为管理的对象，充分利用现有技术，将工程项目的外部知识和内部知识加以整合，促进知识的交流和分享，进一步提高员工的知识创新能力，实现项目的有效管理。知识管理的功能目标是从项目中获取知识，实现知识在组织内的传递和共享，最终实现知识的创新。

从上述对知识管理的定义中可以看出，由于知识管理本身的复杂性和综合性，学者们基于不同的角度对知识管理有着各种各样的定义。不过，这些定义中都强调了知识管理的终极目的与其他管理的终极目的一样，都是为了提高企业创造价值的能力。

本书根据代建单位的特点，将代建单位的知识管理定义为：代建单位为了提高组织的项目管理能力和水平，更好地完成代建任务和实现项目目标，通过设置相关的组织和制定相关的规章制度，对组织内部所需的各类知识所进行的识别、获取、储存、共享、应用和创新等一系列管理活动。

4.1.1.2　知识管理的测量指标

李贺（2006）[274]采用知识的识别和获取、知识的组织和存储、知识的交流和共享以及知识的应用与创新等四个维度对知识管理进行测量。应晓磊等（2006）[275]将工程建设项目多项目知识管理要素归纳为知识管理信息系统建设、知识管理组织和流程支持、知识管理文化建设、知识管理内容、知识管理活动等五个方面。韩维贺等（2006）[276]从知识创造、知识组织、知识转移、知识应用等四个方面对知识管理过程进行测量。黄蕴洁等（2010）[277]从知识获得、知识转移、知识分享与知识应用等四个方面对知识管理进行测量。

本书对代建单位知识管理的测量量表主要从知识管理组织和知识管理活动两个维度的十个方面进行开发。

（1）知识管理组织

知识管理组织是指代建单位为了更好地开展知识管理工作，在代建单位内部成立的以知识管理工作为核心的管理组织及其配套的资源和规章制度情况。本书分别从代建单位开展知识管理工作的主动性、有关知识管理的规章制度和激励机制的制定、专门知识管理部门的设置、知识管理岗位的设置、知识管理资源的提供等五个方面进行测量。

（2）知识管理活动

知识管理活动是指代建单位在进行知识管理工作过程中开展的具体的工作程序和内容。本书分别从知识识别、知识获取、知识储存、知识共享、知识应用等五个方面进行测量。

4.1.2　组织学习及其测量指标的界定

4.1.2.1　组织学习的界定

（1）学习的概念

学习是一个既古老而又永恒的话题。对于学习的定义，在不同的历史时期，从不同的视角，有不同的观点。我国古代常将"学"与"习"分开来讲，《辞源》指出，"学"乃仿效也，通过观察、模仿、复制、内化来获得知识；"习"乃复习、练习也，通过复习巩固来提升个体的能力，以便能够适应现实的自然环境和社会环境。最早把"学"与"习"联系起来的是孔子，在《论语》中提到"学而时习之，不亦说乎!"《礼记·月令》中提到"鹰乃学习"。"学习"一词由此而产生。

《中国大百科全书》将"学习"定义为：是获取知识和掌握技能的过程，既包括通过正规的教育和训练获得知识技能，也包括在日常生活和实践活动中积累知识经验。《教师百科辞典》将"学习"定义为：人和动物在生活过程中获得个体行为经验的过程。《现代汉语词典》将"学习"解释为：从阅读、听讲、研究中获得知识或技能。

桑新民(2005)[278]从教育哲学的理论高度，将"学习"定义为：学习是人类（个体、团队或组织）在认识与实践过程中获取经验和知识、掌握客观规律、使身心获得发展的社会活动，并指出学习的本质是人类个体和整体的自我意识与自我超越。该定义中强调以下要点：① 人的学习活动与动物的学习行为存在本质区别，人的学习既是个体化的活动又是社会性的活动，学习的主体既可以是人类个体，也可以是团队、组织乃至人类社会；② 学习的内容是获取知识和经验，掌握客观规律并用来指导自身发展；③ 学习的目的和结果是使个体身心获得发展，使个体和人类整体不断实现自我意识与自我超越。

（2）组织学习的概念

组织学习的英文表达为"Organizational Learning"，其含义为"组织的学习""有组织的学习""组织化的学习"。

国内外学者对组织学习的定义，如表 4-1 所示。参考国内外学者对组织学习的定义情况，本书将代建单位的组织学习定义为：代建单位为了更好地掌握和运用代建项目建设过程中代建单位所需的各类知识，改善组织成员认知水平和工作行为，提高代建单位的管理能力，以代建项目部为主体，在代建单位内部进行的经常性的综合学习过程。通过组织学习，能够在代建单位内部形成一种开放、民主的环境以及良好的学习氛围，有利于促进组织成员的团结，明确组织的目标，使得代建单位具有较强的凝聚力和战斗力，为更好地开展代建工作奠定坚实的基础。

表 4-1 　　　　　　　　　　国内外学者对组织学习的定义

研究文献	组织学习的定义
Argyris(1978)[279]	组织学习是发现错误、改正错误的过程
Fiol(1985)[280]	组织学习是通过理解和获得更丰富知识来提高行为能力的过程
Levitt(1988)[281]	组织学习是对过去行为进行反思，从而形成指导行为的组织规范的过程
Huber(1991)[282]	组织学习是通过信息处理而改变潜在行为的过程
Dodgson(1993)[283]	组织学习是企业在特定的行为和文化下，建立和完善组织的知识和运作方式，通过不断应用相关的方法和工具来增强企业适应性与竞争力的过程
Senge(1998)[284]	组织学习是管理者寻求提高组织成员理解和管理组织及其环境的能力和动机水平，从而使其能够决策如何不断提高组织效率的过程
Edmondson(1998)[285]	组织学习是组织成员积极主动地利用有关资料与信息来规划自己行为，以提高组织持续适应能力的过程

续表 4-1

研究文献	组织学习的定义
陈国权(2007)[148]	组织学习是组织成员不断获取知识、改善自身行为、优化组织体系,以在不断变化的内外环境中使组织保持可持续生存和健康和谐发展的过程
邱昭良(2010)[286]	组织学习是一个系统化的、持续的集体学习过程,是组织里的个体通过各种途径和方式,不断地获取知识、在组织内传递知识并创造出新知识,以增强组织自身能力,并带来组织行为或绩效改善的过程
李正锋等(2009)[287]	组织学习是组织在整合个人和团队学习基础上进行知识吸收、传播和创新的行为
朱瑜等(2010)[288]	组织学习是组织通过知识和信息的综合处理来改变组织及其成员认知与行为的综合学习过程

4.1.2.2 组织学习的测量指标

国外研究人员最初对组织学习状况的测量主要用一些单一指标,直到 20 世纪末才逐步开始采用多个维度对组织学习进行更加科学的测量。Sinkula 等 (1997)[289] 提出从学习承诺(Commitment to Learning)、共同愿景(Shared Vision)及开放心智(Open Mindedness)三个方面来对组织学习进行测量。Hult 和 Ferrell(1997)[290] 则根据组织学习的特性,提出从团队导向、系统导向、学习导向和记忆导向等四个维度来测量组织学习。由于该量表反映的是组织的一种具体经营活动,许多指标主要涉及的是组织具体的市场活动,因而其应用范围相对有限。而 Sinkula 的组织学习测量模型和采用的量表是目前国内外应用最广,认可度最高的测量方法,具有较好的信度和效度。国内学者,如谢洪明等 (2005)[150]、王雁飞等(2009)[291] 在相关研究中均借鉴或使用了 Sinkula 的量表,采集的数据具有较好的信度和效度。因此本书对组织学习的测量也参考了 Sinkula 的量表,并根据代建单位的特点,从学习承诺、共同愿景及开放心智三个维度的 14 个方面进行组织学习量表的开发。

(1) 学习承诺

学习承诺是指组织和员工将学习视为企业最主要的价值从而重视学习的取向。本书分别从代建单位重视学习、代建项目经理鼓励学习、代建项目经理带头学习、组织成员的学习态度、组织成员自我总结和增强意识、组织成员之间互相学习交流情况等六个方面进行测量。

(2) 共同愿景

共同愿景是指组织与成员共同分享组织未来发展愿景的取向,表现为员工目标与组织目标的共识情况。本书分别从组织目标和愿景明确性、组织成员对组织目标和愿景的认可度、组织成员工作行为与组织目标的一致性、组织成员根据组织目标编制自己的工作计划等四个方面进行测量。

（3）开放心智

开放心智是指组织超越日常规范进行创造性思维的取向，表现为组织内部的创新氛围以及员工的创新意识。本书分别从组织成员参与组织决策、代建单位重视新想法、代建项目经理鼓励创意思考、召开代建工作讨论会的频率等四个方面进行测量。

4.1.3 项目管理核心能力及其测量指标的界定

4.1.3.1 项目管理核心能力的界定

（1）核心能力的概念

国内学者对"Core Competence"的理解并不一致，主要有"核心能力"和"核心竞争力"两种翻译结果。本书更认同曹兴等（2004）[196]的观点，赞成使用"核心能力"的提法。因为"能力"是针对企业自身而言的，是一个动态发展量，而"竞争力"是相对于竞争对手而言的，更多的是一个状态量，其形成依赖于企业所拥有的诸多能力，从竞争优势的角度而言，"能力"蕴藏着更大的发展潜力。

鉴于企业核心能力在企业中的重要地位和作用，其内涵受到广泛关注。因为，只有掌握了企业核心能力的内涵和本质，才能够明确不同企业所应具备的核心能力，进而进行培养和评价。国内外学者对于企业核心能力的内涵进行了广泛研究，并从不同的研究视角提出了各自的理论观点。国内外学者对核心能力的定义，如表 4-2 所示。这些观点为掌握企业核心能力的形成规律起到了借鉴作用，但是，有关企业核心能力形成的机理目前尚未达成共识，仍处于争论与发展阶段。

表 4-2 　　　　　　　　　国内外学者对核心能力的定义

研究视角	代表人物	主要观点
技术观	Prahalad 等 (1990)[292]	核心能力是组织中的累积性学识，特别是如何协调不同的生产技能和整合多种技术流派的学识
知识观	Leonard (1992)[293]	核心能力是使企业独具特色并为企业带来竞争优势的知识体系，包括技巧和知识基、技术系统、管理系统、价值观系统等四个维度
	魏江 (1999)[294]	核心能力的本质是知识，而知识是企业资源的一种独特形式；企业自身的学习是培育和提升核心能力的重要途径
资源观	Oliver (1997)[295]	核心能力是企业获取和拥有特殊性资源的独特能力
创新观	陈清泰 (1999)[200]	核心能力是指一个企业不断创造新产品、提供新服务以适应市场的能力，不断创新管理的能力，以及不断创新的营销手段的能力

续表 4-2

研究视角	代表人物	主要观点
整合观	成思危 (2000)[296]	核心能力是企业将其在技术、管理、文化等方面的有利因素综合集成而形成的独有专长,既不易被别人所模仿,还能不断地扩展到其他领域,开发出更多的新技术和新产品,企业以此占据并保持其领先地位
	曹小春(2003)[297]	核心能力是内含于一个群体或团队中且能使该群体或团队在关键领域领先的互补性技能和知识的结合
	曹兴(2004)[196]	核心能力是一组独特性技术和知识的整合
	吴雪梅 (2007)[200]	核心能力是企业在获取、配置资源的过程中一系列彼此互补的专业技能与知识累积形成的有机整合力,是能够使企业在一定时期内维持持续竞争优势的动态平衡系统

（2）核心能力的构成

由于对核心能力的定义理解存在偏差,人们对于企业核心能力的构成也有着不同的观点。比如,陈卫旗(2005)[298]提出,企业核心能力包括组织的知识技术系统、组织创新能力、人力资源和组织支持系统等四个基本维度。踪程等(2006)[299]指出,企业核心能力由核心技术能力、核心市场能力、核心员工能力、核心管理能力、信息资源能力等五部分构成。谢洪明等(2007)[153]从研发能力、生产能力、营销能力、网络关系能力、战略能力等五个维度对企业的核心能力进行度量。范新华(2009)[300]指出,企业核心能力取决于技术能力、环境应变能力、管理能力、变革响应力的有效整合。

（3）核心能力的内涵

本书认为,企业的核心能力是企业在发展过程中,立足于企业本身,通过企业内部长期的业务学习、经验总结和知识积累,逐步形成的一种能够使得企业在行业中具有竞争优势的一种综合能力,这种能力可以体现在核心技术、管理能力、研发能力、创新能力、企业文化等若干方面或全部的优势整合上。企业核心能力能够使得企业保持着长期的竞争优势,为企业创造源源不断的利润空间。企业核心能力的产生是与企业的创业史和发展史密切相关的,具有延续的特质。因此,不同的企业形成的核心能力可能会有所不同。

（4）核心能力的特征[301-302,200]

虽然目前人们对核心能力的认识和诠释的角度和观点不同,但大家对核心能力特征的认识相对统一,核心能力特征主要体现在以下六个方面。

① 难以模仿性。企业核心能力大多是难以用语言、文字、符号来直观表示的,一般隐藏于企业的管理体制、企业文化、企业技术水平和市场占有状况中,对

外界来说是隐性的、不易传授的,是竞争对手难以复制和模仿的。也正是因为这一特征,而使得核心能力能够让企业保持着持久的竞争优势。

② 异质性。从经济学的角度看,异质性是产生企业竞争优势的基本条件。核心能力作为企业竞争优势的来源,必须是和竞争对手有着较大差异性的。这种特性决定了企业之间的异质性和效率差异,也是该企业比竞争对手做得更好的原因。

③ 综合性。核心能力不是一种单一的能力,也不是单一学科知识的积累,而是多种能力和技巧的有机组合,是多学科知识在长期交互作用中累积而成的。因此,核心能力是一种综合能力。

④ 价值性。核心能力能够帮助企业比竞争对手更好地创造价值、降低成本,顺从顾客价值取向,使得顾客满意。另外,核心能力是一项无形资产,它不同于普通的物质资产,一方面可以随着企业的发展而不断增值,另一方面具有强大的辐射作用或溢出效应,可以在相关领域衍生出许多有竞争力的技术或产品,能给企业带来长期的规模优势和经济效益。

⑤ 稳定性。核心能力是企业在长期的经营实践中以特定的方式、沿特定的发展轨迹逐步积累起来的,核心能力一旦形成则具有较强的稳定性和刚性。

⑥ 动态性。核心能力虽然是企业技术和知识长期积累的结果,但其并不是一成不变的。随着企业的成长与发展,当市场环境、业务领域或战略目标发生变化时,企业的核心能力也必须对这些变化作出相应的反应。因此,核心能力也需要在企业发展中不断提升和完善。

(5) 代建单位项目管理核心能力的概念

在本书第 3 章已经指出,决定代建绩效高低的最主要因素是代建单位本身,而代建单位的项目管理综合能力是决定代建工作成效的关键因素。考虑到代建单位所需的项目管理能力是多个方面的,但起到决定因素的往往是若干主要能力,在这里本书借鉴企业核心能力的内涵及其起到的重要作用,将决定代建绩效的若干主要的项目管理能力称之为代建单位的项目管理核心能力。

对于项目管理能力的概念,国际项目管理协会(International Project Management Association,IPMA)在国际项目管理能力基准(IPMA Competence Baseline,ICB)中,将项目管理能力描述为项目管理的知识、素质、技能以及取得项目成功的相关经验的集合。[303]本书借鉴前文对企业核心能力和项目管理能力的定义,将代建单位的项目管理核心能力定义为:代建单位在长期从事代建业务过程中逐步形成的,能够满足管理代建项目的需要,高效解决工程问题,使代建单位处于竞争优势地位的若干项目管理能力的集合。代建单位的项目管理核心能力与代建单位的组建背景和发展过程密切相关,能够突出代建单位的行业特色和管理风格,同时也应满足不同代建项目类型的需要,具有一定的通用性。

4.1.3.2 项目管理核心能力的测量指标

代建单位的项目管理核心能力的构成应从代建单位的工作内容和特点入手进行分析和讨论,因而与一般企业核心能力的构成要素存在差别。从当前各地实施代建制的情况来看,代建单位的核心工作是:对各类项目目标和管理目标进行策划和控制;编制各类预案应对可能发生的各种情况;沟通协调各参建单位之间的关系;根据项目进展情况和需求情况及时对代建管理组织进行调整,确保代建项目部能够高效运作。因此,本书对代建单位项目管理核心能力的测量量表主要从策划能力、控制能力、组织创新能力和沟通协调能力等四个维度的 24 个方面进行开发。

(1) 策划能力

策划能力分别从质量策划、工期策划、投资策划、承发包模式策划、招投标策划、风险管理策划、任务分解与界面管理策划等七个方面进行测量。

(2) 控制能力

控制能力分别从项目总控、设计成果控制、三大目标控制、安全生产与文明施工控制、廉洁自律等五个方面进行测量。

(3) 沟通协调能力

沟通协调能力分别从代建单位办理各项手续、会议组织成效、决策效率、所发出指令的执行状况、团结各方的能力、内部信息交流情况等六个方面进行测量。

(4) 组织创新能力

组织创新能力分别从代建单位组织结构创新、工作流程创新、管理制度创新、人力资源调整、管理模式与方法创新、新的管理系统或软件的开发与利用等六个方面进行测量。

4.1.4 代建绩效及其测量指标的界定

4.1.4.1 代建绩效的界定

本书在第 3 章已对代建绩效进行了界定,将其定义为:代建单位针对同一委托人委托的相对独立的某个代建项目或项目群,以代建项目部为主体,所开展的项目管理行为和取得管理成效的综合体现。代建绩效是代建人员、代建项目部以及代建单位相关职能部门共同工作和努力的结果。

4.1.4.2 代建绩效的测量指标

根据第 3 章有关代建绩效衡量指标的分析结果,本书对代建绩效的测量量表从主要管理目标的实现情况、代建单位收益情况和利益相关者满意情况三个维度的 13 个方面进行开发。

（1）主要管理目标实现情况

主要管理目标实现情况分别从投资目标，工期目标，质量目标，安全生产与文明施工目标，代建项目对自然、经济和社会环境的改善情况等五个方面进行测量。

（2）代建单位收益情况

代建单位收益情况分别从代建费的获取情况、企业形象的改善情况、对拓展代建业务的促进情况三个方面进行测量。

（3）利益相关者满意情况

利益相关者满意情况分别从政府主管部门和职能部门的满意度，代建项目委托人、使用单位或资产管理单位的满意度，各参建单位的满意度，代建组织成员的满意度，公众和媒体的满意度等五个方面进行测量。

4.2 改善要素与代建绩效的关系分析及研究假设的提出

4.2.1 知识管理、项目管理核心能力与代建绩效的关系

对于知识管理与组织绩效关系的研究，Nonaka 等（1994）[304]认为，知识管理能够使正确的知识在正确的时机传送给正确的人，通过组织成员分享知识并付诸行动可以增进组织绩效。Alavi 等（2001）[305]研究指出，那些为了应对快速变化的外部环境而采取灵活和扁平化组织结构的企业，其组织绩效取决于个体之间、团队或部门之间的知识共享。Gloet 等（2004）[306]通过实证研究得出：基于信息技术和人力资源管理的知识管理实践与组织创新绩效之间存在显著正相关关系。Darroch（2005）[307]通过实证研究发现，具有较强知识管理能力的企业能够更有效地利用资源，并由此获得更高的工作绩效。Marqués 等（2006）[308]验证了组织知识管理实施程度与企业绩效之间存在正向关联性。Choi 等（2008）[309]研究发现，组织中的内外部导向的知识管理战略对组织绩效起到了促进作用。Kiessling 等（2009）[310]的研究表明，知识管理对企业革新、产品改良、雇员成长具有明显的影响作用，进而可以提升组织绩效。国内许多学者和研究人员也对知识管理与组织绩效的关系进行了大量研究，李浩等（2007）[311]通过实证研究得出：知识管理能力对多元化企业绩效具有显著促进作用。刘廷扬（2009）[312]通过调研指出，税务机构的知识管理与组织工作绩效呈显著正向影响。上述研究成果表明，知识管理对组织绩效具有直接的正向影响。

另外,李丹(2007)[313]的研究表明,知识作为企业的重要资源,其不断的积累将会促进企业整体能力的提升,可以培养组织的核心竞争力,进一步达到提升绩效的目的。朱洪军等(2008)[314]的研究表明,知识共享对企业核心能力有直接的正向影响,企业核心能力对企业绩效有直接的影响。韩子天等(2008)[315]研究指出,组织学习可以通过提升知识能力来提高企业核心能力,进而提升企业绩效。朱瑜等(2010)[316]的实证研究表明,系统化的知识管理战略对项目管理核心能力具有显著的正向影响,项目管理核心能力在知识管理战略与组织绩效的关系中起着重要的中介作用。而王江(2010)[317]通过案例研究指出,企业中的经验、技能、心智模式和组织惯例等隐性知识构成了企业的战略资源,通过对隐性知识的管理可以有效提升企业的核心能力。黄蕴洁等(2010)[318]通过调研验证了企业知识管理对核心能力的影响机理,结果表明知识管理对企业核心能力有显著的正向影响。上述研究结果表明,知识管理能够促进项目管理核心能力的形成,而项目管理核心能力能够在知识管理与组织绩效之间起到中介作用。

综上所述,国内外大量研究表明,对于知识管理对组织绩效的影响机理并未达成一致意见,一些研究结果表明知识管理对组织绩效具有直接的正向影响作用,而另一些研究指出,知识管理通过核心能力对组织绩效产生间接的正向影响,核心能力在知识管理和组织绩效之间起到中介作用。

在项目管理研究领域,有关知识管理与组织绩效作用关系的实证研究较少,主要是一些定性研究或结论。应晓磊等(2006)[275]指出,知识管理是提高项目管理能力的重要因素,在工程建设项目中开展基于项目的知识管理对提高项目管理绩效具有重要作用。孟宪海(2008)[136]研究指出,项目管理组织可以通过不断丰富各类知识,提高管理水平,改进绩效表现。刘晓东(2009)[137]指出,知识管理有利于工程项目进度管理的持续改进。通过检索文献,目前尚未发现知识管理与代建绩效之间关系的相关研究,知识管理是直接对代建绩效产生影响,还是通过代建单位的项目管理核心能力作为中介对代建绩效产生影响,尚不得而知。本书借鉴上述研究成果拟作出如下理论假设,并在后面的实证研究中加以验证:

H_1:知识管理对代建绩效具有直接的正向影响;

H_2:知识管理对项目管理核心能力具有直接的正向影响。

4.2.2　组织学习、项目管理核心能力与代建绩效的关系

目前国内外学者和研究人员对组织学习与组织绩效的关系进行了大量研究。Bontis等(2002)[319]研究提出,有效的组织学习能够提升企业绩效。Farrell

等(2002)[320]通过实证研究验证了组织学习对组织绩效有直接的正向影响,Jiménez-Jiménez 等(2007)[321]也得出了同样的结论。彭说龙等(2005)[151]研究指出,组织学习对组织绩效有显著的直接正相关关系。谢洪明(2005)[152]通过对我国华南地区企业调研得出结论:市场导向可以通过组织学习对组织绩效产生显著的影响。陈国权等(2005,2009)[322-323]通过多次实证研究得出同样的结论:组织学习能力对组织绩效有直接的正向影响。窦亚丽等(2006)[324]探索了学习型组织与组织绩效之间的关系,发现学习型组织中的个体学习、学习支持和系统思考维度对企业绩效有正向影响。原欣伟等(2006)[325]指出,学习与绩效的关系是双向的,学习有助于绩效的改善和提高,而绩效的监控和反馈则有助于发现绩效存在的问题,激发学习动机,促进学习活动的产生。李明斐等(2007)[326]的研究表明,学习型组织对企业绩效有正向影响作用,从而证明了创建学习型组织来提高企业绩效的必要性。李璟琰等(2008)[327]的研究表明,组织学习能够直接影响组织绩效,并通过调研验证了组织学习是组织绩效的关键驱动要素,在创业导向与组织绩效之间起到明显的中介效应。

上述研究均表明,组织学习对组织绩效能够产生直接的正向影响作用,而还有一些研究结论则表明组织学习可以通过核心能力间接的影响组织绩效。比如,Montes 等(2005)[328]对组织学习与组织绩效之间的相互关系做了理论和实证研究,结果表明组织学习能间接或直接地促进组织核心竞争力的形成,进而促进组织绩效的提升。李丹(2007)[329]将组织学习-创业导向-组织绩效三者进行整合研究,验证了企业的组织学习对创业导向的影响以及创业导向在组织学习-组织绩效关系中的中介作用,可以看出此结论与上述李璟琰(2008)的研究结论存在矛盾。刘亚军等(2009)[330]通过实证研究指出,组织学习通过提升组织的核心能力能显著改善组织绩效。谢洪明等(2005)[150]通过实证研究得出组织学习通过组织创新(包括管理创新和技术创新)对组织绩效产生显著的正向影响。另外,谢洪明等(2007)[154]的研究还表明,组织文化、学习导向能够通过组织创新对核心能力产生间接影响。吕毓芳(2005)[331]通过实证研究发现,组织学习通过组织创新对组织绩效有间接的影响关系。Aragón-Correa 等(2007)[332]通过对 408 家企业调研也得出组织学习通过创新对组织绩效有绝对影响。蒋天颖等(2008)[333]通过实证研究得出:制造业企业组织学习对组织绩效没有直接影响,而是通过知识获取和组织创新能力的提升间接地对组织绩效产生正向影响。本书认为,创新能力是核心能力的一个重要组成部分,故将组织创新归属到核心能力的范畴。因此,上述研究表明核心能力能够在组织学习和组织绩效之间起到中介作用。

对于组织学习与核心能力的关系,吴价宝(2003)[334]指出,企业核心能力的本质是知识,而组织学习是核心能力形成的源泉。王长义(2008)[335]研究指出,学习型组织的建立是企业核心能力形成的重要机理。朱瑜等(2007)[336]的研究结果表明,组织学习对企业核心能力的直接效应及间接效应同时存在。因此,本书认为,组织学习对于核心能力的形成具有明显的正向影响作用。

综上所述,国内外大量研究表明:组织学习对组织绩效具有直接的正向影响作用,核心能力对组织绩效可以产生间接的正向影响,核心能力在组织学习和组织绩效之间起到中介作用。但目前有关组织学习与组织绩效二者之间关系的研究主要集中在生产制造企业,而在建筑业和工程项目管理领域的实证研究非常少见,主要以定性研究为主。比如,徐友全等(2009)[337]分析指出,项目管理组织能够在成员相互学习的基础上获得效率提升和绩效改善,从而赢得可持续的竞争优势,确保项目目标的顺利实现。杨启昉等(2009)[221]指出,组织项目管理能力开发需要建立学习型组织。方波浪(2011)[338]提出,通过建立学习型组织,共享企业内部的知识、经验和技能,可以提升监理企业的核心能力。

通过检索文献,目前尚未发现组织学习与代建绩效之间关系的相关研究。那么,组织学习能否对代建绩效产生直接的正向影响?代建单位的项目管理核心能力能够在组织学习和代建绩效之间起到中介作用吗?这些问题都不得而知。

本书借鉴上述研究成果拟作出如下理论假设,以便通过实证研究加以检验:

H_3:组织学习对代建绩效具有直接的正向影响;

H_4:组织学习对项目管理核心能力具有直接的正向影响。

4.2.3　组织学习、知识管理与项目管理核心能力的关系

长期以来,组织学习和知识管理这两个领域的研究存在互相排斥的现象,组织学习的研究者避免使用"知识"一词,而知识管理的研究者也同样避免使用"学习"这一概念。但是也有不少学者认为这两者没有区别,并将学习、知识、知识管理等概念混同使用。1990年,Peter Senge提出知识管理与组织学习的目的是一致的,都致力于组织知识的持续创新、交流和利用,组织学习和知识管理之间存在着密切的关系,二者是互相促进、共同发展的。Klimechi等(1998)[339]认为,组织学习是从数据处理过程中得到的组织知识的改变,进而促使组织寻找新方法,求得新环境下的成功生存。Irani等(2009)[340]提出了界定知识管理和组织学习关系的模型以及企业建立学习型组织的要素。Suikki等(2006)[341]提出了基于学习型组织、组织学习、组织文化、知识管理和项目管理的提升企业管理能力的框架。

谢洪明等(2007)[153]通过实证研究得出:组织学习通过知识整合可以提升组织核心能力,进而正向影响组织绩效的结论。而 Liao 等(2010)[342]通过实证研究表明,组织学习是知识管理和组织创新的中间变量。可以看出此两者的研究结论并不一致,这也证明了组织学习和知识管理之间相互交融的特点。

王如富(1999)[343]研究指出,知识管理贯穿于组织学习的始终,知识管理只有通过组织学习,才能使知识转化为员工工作的力量,成为企业最重要的资源来发挥作用,并且知识管理和组织学习是相辅相成、相互促进的,它们都是企业制胜的法宝。陈媛媛等(2009)[344]从过程观的角度分析了组织学习、知识管理与组织创新三者之间的关系,研究发现组织学习过程与知识管理过程是相互伴生的,组织知识存量突破一定的阈值会使得组织创新的方式发生改变,在组织创新的不同阶段伴随着不同形式的组织学习。同样,吕婷婷等(2007)[345]也指出,知识管理和学习型组织既相互交融又相互促进。一方面,知识管理是创建学习型组织的核心;另一方面,作为知识管理的施行环境,成功的学习型组织能够系统地并且技术化地实现知识的获取、创造、储存、分析以及数据的发掘、转移、传播、应用、验证等阶段的过程。刘希宋等(2005)[346]指出,知识管理和学习型组织具有不可分割的密切关系,学习型组织是知识管理得以实施的最佳载体,而知识管理又是学习型组织的核心功能和精髓所在,该研究为二者整合的理论与实践提供了科学依据。曹卫平(2006)[347]则提出对学习型组织和知识管理两种理论进行整合的初步设想。

综上所述,许多研究人员发现组织学习与知识管理之间具有密不可分的关系,两者相辅相成、相互伴生、互相作用。企业可以同时开展相关工作,通过两者的融合和共同作用,对组织绩效改善可以起到更好的促进作用。

本书认为,对于代建单位而言,在现阶段实施知识管理战略能够促进代建单位内部开展组织学习活动,形成良好的组织氛围,通过长期的学习积累不断提升项目管理核心能力。借鉴上述研究成果拟作出如下理论假设,并在后面的实证研究中加以验证:

H_5:知识管理对组织学习具有直接的正向影响,组织学习在知识管理和项目管理核心能力之间起到中介作用。

4.2.4 项目管理核心能力与代建绩效的关系

前文的许多研究结果均表明:企业核心能力对组织绩效具有直接的正向影响作用,但目前国内学者对于项目管理能力与项目管理绩效二者之间关系的研究较少,只是定性地提到通过提高项目管理能力可以提高项目管理效率,开展的实证研究更加稀少。对于代建单位来讲,其拥有的项目管理核心能力是否同样会对代建绩效产生直接的正向影响呢? 考虑到高效的项目管理能力有利于代建单位解决工程实施过程中的各类问题,可以提高代建人员的工作效率,促进项目目标的顺利实现,本书拟作出如下理论假设进行验证:

H_6:项目管理核心能力对代建绩效具有直接的正向影响。

本书将上述研究假设汇总如下:

H_1:知识管理对代建绩效具有直接的正向影响;

H_2:知识管理对项目管理核心能力具有直接的正向影响;

H_3:组织学习对代建绩效具有直接的正向影响;

H_4:组织学习对项目管理核心能力具有直接的正向影响;

H_5:知识管理对组织学习具有直接的正向影响,组织学习在知识管理和项目管理核心能力之间起到中介作用;

H_6:项目管理核心能力对代建绩效具有直接的正向影响。

4.3　代建绩效改善机理理论模型的构建

在上述各改善要素的测量指标和研究假设的基础上,本书得出代建绩效改善机理理论模型,如图 4-1 所示。

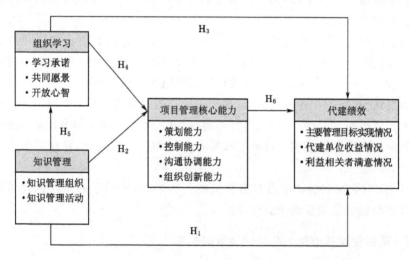

图 4-1　代建绩效改善机理理论模型

4.4　本章小结

　　在前人研究成果的基础上,对代建单位的知识管理、组织学习、项目管理核心能力和代建绩效等研究变量的含义进行了界定,开发出相应的测量量表,通过文献研究和基础理论分析,提出了本书有关各绩效改善要素与代建绩效的关系的研究假设,并构建出知识管理、组织学习与项目管理核心能力对代建绩效的改善机理理论模型。

第 5 章

代建绩效改善机理的实证研究

5.1　实证研究设计与方法

5.1.1　实证研究设计的流程

自 20 世纪 50 年代以来,实证主义的思想一直在社会科学中占有举足轻重的地位,实证主义认为现实世界是客观的。实证主义倡导的研究方法大多是用于检验预先建立的研究假设或命题,如果得到的数据与研究假设的预期一致,就认为假设是可以接受的;一旦出现与研究假设判断相反的结果,就有理由拒绝研究假设。

科学研究的核心问题在于判断变量间的因果关系,而实证主义的研究范式提出了判断因果关系的三个前提条件:① 假设的因与果必须存在某种联系;② 它们之间存在时间顺序的差异,因必须先于果而发生;③ 它们之间的关系必须是恒定存在的,在果出现时必须伴随因的存在。因此,实证主义的观点强调因与果之间的紧密联系以及果对因的依赖。[348]

常见的实证研究类型主要有探索性研究、描述性研究、解释性研究和对策性研究等四种,其特征如表 5-1 所示。[349]

表 5-1　　　　　　　　　　　　　四种实证研究类型的比较

项　目	探索性研究	描述性研究	解释性研究	对策性研究
对象规模	小样本	大样本	中样本	小样本
抽样方法	非随机选取	简单随机、按比例分层	不按比例分层	重点或典型案例

续表 5-1

项 目	探索性研究	描述性研究	解释性研究	对策性研究
研究方式	观察、无结构访谈	问卷调查、结构式访谈	调查、实验等	实地研究、问卷、二手资料分析
分析方法	主观的、定性的	定量的、描述统计	相关分析与因果分析	定性与定量相结合的、系统分析
主要目的	形成概念和初步印象	描述总体状况和分布特征	变量关系和理论检验	提出解决问题的对策
基本特征	设计简单、形式自由	内容广泛、规模很大	设计复杂、理论性强	面对复杂和模糊的问题,逐级深入

　　研究设计(Research Design)是对研究项目结构和过程进行的整体安排。研究设计内容可以多种多样,但都围绕着两个目的:一是辨识问题,提炼主题;二是论证和验证主题。通过研究设计,研究者可以将一项研究的多个成分有机地结合在一起,包括提出研究问题、回顾文献、收集数据、分析数据。因此,研究设计是课题研究的一个核心环节。研究设计是实证研究之前对研究问题、研究目的、调研对象、测量方法、抽样方法、数据收集和分析方法、论证方法等的思考和设计。实证研究中的研究设计是一个不断循环、不断重复的动态过程,而不是一成不变的静态过程。实证研究的研究设计的一般流程,如图 5-1 所示。[348]

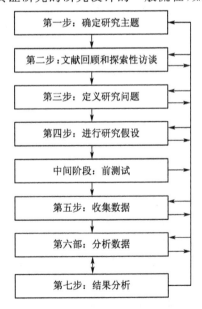

图 5-1　实证研究的一般流程

本书的实证研究旨在找出知识管理、组织学习、项目管理核心能力对代建绩效的影响关系,因此属于解释性研究,解释性研究的方法主要包括实验法、案例法和统计推断法,其中统计推断法在当前中国管理学界最为流行。本书拟采用统计推断法进行实证研究。统计推断法的基本流程主要包括[350]:① 基于理论研究提出研究假说;② 将变量操作化,即将变量转换为直接观测的指标;③ 基于统计抽样原理,观测样本所得相关数据;④ 进行数据编码和整理,通过描述性统计方法概括出样本特征,并观察各变量之间的关联性;⑤ 进行信度和效度分析;⑥ 对假说进行检验,确认变量间关系的显著性,支持或证伪研究假说。

5.1.2　数据收集方法

管理学当中常用的数据收集方法有访谈法和问卷调查法两种。访谈法是通过面对面或以电话形式与受访者进行谈话交流来获取调研数据的一种方法。该方法的优势主要体现在根据谈话的不断深入能够获得计划之外的收获,但缺点是费时间、成本高,样本数量受限。问卷调查法也称问卷法,它是调查者运用统一设计的问卷向被选取的调查对象了解情况或征询意见的调查方法。问卷调查法是在社会学、管理学、心理学和行为学等研究领域的定量研究中最为普及的一种方法。问卷调查的一般程序是:设计调查问卷;选择调查对象;分发问卷;回收和审查问卷;对问卷调查结果进行统计分析和理论研究。[351]问卷调查法的优势主要体现在:收集数据快速有效;样本数量大,在量表信度和效度较高的情况下可以收集到高质量的研究数据;对被调查者的干扰较少,容易得到被调查者的支持,可行性较高;调查成本低廉。因此,本书的数据收集采用问卷调查法进行收集。问卷调查法的测量工具是调查问卷。调查问卷是根据测量每个变量的测量量表编制而成的。

5.1.3　数据分析方法

数据分析(Data Analysis)是从实际观测数据中发现变量的特征、变化规则以及变量之间关联的过程。统计技术是管理研究中被普遍采用的数据分析方法。数据统计分析的方法主要包括以下五个方面。

5.1.3.1　描述性统计

描述性统计分析是通过对收集到的样本数据进行分类、统计并制表,来概括和解释收集样本的特征或者各变量之间的关联,直观地反映统计结果。描述性统计分析是进行其他数据分析的基础和前提,一般是对调查数据进行总体全貌分析,比如受访者的基本情况,所在企业的情况等等,也常用来统计每个观测指标题项的均值、标准差(SD)和百分比,从而对数据的可靠性进行初步判断。本书拟利用 SPSS 17.0 统计分析软件对采集到的数据进行描述性统计分析。

5.1.3.2　信度检验

信度(Reliability)是指使用相同研究技术重复测量同一个对象时,得到相同研究结果的可能性。它反映了用同一测量工具多次测量结果间的稳定性和一致性程度,主要用来测量调查结果的稳定性和一致性,即衡量调查结果是否可靠、是否反映了被调查者保持一贯性等特征。信度检验包括稳定性和内部一致性两个方面。反映稳定性的信度包括重测信度(Test Retest)和复本信度(Alternate Forms Reliability)两种,反映内部一致性的信度为同质性信度(Homogeneity Reliability)。重测信度是指在两个不同时间点,对相同的样本进行重复调查,求出两次调查结果的相关系数,观测数据的稳定性,这种信度指标常用于实地研究,进行反复观测,而对于问卷调查形式则难度较大。复本信度是指采用两个不同版本的问卷对同一组被调查者进行两次测试,计算获取的两组数据的相关系数得到的信度指标,这种指标的获取在实际问卷调研中难度同样比较大。同质性信度也叫内部一致性信度(Internal Consistency Reliability),它反映出采用多个指标题项测量同一态度的测量工具内部所有指标题项之间的一致性程度,常用的同质性信度指标为克伦巴赫信度系数(Cronbach's α),该指标由美国教育学家克伦巴赫在 1951 年创立,用于评价量表的内部一致性。[352]

Cronbach's α 系数的计算公式如下:[353]

$$\text{Cronbach's } \alpha = \frac{K}{K-1}\left[1 - \frac{\sum S_i^2}{S^2}\right] \tag{5-1}$$

式中,K 指量表所包括的题项数量,$\sum S_i^2$ 指量表题项的方差总和,S^2 指量表题项加总后的方差。

根据以上讨论结果和本书的研究设计,本书适合采用同质性信度对测量工具的信度进行检验。考虑到调查对象的实际情况以及调查工作实施的可行性,本书不再进行重测信度和复本信度的检验。

本书采用 Cronbach's α 系数来检验量表是否具有高度的内部一致性。Cronbach's α 系数越高,说明问卷中每个分量表的信度就越高。根据美国统计学家海尔(Hair)、安德森(Anderson)、泰森(Tathan)和布莱克(Black)的研究,当 Cronbach's α 系数大于 0.7 时,表明量表信度较高;当系数大于 0.6 时,表明量表数据是可靠的;当系数在 0.5 以下时,表明量表信度不高,需要重新修改问卷结构。Nunnally(1978)[354]指出,Cronbach's α 系数介于 0.7~0.98 之间可判定为高信度值,若低于 0.35 则需要予以拒绝。若将问卷中未达到标准的指标题项删除,项目的总体一致性会提高,总体信度也会相应提高。一般情况下,Cronbach's α 系数的判断标准如表 5-2 所示。为提高调查问卷的质量,本书采用 Cronbach's α 系数进行信度检验时以 0.6 为界线,Cronbach's α 值等于或高于 0.6 予以接收,低于 0.6 则进行问卷修改。

表 5-2　　　　　　　　　　　　Cronbach's α 值的判断标准

α 值范围	$α \geqslant 0.7$	$0.35 < α < 0.7$	$α \leqslant 0.35$
检测结论	高信度	中信度	低信度

5.1.3.3　效度检验

效度(Validity)是指测量结果的有效程度,它反映了测量工具或手段能够准确测出测量对象的程度以及内在因素结构的有效性,用来衡量量表的正确性。通常效度分为内容效度、结构效度和效标效度三种。

内容效度(Content Validity)也称为表面效度或逻辑效度,指测量内容在多大程度上反映或代表了研究者所要测量的构想。内容效度检验的主要内容包括:检查每一个指标题项是否具有代表性;测量内容是否涵盖了所研究对象的理论边界;测量指标是否与变量定义之间实现一一对应的关系;测量指标的分配比例是否反映了所研究变量中各个成分的重要性。这项工作一般通过邀请一些专家根据其理解和认知情况进行主观判断来完成。

结构效度(Construct Validity)又称为建构效度或理论效度,指测量结果体现出来的某种结构与测值之间的对应程度。结构效度分为收敛效度和区别效度。结构效度分析包括探索性因子分析(Exploratory Factor Analysis,EFA)和验证性因子分析(Confirmatory Factor Analysis,CFA)两种。探索性因子分析主要是从问卷的指标题项中去探索、挖掘出潜变量,通常指标题项与变量之间的关系,以及变量的个数都是未知的;验证性因子分析主要是进行假设的检验,通常变量的个数、指标题项与变量之间的关系是事先假定的。

效标效度(Criterion Related Validity)又称为准则效度或预测效度,指测量的结果与某种外在效标之间的一致性程度。效标效度的检验内容是:根据已经得到的确定的某种理论,选择一种指标或测量工具作为效标(准则),分析量表得分与准则(效标)间的相关系数(效标效度系数)。在调查问卷的效度分析中,选择一个合适的准则非常困难,因此这种方法的应用受到很大限制。本书不考虑效标效度的检验。

综上所述,本书主要对正式问卷的内容效度和结构效度进行检验,具体检验方法如下所述。

(1) 内容效度检验

本书拟通过如下措施来确保调研问卷的内容效度:① 在设置研究问题的测

量量表时,尽量选用和参考国内外已经用过且效度较好的量表;② 对于自行开发的量表,编制好后先请相关领域的专家学者进行复核,经过讨论后最终确定;③ 在预调研问卷完成后,先请有关专家学者进行审核修改,再予以发放;④ 根据预调研过程中受访者提出的异议和建议,再次与有关专家进行讨论,最后形成最终问卷。

(2) 结构效度检验

① 分量表的结构效度分析。

本书采用项目与总体相关系数(Item-to-total)以及每个因子的 Cronbach's α 系数来检验预调研问卷中各分量表的结构效度。检验标准为:"Item-to-total"相关系数大于 0.3,Cronbach's α 系数大于 0.6。[355] 通过该标准对量表中不合适的指标题项进行修改和删除。

② 探索性因子分析。

探索性因子分析研究的是相关矩阵的内部依存关系,将多个指标题项综合为少数几个因子,以此来探索因子之间的相关关系。一般来讲,如果某个潜变量的测量指标题项的因子负荷在该变量上都大于 0.5,这就说明此变量的测量量表具有较好的收敛效度;如果某个潜变量的测量指标题项的因子负荷在其他潜变量上都小于 0.5,说明该变量的测量指标也具有较好的区别效度。

在做因子分析之前,需要进行 KMO(Kaiser-Meyer-Olkin)检验和 Bartlett 球体检验来判断问卷调查所得到的数据是否适合做因子分析。KMO 检验统计量是用于比较变量间简单相关系数和偏相关系数的指标,其取值在 0~1 之间。通常认为 KMO 的最低标准值为 0.5,越接近 1 表明其越适合做因子分析。KMO 统计量的判断标准,如表 5-3 所示。另外,Bartlett 球体检验对应的相伴概率值小于给定的显著性水平(一般为 0.001)时则可认为比较适合做因子分析。

在确定可以进行因子分析后,本书将运用 SPSS 17.0 统计分析软件中的主成分分析方法对收集到的数据进行探索性因子分析。

表 5-3   KMO 统计量的判断标准

KMO 统计量	适配性判断标准
0.90 以上	极佳的(Perfect)
0.80~0.90	良好的(Meritorious)
0.70~0.80	适中的(Middling)
0.60~0.70	普通的(Mediocre)
0.50~0.60	欠佳的(Miserable)
0.50 以下	无法接受的(Unacceptable)

③ 验证性因子分析。

进行探索性因子分析来检验量表结构效度之后,再通过验证性因子分析来检验效度及拟合指数。在探索性因子分析的基础上,本书采取结构方程模型理论中的拟合度指标进行验证性因子分析,通过数据与测量模型的拟合分析,来检验各观测变量的因子结构与先前的构想是否相符。Hair 等(1998)[356] 提出,衡量和检验结构方程模型拟合度的衡量标准包括绝对拟合指数(Absolute Fit Index)、增量拟合指数(Incremental Fit Index)和简约拟合指数(Parsimonious Fit Index)三种类型。本书主要参考侯杰泰等(2004)[357] 所归纳的三类拟合指数的分类结果和应用标准进行分析。

a. 绝对拟合指数。

常用的绝对拟合指数主要包括:χ^2、RMR(Root Mean Square Residual)、GFI(Goodness of Fit Index)、$AGFI$(Adjusted Goodness of Fit Index)和 $RMSEA$(Root Mean Square Error of Approximation)等。主要用来衡量理论模型与问卷调查得到的数据之间的拟合程度。

由于卡方统计(Chi-square Statistic)χ^2 的值是否显著受样本数量的影响较大,只有样本数量足够大时,χ^2 值才可以作为评价整体拟合度的指标。因此,通常用 χ^2 和自由度 df(Degree of Freedom)共同作为评价整体拟合度的指标,即用到卡方自由度比 χ^2/df。一般认为 χ^2/df 越小越好,当 $\chi^2/df < 3$ 时表明整体模型拟合比较好,当 $5 > \chi^2/df \geqslant 3$ 时表明拟合不太好,但可以接受,当 $10 \geqslant \chi^2/df > 5$时表明拟合比较差,当 $\chi^2/df > 10$ 时表明拟合很差。

RMR 为残差均方根,$RMR < 0.08$ 时表明数据拟合较好。

GFI 为拟合优度指数,其范围在 $0 \sim 1$ 之间,但 GFI 的值越接近 1 表明整体拟合度越好,一般认为 $GFI > 0.9$ 时表明拟合度较好。

$AGFI$ 为调整后的拟合优度指数,其范围也在 $0 \sim 1$ 之间,$AGFI$ 的值越接近 1 则表明整体拟合度越好,一般认为 $AGFI > 0.9$ 时表明拟合度较好。

$RMSEA$ 是指近似误差均方根,该指标受样本容量 N 的影响较小,是较好的绝对拟合指数。$RMSEA$ 的范围在 $0 \sim 1$ 之间,$RMSEA$ 越接近 0 则表明整体拟合度越好。Steiger(1980)指出 $0.05 < RMSEA < 0.1$ 时表明拟合度可以得到认可,说明问卷数据可以接受;当 $0.01 \leqslant RMSEA \leqslant 0.05$ 时表明拟合情况较好;当 $RMSEA < 0.01$ 时表明数据拟合非常好。

b. 增量拟合指数。

增量拟合指数,也称为相对拟合指数(Relative Fit Index)或比较拟合指数(Comparative Fit Index)是将理论模型和初始生成的模型对比得到的统计量。

主要增量拟合指数指标有 NFI(Normed Fit Index)、$NNFI$(Non-normed Fit Index)和 CFI(Comparative Fit Index)。

赋范拟合指数 NFI 和非范拟合指数 $NNFI$ 的范围都在 0~1 之间，NFI 和 $NNFI$ 的值越接近 1 表明整体拟合度越好，一般认为 $NFI>0.9$ 且 $NNFI>0.9$ 时表明拟合度较好。$NNFI$ 指标有时也被表示为 TLI(Tucker-Lewis Index)。考虑到使用的稳定性，当前更推崇采用 $NNFI$。

CFI 是相对拟合度指数，主要反映了要验证的模型和变量被完全约束的模型之间的相对合适度。其范围在 0~1 之间，CFI 的值越接近 1 表明整体拟合度越好，一般认为 $CFI>0.9$ 时表明拟合度较好。

c. 简约拟合指数。

简约拟合指数是前两种拟合指标的延伸，一般用来惩罚那些参数较多的模型。主要的指标有 $PNFI$(Parsimonious Normed Fit Index)和 $PGFI$(Parsimonious Goodness of Fit Index)。

$PNFI$ 的值在 0~1 之间，越接近 1 表明模型越节省。同样，$PGFI$ 的值也在 0~1 之间，越接近 1 表明模型越节省。一般认为两个指标均应大于 0.5。

综上所述，常用的三类拟合度指标 χ^2/df、$RMSEA$、RMR、GFI、$AGFI$、NFI、$NNFI$、CFI、$PNFI$ 和 $PGFI$ 等的衡量标准如表 5-4 所示。

表 5-4　　　　　　　　　　　　模型拟合度衡量指标

衡量指标	建议标准值
χ^2/df	<3
$RMSEA$	<0.1
RMR	<0.08
GFI	>0.9
$AGFI$	>0.9
NFI	>0.9
$NNFI$	>0.9
CFI	>0.9
$PNFI$	>0.5
$PGFI$	>0.5

5.1.3.4　相关分析

各个分量表的结构效度检验完毕后，通常需要对变量间的相关关系进行考察,相关分析主要是用来分析两个变量或指标之间的关联程度(Degree of Association),对模型中各变量的关系进行验证,并判断变量之间是否存在共线性问题。通常用相关系数(Correlation Coefficient)来表示两个变量间的关联程度。相关系数的正负分别表示两个变量之间是正相关还是反相关,相关系数绝对值的大小则反映了两个变量之间相关性的强弱程度。一般认为,如果相关系数在0.75以上则说明可能存在共线性问题,则需要进行处理。比如:删除次要变量,或对相关很高的变量进行合并,或使用更加复杂的结构方程模型。[358]运用SPSS 17.0软件可以进行变量间的相关分析。

5.1.3.5　结构方程模型分析

(1) 结构方程模型的概念

结构方程模型(Structural Equation Modeling,SEM)分析方法是基于变量的协方差矩阵来分析变量之间关系的一种统计方法。[359]对于研究对象所涉及的变量为不能准确、直接地测量的潜变量(Latent Variable)时,只能用一些外显指标(Observable Indicators)来间接测量这些潜变量,此时传统的统计分析方法不能妥善处理这些潜变量,而结构方程模型则能同时处理潜变量和外显指标,因此,结构方程模型在心理学、管理学、社会学等社会科学领域中得到了广泛应用。值得注意的是,SEM分析方法是一种将因素分析和路径分析相结合的方法,可以用来解释一个或多个自变量与一个或多个因变量之间的关系,其只能在理论假设的前提下去验证和说明研究对象之间的因果关系、验证理论模型是否合理,但是不能直接用来发现某种因果关系。

结构方程模型是一个结构方程体系,它包括随机变量、结构参数和非随机变量。其中,随机变量包括观测变量、潜变量和误差项。观测变量(指标题项)又分为内生和外生观测变量两种。潜变量(因子或概念)分为内生和外生潜变量两种。变量间的连接关系用结构参数来表示。模型的构建主要是通过指定观测变量与潜变量的关系、各潜变量间的相互关系以及在复杂的结构模型中限制因子负荷或因子相关系数等参数的数值或关系。结构方程模型中包括两个基本的模型:测量模型(Measured Model)和结构模型(Structural Model)。

测量模型用来界定潜在变量与观测变量之间的线性关系。就数学定义而言,测量模型是一组观测变量的线性函数。观测变量也称观测指标,是量表或问卷等测量工具所得的数据,是变量操作化的结果。观测变量一般以指标题项的方式体现。潜变量是抽象的、无法直接测量,由观察变量测得的数据资料来反映。测量模型主要是通过验证性因子分析,验证模型中的各指标题项是否正确测量各自的潜变量,一般要求各指标题项在该潜变量上的负荷值要大于0.5。测量模型分析是验证模型内在结构是否符合要求的检验,即通过潜变量和观测指标的信度、效度、估计参数的显著水平进行检验分析,来验证模型的内在质量。[360]

结构模型的主要作用是界定两种类型的潜变量之间的关系。作为"因"的潜在变量称为外因潜在变量,以符号 ξ 来表示;作为"果"的潜在变量称为内因潜在变量,以符号 η 表示。外因潜在变量对内因潜在变量的解释变异会受到其他因素的影响,这时影响变量称为干扰潜在变量,该干扰变量是结构模型中的残差值。结构模型中,外因潜在变量之间可以是无关联的或是有关联的,而外因潜在变量对内因潜在变量之间的关系必须是单方向的。[361] 结构模型分析也适于模型内部结构是否合理的检验,主要评估两种类型的潜变量的信度与其估计参数的显著水平。[362] 典型的 SEM 模型,如图 5-2 所示。

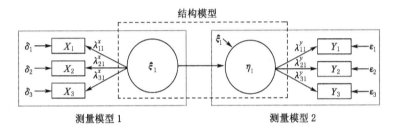

图 5-2　典型的 SEM 模型

(2) 结构方程模型的分析步骤[363-364]

① 模型设定。根据理论分析或以往的研究成果构建初始理论模型,初步拟定反映各变量之间因果关系的方程组,同时对于方程组中需要固定的系数予以相应的设置。SEM 可以是数学方程形式也可以是路径图,一般采用路径图进行表示,能够直观清晰地反映出研究者的研究设计思路。

② 模型识别。要决定所设定的模型是否能够对待估计参数求解,也就是决定模型是否可识别。如果模型是可识别的,则表示理论上模型中的每个参数皆可以导出唯一的参数估计值,否则将必须重新构建模型。自由度 df 是判断模型能否识别的必要条件。

③ 模型估计。模型估计就是求解模型中各个参数的估计值。通常采用极大似然法(Maximum Likehood Estimation,MLE)和广义最小二乘法(Two-stage Least Square)对模型参数进行估计。

④ 模型评价与修正。模型估计后需对模型的整体拟合效果和单一参数的估计值进行评价,考察所提出的模型与收集到的样本数据之间的拟合程度。如果模型拟合效果不佳,可以对模型进行修正来提高模型的拟合效果,再用同一组观察数据进行检验。如果理论允许,评价与修正的过程可以多次重复直至模型

达到可接受的程度。拟合度检验所用的指标见表 5-4。

⑤ 结果及其解释。得出模型评价和修正的结果后,应用分析结果来评述研究者提出的假说,依据不同模型的特征可以得出不同的解释。

(3) 结构方程模型的优势[365]

结构方程模型的优势主要体现在:① 可以同时考虑并处理多个因变量;② 允许自变量和因变量存在测量误差;③ 同时估计因子结构和因子关系;④ 容许更大弹性的测量模型;⑤ 估计整个模型的拟合程度。另外,结构方程模型的实际应用都是靠计算机软件来完成的,比较方便应用,目前用得比较多的软件有 LISREL 和 AMOS。LISREL 软件在社会学、心理学、教育学、管理学中应用较多,而 AMOS 软件较新,且用户界面友好,使用较方便,也越来越受到研究人员的青睐。

5.1.4　实证研究的步骤与方法

本书实证研究的主要步骤与方法设计如下:

(1) 根据前文所做的研究假设和变量界定情况,开发测量工具,编制出调查问卷初稿,采用专家访谈的方法进行修改完善。

(2) 在小范围内进行预调研,利用 SPSS 17.0 对预调研结果进行样本信度和效度的初步检验,结合调研过程中与受访者的交流结果,对问卷内容进行修改调整,形成正式问卷。

(3) 进行正式调查,利用 SPSS 17.0 软件对收回的正式问卷进行样本结构描述和描述性统计分析,并进行样本信度分析、效度分析(探索性因子分析)、研究变量的相关分析、调研数据的正态性分析。

(4) 采用 AMOS 7.0 软件进行验证性因子分析,并根据理论模型进行结构方程建模,然后进行模型检验和修正,最终利用最优模型确定出各个变量之间的影响关系和作用路径,完成对理论模型的实证检验。

5.2　调研数据收集

5.2.1　测量工具的开发

根据第 4 章中有关知识管理、组织学习、项目管理核心能力和代建绩效的概念界定和测量指标设置情况,本书对所需的测量工具进行开发,设计出调研问卷所需的问题项目。

5.2.1.1　有关知识管理的测量工具

（1）知识管理组织方面

从代建单位主动开展知识管理工作、制定有关知识管理的规章制度和激励机制、知识管理部门设置、知识管理岗位设置、知识管理资源提供等 5 个方面进行测量，设计 5 道题目。题目包括：① 代建单位能够意识到知识管理对代建工作绩效具有重要的促进作用，能够在组织内部广泛宣传，积极主动地开展知识管理工作；② 代建单位制定了有关知识管理的规章制度和激励机制；③ 代建单位成立了专门的知识管理部门或类似部门；④ 代建单位设立了专门的知识管理主管、员工岗位或类似岗位来负责组织和实施知识管理工作，并进行职能分工和定位；⑤ 代建单位能够提供知识管理所需的设备、软件、场地和资源。

（2）知识管理活动方面

从知识识别、知识获取、知识储存、知识共享、知识应用等 5 个方面进行测量，设计 5 道题目。题目包括：① 组织成员能够根据代建项目特点和所处环境，及时有效地识别出代建工作所需的各类知识；② 组织成员能够通过互联网、图书馆、各类书籍、向同行咨询、向专家咨询等多种渠道及时有效地获取代建工作所需的各类知识；③ 组织内部能够及时将获取的各类知识进行梳理和储存，并能够随时在工作需要时及时提供；④ 组织成员具有知识共享意识，能够积极付诸行动，及时传递与大家分享；⑤ 组织成员能够适时的将所需的知识应用到具体管理工作中，积极进行知识创新，解决代建管理过程中出现的问题，提高管理效率。测量知识管理的题目共计 10 个。

5.2.1.2　组织学习的测量工具

（1）学习承诺方面

从代建单位重视学习的情况、代建项目经理鼓励学习的情况、代建项目经理带头学习的情况、组织成员学习态度的情况、组织成员自我总结和增强意识的情况、组织成员之间互相学习交流的情况等 6 个方面进行测量。题目设计 6 道题目。题目包括：① 代建项目经理和组织成员能够意识到学习、掌握代建工作所需的各类知识对于顺利完成代建任务具有重要作用；② 代建项目经理能够鼓励组织成员学习，并为组织成员的学习环境和资料设备进行专项投资；倡导进行短期培训，提高学历层次，获取执业资格；③ 代建项目经理能够带头学习和提高，为组织成员起到表率作用；④ 组织成员能够认识到学习的紧迫性并具有端正的学习态度，自发主动学习、积极参加企业组织的学习活动；⑤ 组织成员经常对自身代建工作中的经验和教训进行分析总结，不断提高自我水平；⑥ 组织成员之间能够经常讨论自己和其他代建组织或单位在代建工作中的经验和教训，在工程案例中不断地学习和提高。

（2）共同愿景方面

从组织目标和愿景的明确性、组织成员对组织目标和愿景的认可度、组织成员工作行为与组织目标的一致性、组织成员根据组织目标编制自己的工作计划等4个方面进行测量，设计4道题目。题目包括：① 代建项目经理能够让组织成员清楚和掌握企业和代建项目部在该项目上追求的目标和要实现的愿景；② 组织成员对组织目标和愿景十分认可，并认为组织的成败就是个人的成败；③ 组织成员能够在自己代建工作行为上与组织目标保持一致，努力去实现组织目标；④ 组织成员明白如何实现组织目标，并能根据自身任务制定出自己的工作计划。

（3）开放心智方面

从组织成员参与组织决策、代建项目部重视新想法、代建项目经理鼓励创意思考、经常召开代建工作讨论会的频率等4个方面进行测量，设计4道题目。题目包括：① 组织成员能够广泛参与组织决策，对代建项目经理的决策观点和代建管理组织运行状况有所质疑时可以提出意见或建议；② 代建单位重视组织成员提出新的意见、观点和做法，并能进行进一步的讨论分析；③ 代建项目经理鼓励组织成员进行创意思考，突破管理瓶颈、解决工程问题；④ 代建单位内部经常组织开展代建工作讨论会，分析工作中存在的问题，鼓励组织成员为代建工作的顺利开展出谋划策。测量组织学习的题目共计14个。

5.2.1.3　项目管理核心能力的测量工具

（1）策划能力方面

从质量策划、工期策划、投资策划、承发包模式策划、招投标策划、风险管理策划、任务分解与界面管理策划等7个方面进行测量，设计7道题目。题目包括：① 代建单位能够根据项目建议书和可行性研究报告的批复意见，合理设置项目功能和建设标准（质量），编制设计任务书；② 代建单位能够科学合理地设置项目前期策划、设计、招标、施工准备、施工、验收移交等阶段的工期，能够运用工程软件编制相应进度计划，并能够根据工作需要进行动态调整；③ 代建单位能够编制相对精确的项目资金计划，并能够进行动态调整、定期上报，以方便政府部门及时筹措资金、支付工程进度款和材料款；④ 代建单位能够对项目承发包模式进行比选择优，合理发包各类项目任务；⑤ 代建单位能够独自或联合招标代理单位，有效进行招投标策划，研究招标工作要点，起草或完善招标文件和合同文本；⑥ 代建单位能够经常性地对工程风险进行识别和分析，提出应对预案，以便及时做好风险控制工作，减少工程索赔和工程损失；⑦ 代建单位能够对项目任务进行合理分解，并进行界面管理，提前考虑将来承包商之间在施工过程中可能出现的矛盾和问题。

（2）控制能力方面

从项目总控、设计成果控制、三大目标控制、安全生产与文明施工控制、廉洁自律等 5 个方面进行测量，设计 5 道题目。题目包括：① 代建单位能够掌握项目范围，有效约束各参建单位的行为，控制项目全局，不出现项目失控现象；② 代建单位审图能力强，能够对设计质量严格把关，各专业人员充分交流，控制设计深度和图纸质量，减少后期变更数量；③ 代建单位能够综合运用事前、事中和事后控制方法，在施工过程中对工程投资、进度和质量严格控制，确保项目目标的顺利实现；④ 代建单位能够有效控制安全生产和文明施工，避免出现安全事故和农民工上访事件的发生，促进社会稳定，提高工人工作和生活环境；⑤ 组织成员能够做到廉洁自律、自我约束，守法、公正、客观的开展代建工作。

（3）沟通协调能力方面

从代建单位办理各项手续、会议组织成效、决策效率、所发指令的执行状况、团结各方的能力、内部信息交流情况等 6 个方面进行测量，设计 6 道题目。题目包括：① 代建单位能够与政府各职能部门建立良好的合作关系，能够有效办理项目前期和施工过程中的各项手续；② 代建单位能够高效组织各类设计方案和图纸汇报审查会、合同谈判会、第一次工地例会、工程调度汇报会、竣工验收会、安全文明施工检查会等会议；③ 遇到工程问题时，代建单位能够迅速、正确、客观地做出决策，及时将问题处理完毕；④ 代建单位具有权威性，发出的项目指令能够得到各参建单位的有效执行；⑤ 代建单位能够与代建委托人、使用单位及各项目参建单位建立良好的合作关系，能有效化解各参建单位之间的矛盾和冲突，促进各方团结；⑥ 代建单位内部各组织成员，尤其是各专业人员之间能够充分交流和配合，及时传递共享各类工程信息。

（4）组织创新能力方面

从代建单位组织结构创新、工作流程创新、管理制度创新、人力资源调整、管理模式与方法创新、新的管理系统或软件的开发与利用等 6 个方面进行测量，设计 6 道题目。题目包括：① 代建单位能够根据代建项目特点和组织内外部环境，及时调整组织结构形式和部门职能分工，实现部门间充分协作；② 代建单位能够根据新的职能分工情况，合理调整组织内外部的工作流程；③ 代建单位能够根据代建工作需要及时对原有的管理制度和运行机制进行调整和完善；④ 代建单位能根据代建工作需要合理配备和调整相对稳定的各专业代建人员；⑤ 代建单位能够根据代建工作需要对管理模式和管理方法及时进行改进和完善，形成有针对性的管理手册来提高管理水平；⑥ 代建单位能够根据项目特点和组织内外部环境，开发现代化的管理信息系统，或购买使用先进的项目管理软件，促进信息传递速度，提高管理效率。测量项目管理核心能力的题目共计 24 个。

5.2.1.4　有关代建绩效测量工具

（1）主要管理目标实现情况方面

从投资目标、工期目标、质量目标、安全生产与文明施工目标的实现情况,以及代建项目对自然、经济和社会环境的改善结果等 5 个方面进行测量,设计 5 道题目。题目包括:① 代建项目总投资额控制在可行性研究报告批复的费用目标范围内,项目资金得到充分利用,无资金浪费现象,能够顺利通过工程审计;② 代建项目进度控制得力,工期能够控制在合同工期范围内,项目能够按时移交投入使用;③ 代建项目建成后,先进、美观、适用、环保且功能能够满足使用要求,工程优良率高,能够获得合同约定的各级工程质量奖;④ 施工过程中安全措施到位,无人员伤亡事故发生,能够获得合同约定的各级文明工地奖励;⑤ 建成后的代建项目对当地的自然、经济和社会环境能起到积极的改善作用,实现了项目建设的目的和初衷。

（2）代建单位收益情况方面

从代建费取费标准和获取情况、企业形象的改善、促进代建业务拓展 3 个方面进行测量,设计 3 道题目。题目包括:① 代建费取费标准高于行业平均水平,且代建单位能够按照代建合同的约定足额、及时地获取代建费;② 经过此项目的代建工作,贵公司获取了良好的社会声誉,树立了良好的企业形象,在行业内产生积极影响;③ 此项目的代建效果对贵公司今后代建业务的拓展起到积极的推动作用。

（3）利益相关者满意情况方面

从政府主管部门和职能部门的满意度、代建项目委托人和使用单位或资产管理单位的满意度、各参建单位的满意度、代建组织成员的满意度、公众和媒体的满意度等 5 个方面进行测量,设计 5 道题目。题目包括:① 项目实施过程严格遵守基本建设程序,无违规操作现象,政府主要领导和职能部门对代建项目满意;② 代建项目委托人、使用单位或资产管理单位对代建项目满意,对代建工作表扬多、批评少;③ 各项目参建单位对代建项目满意,对代建工作比较认可、投诉少;④ 代建人员对参与该代建项目的工作环境、工资薪水和自己将来的成长与发展比较满意;⑤ 公众和新闻媒体对代建项目满意,正面宣传多、负面评价少。测量代建绩效的题目共计 13 个。

5.2.2　调查问卷设计

5.2.2.1　初始调查问卷设计

（1）问卷编制过程

调查问卷初稿编制完成后,研究人员先请若干工程管理专家进行审核,并请多名有经验的代建管理人员进行试填。对其中的专业术语进行调整,最终形成了初始调查问卷。

（2）调查问卷组成

调查问卷共包括三个部分。

第一部分为答卷人、企业及项目背景资料，具体包括：① 答卷人背景资料主要包括：受访者参与该代建项目的工作岗位、受教育程度、从事代建管理工作的时间 3 个题项；② 企业背景资料包括：企业开展代建业务的时间、企业从事代建业务的员工数量、企业所在地、企业资质等 4 个题项；③ 项目背景资料包括：受访者选择的典型代建项目的名称、项目建设地点、项目总投资额、项目工期、项目的代建工作范围等 5 个题项。

第二部分为有关代建绩效改善要素的调研，具体包括：① 知识管理：包括知识管理组织、知识管理活动两个方面的 10 个测量题项；② 组织学习：包括学习承诺、共同愿景、开放心智 3 个方面的 14 个测量题项；③ 项目管理核心能力：包括策划能力、控制能力、沟通协调能力、组织创新能力等 4 个方面的 24 个测量题项。

第三部分为有关代建绩效状况的调研，包括管理目标实现情况、代建单位收益情况、利益相关者满意情况 3 个方面的 13 个测量题项。

通过汇总可知，初始调查问卷共分为 3 个部分，包括 73 个题项。第一部分背景资料共 12 个题项；第二部分代建绩效改善要素共 48 个题项，其中知识管理（KM）10 个题项，组织学习（OL）14 个题项，项目管理核心能力（PMCC）24 个题项；第三部分代建绩效（MP）共 13 个题项。

（3）调查问卷的填写要求

要求受访者回忆并选择一个其参与过的近 3 年内完工的或即将完工的，并且熟悉整体代建工作情况的典型代建项目，来完成以上 3 个部分问卷内容的填写工作。

本书中的调查问卷对各绩效改善要素和代建绩效量表的评价尺度均采用 5 级李克特量表（Likert scale），即"1"代表"非常不同意"、"2"代表"不同意"、"3"代表"一般"、"4"代表"同意"、"5"代表"非常同意"。要求受访者根据自己所选择的典型代建项目和实际代建工作开展情况，依据其感觉与理解进行选择。

5.2.2.2　预调查及调查结果分析

（1）预调查过程及调查结果统计

预调查主要选择徐州地区已完成或即将完成的代建项目进行调研，向代建单位发放调查问卷共计 62 份，收回 62 份，回收率为 100%。其中，有效问卷为 56 份，共涉及 10 个代建项目。

（2）预调查结果分析

利用 SPSS 17.0 统计分析软件中的 Scale 可靠性分析功能对该问卷的各变量进行信度和效度检验分析，并求出均值。分量表的信度和效度检验结果以及题项均值如表 5-5 所示。信度检验采用 Cronbach's α 系数，结构效度检验采用项目与总体相关系数"Item-to-total"。根据前面的理论分析结果，本书以 Cronbach's α 系数在 0.6 以上认为通过信度检验，"Item-to-total"系数在 0.3 以上认为通过结构效度检验；否则，对不合适的题项进行修改或删除。

表 5-5 分量表的信度及效度检验指标

潜变量	子变量	题项	均值	α 系数	各个题项的"Item-to-total"系数
知识管理	知识管理组织	5	3.154	0.861	0.495~0.762
	知识管理活动	5	3.679	0.854	0.530~0.830
组织学习	学习承诺	6	3.952	0.831	0.528~0.696
	共同愿景	4	3.893	0.787	0.452~0.671
	开放心智	4	3.759	0.771	0.490~0.721
项目管理核心能力	策划能力	7	3.870	0.802	0.270~0.655
	控制能力	5	3.957	0.738	0.355~0.700
	沟通协调能力	6	3.979	0.816	0.425~0.690
	组织创新能力	6	3.738	0.855	0.598~0.736
代建绩效	主要管理目标实现情况	5	3.907	0.836	0.568~0.705
	代建单位收益情况	3	3.756	0.444	0.103~0.538
	利益相关者满意情况	5	3.893	0.814	0.484~0.749

① 信度检验分析。在预试样本的信度检测中，代建绩效变量中的子变量之一代建单位收益情况的 Cronbach's α 系数为 0.444，说明其信度较低，处于不可接受水平，删除 MP_{21} 之后系数为 0.738，符合要求。经过分析调查数据发现，由于该衡量题项内容为"代建费取费标准高于行业平均水平，且贵单位能够按照代建合同的约定足额、及时地获取代建费"，而徐州地区大部分代建项目的取费标准比较低，达不到代建单位和代建人员的预期水平，因此该题项的均值相对于其他两个题项较低，仅为 2.91 分。考虑到代建费取费标准是在代建单位确定之前定的，与在该代建项目中的代建工作好坏并没有直接关系，因此，经与专家分析讨论，决定保留该题项，并对题项内容进行调整，修改为"贵单位能够按照代建合同的约定足额、及时地获取代建费"。除了上述子变量外，量表中其他子变量的 Cronbach's α 系数均在 0.7 以上，表明其余子变量具有较好的信度。

② 效度检验分析。本书主要对量表的内容效度和结构效度进行检验。

在内容效度上,由于本书是基于大量国内外现有文献的理论框架和模型以及概念界定而设计的测量量表,同时在量表的编制过程中,也实时与专家和研究人员进行访谈和讨论,对不满足要求的因素和问卷的指标题项进行多次修正,保证量表的理论概念的构成和实际操作的可行性,因此,可以认为本书的量表具有较好的内容效度。

对于结构效度的检验,预试中本书通过每个指标题项的项目与总体相关系数"Item-to-total"来考察各个分量表的结构效度。其中,项目管理核心能力变量的子变量策划能力中的第三题 MP_{13} 的"Item-to-total"系数为 0.270,处于不可接受水平。该题项反映的是代建单位资金计划策划能力,考虑到该项能力对于代建工作来讲比较重要,另外其"Item-to-total"系数并不太低,经与专家讨论,决定暂保留该题项。另外,代建绩效变量的子变量代建单位收益情况中的三个题项 MP_{21}、MP_{22}、MP_{23} 的"Item-to-total"系数分别为 0.103、0.538、0.270,MP_{21} 和 MP_{23} 两个题项处于不可接受水平。修改意见同前文,对 MP_{21} 做简单修改,暂保留题项 MP_{23}。

在预调查过程中,研究人员与多个受访代建人员进行了当面交流,询问其填写问卷的感受、是否存在有歧义或不容易理解的题项,并将存在的问题进行了汇总整理,最终对个别题项进行了简单修改和调整。

5.2.2.3 正式调查问卷的确定

经过对初始调查问卷的检验与修改形成正式问卷,正式问卷共包括背景资料、代建绩效改善要素和代建绩效三个部分的 73 个题项。

5.2.3 研究样本的选择与数据收集

5.2.3.1 研究样本的选择

考虑到本书研究所讨论的代建绩效是指代建单位管理的一个项目或项目群所表现出来的绩效,因此,根据研究需要,本次问卷调查主要针对代建单位参与的近三年内完成的或即将完成的某个项目或项目群来进行,问卷调查的对象选择参加过或正在参加代建工作的代建管理人员,主要分为高层、中层和基层人员。

5.2.3.2 调查问卷的发放与回收

调查问卷的发放和回收工作采取多种形式和途径进行。

第一种是通过互联网查询全国各地承担过代建业务的代建企业的信息及联系方式。先进行电话联系,确认有代建业务并同意接受调查后,以电子邮件形式发放问卷,然后进行电话回访,收取问卷。

第二种是通过工程管理领域的校友发放问卷。首先要向校友了解所在地是否有代建项目、能否接受问卷调查,确定可行后,发放问卷,然后限期填写并进行回收。

第三种是通过私人关系联系一些地区与代建业务有关的政府职能部门,如发改委、审计局、建设局等,再由部门工作人员联系当地的代建单位发放问卷。

第四种是对于江苏省内的若干代建单位,尤其是徐州市的几家代建单位,研究人员亲自到代建单位及其项目部直接发放、回收问卷。

整个问卷调查工作于 2011 年 9 月初开始实施,到 12 月初结束,前后历时 3 个月左右的时间。总计发出问卷 300 份,收回 156 份,问卷回收率为 52%,其中有效问卷 128 份,问卷有效回收率为 42.7%。

5.2.3.3 有关样本数量的讨论

由于本书将采用结构方程模型(SEM)进行分析,因此对研究样本的数量有所要求。与一般推论统计原理相同,对 SEM 分析而言,样本愈大愈好。但是,当研究人员使用较多样本时,衡量 SEM 拟合度的绝对适配度指数 χ^2 值容易达到显著水平($p < 0.05$),表示模型被拒绝的机会增加,理论模型与实际数据不契合的机会较大,因此,要在样本数与整体模型拟合度上取得平衡较难[366]。对于采用 SEM 分析所需研究样本数量到底应为多少,国内外学者目前还没有形成共识。Kling(1998)研究指出,采用 SEM 分析时样本数量低于 100 则参数估计结果是不可靠的。Loehlin(1992)认为,样本数量如未达到 200 个以上,最少也应达到 100 个。同样,Mueller(1997)也认为,样本数量至少需在 100 以上,200 以上更佳。国内学者侯杰泰等(2004)[367]也指出,为保证 SEM 评估的稳定性及样本的代表性,进行 SEM 检验所需样本的数量应至少为 100～200 个。本书所收集到的样本总量为 128 个,已达到进行 SEM 分析的最低标准,可以采用 SEM 进行分析和实证研究。

5.3 调研数据分析

5.3.1 描述性统计分析

5.3.1.1 样本基本信息统计

研究样本的基本信息如表 5-6 和表 5-7 所示。从受访者的基本信息来看,约 95% 的人是代建单位具体承担代建任务的管理人员和技术人员,具有本科及以上学历的人员占到近 85%,且 63.28% 的人参与代建工作的时间在 3 年以上,绝大多数受访者对代建业务和现场管理情况比较熟悉,有利于保障调研数据的质量。从受访者所在代建单位的基本信息来看,当前代建单位从事代建业务的时间并不长,近70%的企业从事代建业务的时间在7年以内。另外,企业中从事代建业务的人员并不多,大部分企业在100人以内。此次调研共涉及近3年内已完成或即将完成的65个代建项目,分布在江苏、上海、山东、山西、天津、辽宁、海南、广东、福建等9个省市,其中大部分项目的投资额在1亿元以上,且代建工作范围为全过程或主要阶段的代建管理。

表 5-6　　　　　　受访者及其所在单位基本信息统计表(N=128)

人员及企业特征		类 别	样本数/个	所占百分比/%	累计百分比/%
代建人员信息	工作职位	高层管理人员	15	11.72	11.72
		中层管理人员	34	26.56	38.28
		基层管理人员	65	50.78	89.06
		技术人员	8	6.25	95.31
		其他人员	6	4.69	100.00
	教育程度	博士(含在读)	13	10.16	10.16
		硕士(含在读)	40	31.25	41.41
		本科	55	42.97	84.38
		专科	19	14.84	99.22
		中专及以下学历	1	0.78	100.00
	从事代建工作的时间	两年以下	47	36.72	36.72
		3~5年	47	36.72	73.44
		6~10年	25	19.53	92.97
		10年以上	9	7.03	100.00
代建单位信息	开展代建业务的时间	3年以下	16	12.50	12.50
		4~6年	72	56.25	68.75
		7~10年	18	14.06	82.81
		10年以上	22	17.19	100.00
	员工人数	50人以下	34	26.56	26.56
		50~100人	76	59.38	85.94
		101~200人	10	7.81	93.75
		200人以上	8	6.25	100.00

表 5-7　　　　　　　　代建项目基本信息统计表($N=128$)

项目特征	类　别	样本数/个	所占百分比/%	累计百分比/%
项目投资	5 000 万元以下	17	13.28	13.28
	5 000 万～1 亿元(含)	24	18.75	32.03
	1 亿～2 亿元(含)	39	30.47	62.50
	2 亿元以上	48	37.50	100.00
项目工期	1 年以下	12	9.38	9.38
	1～2 年(含)	66	51.56	60.94
	2～3 年(含)	42	32.81	93.75
	3 年以上	8	6.25	100.00
代建范围	项目实施阶段的代建管理	48	37.50	37.50
	项目主要过程的代建管理	30	23.44	60.94
	项目全过程的代建管理	50	39.06	100.00
项目建设地点	天津市	2	1.56	1.56
	上海市	1	0.78	2.34
	山西太原	1	0.78	3.13
	山东济南	2	1.56	4.69
	辽宁营口	1	0.78	5.47
	江苏宜兴	1	0.78	6.25
	江苏徐州	64	50.00	56.25
	江苏无锡	2	1.56	57.81
	江苏苏州	17	13.28	71.09
	江苏南京	1	0.78	71.88
	江苏江阴	8	6.25	78.13
	江苏淮安	1	0.78	78.91
	江苏常州	3	2.34	81.25
	江苏常熟	19	14.84	96.09
	海南三亚	2	1.56	97.66
	广东深圳	1	0.78	98.44
	福建厦门	2	1.56	100.00

注:调研代建项目共计 65 个。

5.3.1.2　均值和标准差统计

调研样本中各变量的均值、标准差的统计情况,如表 5-8 所示。

表 5-8   各变量的均值、标准差统计表

变量	N	平均值	标准差
知识管理	128	3.537	0.858
知识管理组织	128	3.363	0.732
知识管理活动	128	3.711	0.760
组织学习	128	3.915	0.777
学习承诺	128	3.947	0.761
共同愿景	128	3.947	0.749
开放心智	128	3.834	0.821
项目管理核心能力	128	3.881	0.765
策划能力	128	3.843	0.784
控制能力	128	3.961	0.703
沟通协调能力	128	3.983	0.724
组织创新能力	128	3.755	0.810
代建绩效	128	3.894	0.768
主要管理目标实现情况	128	3.884	0.735
代建单位收益情况	128	3.901	0.826
利益相关者满意情况	128	3.900	0.764

5.3.2 效度与信度分析

5.3.2.1 效度分析

（1）内容效度分析

本书问卷的部分量表的制定借鉴了国内外较为成熟的量表制定方法，这些量表已经被多人采用并取得了较好的效果；对于自行开发的量表则通过与专家和现场代建人员进行反复讨论后确定，在最终确认调查问卷前，还通过预调查与相关专家和受访者进行了广泛而深入的讨论，修改并完善了部分问卷内容，然后形成了正式调查问卷。因此，本书能够保证调查问卷具有较好的内容效度。

（2）结构效度分析

① 探索性因子分析。在预调研时由于样本数量偏少，无法进行探索性因素分析，对于知识管理和组织学习的测量量表前人研究和使用较多，比较成熟，而项目管理核心能力和代建绩效测量量表为自行开发，量表的测量质量不好确定。因此，为保证调研数据的质量，本书通过探索性因子分析对研究量表进行检验和调整。

在做因子分析之前,先利用 SPSS 17.0 软件进行 KMO 检验和 Bartlett 球体检验来判断变量是否适合进行因子分析,KMO 和 Bartlett 球体检验的结果如表 5-9 所示。从表中可以看出,KM、OL、PMCC、MP 量表以及问卷总体的 KMO 样本测度值均大于 0.8,Bartlett 球体检验的相伴概率值均小于 0.001,说明问卷收集到的样本数据可以做因子分析。

表 5-9　　　　　　　　　　　　KMO 和 Bartlett 球体检验

检验项目		KM 量表	OL 量表	PMCC 量表	MP 量表	问卷总体
KMO 样本测度值(>0.5)		0.888	0.848	0.879	0.855	0.853
Bartlett 球体检验	卡方值 Approx. Chi-Siquare	749.280	987.791	1 507.023	738.181	5 782.132
	自由度 df	45	91	276	78	1 830
	显著性概率 $Sig.$ (<0.001)	0.000	0.000	0.000	0.000	0.000

本书利用 SPSS 17.0 软件的主成分分析法对知识管理、组织学习、项目管理核心能力、代建绩效分别进行探索性因子分析,强行将其分成若干主成分因子,采用方差最大化正交旋转进行分析。

首先,对知识管理量表强行提取两个主成分,分析结果见表 5-10。从表 5-10 中可以看出,10 个测量题项能较好地分布在两个潜在的公共因子上,且各测量题项在各自测量的潜变量上的因子负荷均大于 0.5,说明问卷数据具有较好的收敛效度;各测量题项在其他潜变量上的因子负荷均小于 0.5,说明也具有较好的区别效度。

表 5-10　　　　　　　　　　　知识管理量表探索性因素分析结果

测量题项	知识管理组织	知识管理活动	方差解释率/%	累计方差解释率/%
KM_{11}	0.524	0.464	37.047	37.047
KM_{12}	0.833	0.208		
KM_{13}	0.885	0.160		
KM_{14}	0.864	0.188		
KM_{15}	0.676	0.470		
KM_{21}	0.484	0.577	30.837	67.884
KM_{22}	0.000	0.863		
KM_{23}	0.253	0.848		
KM_{24}	0.455	0.605		
KM_{25}	0.496	0.618		

其次,对组织学习强行提取 3 个主成分,分析结果见表 5-11。

表 5-11　　　　　　　　　组织学习量表探索性因素分析初始结果

测量题项	1	2	3	方差解释率/%	累计方差解释率/%
OL_{11}	0.719	0.123	0.124	29.028	29.028
OL_{12}	0.706	0.106	0.420		
OL_{13}	0.790	0.227	0.068		
OL_{14}	0.782	0.170	0.202		
OL_{15}	0.722	0.045	0.381		
OL_{16}	0.616	0.121	0.390		
OL_{21}	0.471	0.438	0.250	18.139	47.167
OL_{22}	0.167	0.856	0.102		
OL_{23}	0.137	0.886	0.101		
OL_{24}	0.113	0.605	0.491		
OL_{31}	0.234	0.439	0.622	17.939	65.107
OL_{32}	0.279	0.171	0.836		
OL_{33}	0.538	0.332	0.360		
OL_{34}	0.456	0.089	0.662		

对各因子负荷小于 0.5 的题项进行处理,删除 OL_{21} 和 OL_{33} 后,再次进行探索性因子分析,分析结果见表 5-12。从表 5-12 中可以看出,12 个测量项目能较好地分布在 3 个潜在的公共因子上,且各测量题项在各自测量的潜变量上的因子负荷均大于 0.5,说明问卷数据具有较好的收敛效度;各测量题项在其他潜变量上的因子负荷均小于 0.5,说明也具有较好的区别效度。

表 5-12　　　　　　　　　组织学习量表探索性因素分析最终结果

测量题项	学习承诺	开放心智	共同愿景	方差解释率/%	累计方差解释率/%
OL_{11}	0.737	0.138	0.131	29.025	29.025
OL_{12}	0.691	0.446	0.094		
OL_{13}	0.799	0.083	0.235		
OL_{14}	0.790	0.227	0.184		
OL_{15}	0.704	0.419	0.038		
OL_{16}	0.585	0.441	0.099		
OL_{22}	0.155	0.121	0.841	20.498	49.523
OL_{23}	0.162	0.098	0.908		
OL_{24}	0.119	0.484	0.620		

续表 5-12

测量题项	学习承诺	开放心智	共同愿景	方差解释率/%	累计方差解释率/%
OL_{31}	0.211	0.627	0.435	18.972	68.495
OL_{32}	0.262	0.831	0.187		
OL_{34}	0.429	0.686	0.090		

再次,对项目管理核心能力量表强行提取 4 个主成分,分析结果见表 5-13。

表 5-13　　　　　项目管理核心能力量表探索性因素分析初始结果

测量题项	1	2	3	4	方差解释率/%	累计方差解释率/%
$PMCC_{11}$	0.322	0.114	0.228	0.608	15.397	15.397
$PMCC_{12}$	0.090	0.270	0.082	0.783		
$PMCC_{13}$	−0.140	0.174	0.104	0.706		
$PMCC_{14}$	0.313	0.644	−0.012	0.273		
$PMCC_{15}$	0.284	0.614	−0.075	0.236		
$PMCC_{16}$	0.420	0.416	0.328	0.287		
$PMCC_{17}$	0.384	0.522	0.416	0.142		
$PMCC_{21}$	0.456	0.116	0.504	0.194	15.295	30.692
$PMCC_{22}$	0.252	0.055	0.488	0.438		
$PMCC_{23}$	0.304	0.214	0.541	0.372		
$PMCC_{24}$	0.038	0.507	0.254	0.331		
$PMCC_{25}$	0.090	0.703	0.281	0.006		
$PMCC_{31}$	0.169	0.474	0.279	0.418	14.791	45.483
$PMCC_{32}$	0.159	0.603	0.431	0.105		
$PMCC_{33}$	0.156	0.326	0.596	0.192		
$PMCC_{34}$	0.119	0.112	0.801	0.169		
$PMCC_{35}$	0.089	0.160	0.758	0.016		
$PMCC_{36}$	0.405	0.143	0.434	0.088		
$PMCC_{41}$	0.699	0.303	0.081	0.182	11.612	57.095
$PMCC_{42}$	0.705	0.443	0.179	0.028		
$PMCC_{43}$	0.477	0.579	0.295	−0.031		
$PMCC_{44}$	0.625	0.308	0.128	0.179		
$PMCC_{45}$	0.709	0.119	0.231	−0.105		
$PMCC_{46}$	0.563	−0.133	0.215	0.509		

从表 5-13 中可以看出,该量表各题项的因子负荷在各主成分上的归属不明显,经过反复测试,删除 PMCC$_{15}$、PMCC$_{16}$、PMCC$_{17}$、PMCC$_{21}$、PMCC$_{25}$、PMCC$_{31}$、PMCC$_{34}$、PMCC$_{46}$ 等 8 个题项后进行探索性因子分析的结果较为理想,见表 5-14。从表 5-14 中可以看出,16 个测量项目能较好地分布在 4 个潜在的公共因子上,且各测量题项在各自测量的潜变量上的因子负荷基本都大于 0.5,说明问卷数据具有较好的收敛效度;各测量题项在其他潜变量上的因子负荷均小于 0.5,说明也具有较好的区别效度。

表 5-14　　　　项目管理核心能力量表探索性因素分析最终结果

测量题项	策划能力	控制能力	沟通协调能力	组织创新能力	方差解释率/%	累计方差解释率/%
PMCC$_{11}$	0.521	0.409	0.010	0.305	20.975	20.975
PMCC$_{12}$	0.778	0.341	0.015	0.205		
PMCC$_{13}$	0.742	0.096	0.157	−0.099		
PMCC$_{14}$	0.569	−0.032	0.192	0.487		
PMCC$_{22}$	0.128	0.763	0.285	0.105	15.623	36.598
PMCC$_{23}$	0.178	0.641	0.427	0.228		
PMCC$_{24}$	0.477	0.596	0.397	0.195		
PMCC$_{32}$	0.292	0.043	0.640	0.344	13.114	49.712
PMCC$_{33}$	0.246	0.197	0.696	0.184		
PMCC$_{35}$	−0.005	0.341	0.646	0.074		
PMCC$_{36}$	0.048	0.089	0.591	0.262		
PMCC$_{41}$	0.014	0.405	0.102	0.698	11.889	61.601
PMCC$_{42}$	0.039	0.203	0.220	0.835		
PMCC$_{43}$	0.103	0.087	0.358	0.690		
PMCC$_{44}$	0.225	0.105	0.131	0.751		
PMCC$_{45}$	−0.245	0.120	0.391	0.561		

最后,对代建绩效量表强行提取 3 个主成分,分析结果见表 5-15。

表 5-15　　　　　　代建绩效量表探索性因素分析初始结果

测量题项	1	2	3	方差解释率/%	累计方差解释率/%
MP$_{11}$	0.613	0.185	0.300	25.899	25.899
MP$_{12}$	0.745	0.103	0.156		
MP$_{13}$	0.740	0.326	0.090		
MP$_{14}$	0.715	0.258	0.048		
MP$_{15}$	0.458	0.447	0.255		

测量题项	1	2	3	方差解释率/%	累计方差解释率/%
MP$_{21}$	0.272	−0.074	0.843	21.824	47.723
MP$_{22}$	0.489	0.462	0.415		
MP$_{23}$	0.475	0.635	0.134		
MP$_{31}$	0.578	0.305	0.139	13.363	61.085
MP$_{32}$	0.181	0.824	0.192		
MP$_{33}$	0.248	0.811	−0.033		
MP$_{34}$	0.060	0.347	0.736		
MP$_{35}$	0.443	0.496	0.220		

经过反复测试,删除 MP$_{15}$、MP$_{23}$、MP$_{31}$、MP$_{35}$,并将 MP$_{34}$ 合并入代建单位收益情况后,再进行探索性因子分析结果较为理想,分析结果见表 5-16。从表 5-16 中可以看出,9 个测量题项能较好地分布在 3 个潜在的公共因子上,且各测量题项在各自测量的潜变量上的因子负荷都大于 0.5,说明问卷数据具有较好的收敛效度;各测量题项在其他潜变量上的因子负荷均小于 0.5,说明也具有较好的区别效度。

表 5-16　　　　　　　　　代建绩效量表探索性因素分析最终结果

测量题项	主要管理目标实现情况	代建单位收益情况	利益相关者满意情况	方差解释率/%	累计方差解释率/%
MP$_{11}$	0.588	0.343	0.141	28.902	28.902
MP$_{12}$	0.750	0.196	0.112		
MP$_{13}$	0.805	0.111	0.293		
MP$_{14}$	0.770	0.048	0.247		
MP$_{21}$	0.225	0.862	−0.110	20.840	49.742
MP$_{22}$	0.392	0.574	0.340		
MP$_{34}$	0.083	0.709	0.409		
MP$_{32}$	0.233	0.220	0.826	18.772	68.514
MP$_{33}$	0.311	−0.009	0.848		

② 验证性因子分析。本书采用 SEM 理论中的 AMOS 统计软件包分别对知识管理、组织学习、项目管理核心能力、代建绩效等因素的调查数据进行二阶验证性因子分析来检验各量表的结构效度。在验证性因子分析中,由于观

测变量(指标)所隐含的因子本身没有单位,不设定其度量单位(Scale)则无法计算。设定因子度量单位的做法有两种,一种是将所有因子的方差固定为 1,简称固定方差法;另一种是在每个因子中选择一个负荷固定为 1,简称固定负荷法。本书采用固定负荷法进行验证性因子分析,最后再进行数据标准化处理。

在验证性因子分析中需要求出因子负荷量(Factor Loading)来衡量模型的适配度,因子负荷量也被称为标准化回归系数或标准化路径系数(Standardized Regression Weight),标准化路径系数代表的是共同因素对测量变量的影响。因子负荷量是由变量转化为标准分数后计算出来的估计值,从因子负荷量的数值可以了解测量变量在各潜在因素上的相对重要性。吴明隆(2010)[368] 指出,因子负荷量值介于 0.50~0.95 之间,表示模型的基本适配度良好。

另一个验证性因子分析的判断指标为临界比 $C.R.$ (Critical Ratio),$C.R.$ 值等于参数估计值与估计值标准误 SE 的比值,相当于 T 检验,当 $C.R.$ 值大于 1.96 时,参数估计值至少可以达到显著性概率 $p=0.05$ 的显著水平。当 $C.R.$ 值大于 2.58 时,参数估计值达到显著性概率 $p=0.01$ 的显著水平。

根据探索性因子分析之后得到的各变量的测量量表,利用 AMOS 7.0 软件分别建立知识管理、组织学习、项目管理核心能力和代建绩效的结构方程模型,通过运行模型分别计算出知识管理、组织学习、项目管理核心能力和代建绩效量表的各个题项的标准因子负荷和临界比 $C.R.$,见表 5-17 至表 5-20(根据软件提示在若干题项之间建立误差关联)。从表中可以看出知识管理、组织学习、项目管理核心能力和代建绩效等 4 个量表中各变量在测量题项上的因子负荷值基本都介于 0.50~0.95 之间,表示模型的基本适配度良好;另外,所有题项的 $C.R.$ 值均大于 2.58,表明各参数估计值均达到显著性概率 $p=0.01$ 的显著水平。

表 5-17　　知识管理量表各变量在测量题项上的因子负荷及 $C.R.$ 值

测量题项	各变量标准化因子负荷量		$C.R.$ 值
	知识管理组织	知识管理活动	
KM_{11}	0.617	—	7.950
KM_{12}	0.783	—	—
KM_{13}	0.859	—	10.465
KM_{14}	0.833	—	10.133
KM_{15}	0.796	—	9.680

续表 5-17

测量题项	各变量标准化因子负荷量		C.R. 值
	知识管理组织	知识管理活动	
KM$_{21}$	—	0.696	8.269
KM$_{22}$	—	0.511	5.663
KM$_{23}$	—	0.787	9.371
KM$_{24}$	—	0.755	9.048
KM$_{25}$	—	0.811	—

表 5-18　组织学习量表各变量在测量题项上的因子负荷及 C.R. 值

测量题项	各变量标准化因子负荷量			C.R. 值
	学习承诺	共同愿景	开放心智	
OL$_{11}$	0.624	—	—	5.971
OL$_{12}$	0.761	—	—	6.974
OL$_{13}$	0.757	—	—	7.081
OL$_{14}$	0.830	—	—	7.461
OL$_{15}$	0.758	—	—	8.788
OL$_{16}$	0.644	—	—	—
OL$_{22}$	—	0.770	—	7.570
OL$_{23}$	—	0.893	—	7.801
OL$_{24}$	—	0.665	—	—
OL$_{31}$	—	—	0.804	6.896
OL$_{32}$	—	—	0.733	7.114
OL$_{34}$	—	—	0.795	—

表 5-19　项目管理核心能力量表各变量在测量题项上的因子负荷及 C.R. 值

测量题项	各变量标准化因子负荷量				C.R. 值
	策划能力	控制能力	沟通协调能力	组织创新能力	
PMCC$_{11}$	0.846	—	—	—	3.108
PMCC$_{12}$	0.696	—	—	—	3.686
PMCC$_{13}$	0.491	—	—	—	—
PMCC$_{14}$	0.690	—	—	—	2.987

续表 5-19

测量题项	各变量标准化因子负荷量				$C.R.$ 值
	策划能力	控制能力	沟通协调能力	组织创新能力	
$PMCC_{22}$	—	0.659	—	—	—
$PMCC_{23}$	—	0.826	—	—	6.950
$PMCC_{24}$	—	0.499	—	—	4.856
$PMCC_{32}$	—	—	0.722	—	—
$PMCC_{33}$	—	—	0.697	—	6.727
$PMCC_{35}$	—	—	0.561	—	5.547
$PMCC_{36}$	—	—	0.509	—	5.066
$PMCC_{41}$	—	—	—	0.713	—
$PMCC_{42}$	—	—	—	0.878	9.004
$PMCC_{43}$	—	—	—	0.702	7.429
$PMCC_{44}$	—	—	—	0.741	7.784
$PMCC_{45}$	—	—	—	0.557	5.896

表 5-20   代建绩效量表各变量在测量题项上的因子负荷及 $C.R.$ 值

测量题项	各变量标准化因子负荷量			$C.R.$ 值
	管理目标实现情况	代建单位收益情况	利益相关者满意情况	
MP_{11}	0.580	—	—	5.131
MP_{12}	0.611	—	—	6.659
MP_{13}	0.855	—	—	8.911
MP_{14}	0.789	—	—	
MP_{21}		0.531	—	4.319
MP_{22}		0.771	—	5.017
MP_{34}		0.545	—	
MP_{32}			0.861	—
MP_{33}			0.752	6.463

根据前文对各类拟合度指标的讨论结果,本书在绝对拟合指数、增量拟合指数和简约拟合指数三类拟合度指标中选用 χ^2/df、RMSEA、RMR、NFI、NNFI、CFI 和 PNFI 等 7 个拟合指数来评价知识管理、组织学习、项目管理核心能力和代建绩效等 4 个量表模型的拟合效果。利用 AMOS 7.0 软件求得的各类拟合指数,如表 5-21 所示。从表 5-21 中可以看出,各类拟合度指标都达到了表 5-4 中的衡量标准,说明调研问卷具有良好的结构效度。

表 5-21   **二阶验证性因子分析结果**

拟合指数	χ^2	df	χ^2/df	RMSEA	RMR	NFI	NNFI	CFI	PNFI
知识管理	44.323	25	1.773	0.078	0.034	0.943	0.952	0.974	0.524
组织学习	57.203	39	1.467	0.061	0.038	0.934	0.961	0.977	0.552
项目管理核心能力	130.720	96	1.362	0.053	0.036	0.848	0.941	0.953	0.679
代建绩效	20.169	18	1.121	0.031	0.024	0.954	0.989	0.995	0.477

5.3.2.2 信度分析

经过探索性因子分析后,共删除 14 个题项,剩余 47 个题项。本书利用 SPSS 17.0 统计分析软件中的 Scale 可靠性分析功能对剩余题项进行信度分析,信度分析检验结果见表 5-22。从表 5-22 中可以看出,各因素及变量的 Cronbach's α 系数都大于 0.6,除了控制能力和代建单位收益情况两个变量外,其余因素和变量的 Cronbach's α 系数均高于 0.7,说明问卷中各因素和变量具有较高的信度。

表 5-22   **问卷信度分析结果($N=128$)**

因素及变量	项目数/个	α 系数
知识管理	10	0.908
知识管理组织	5	0.884
知识管理活动	5	0.849
组织学习	12	0.898
学习承诺	6	0.876
共同愿景	3	0.797
开放心智	3	0.783
项目管理核心能力	16	0.885
策划能力	4	0.705
控制能力	3	0.665
沟通协调能力	4	0.715
组织创新能力	5	0.835
代建绩效	9	0.841
主要管理目标实现情况	4	0.778
代建单位收益情况	3	0.671
利益相关者满意情况	2	0.791

5.3.3 相关分析

在各分量表的结构效度检验完毕后,需要通过相关分析来考察和揭示各变量之间统计关系的强弱,为进一步描绘和反映变量之间数量变化关系提供依据。本书样本中各变量的信度、效度都达到可接受的水平,所以以单一衡量指标取代多重衡量指标是可行的。因此,本书在知识管理、组织学习、项目管理核心能力以及代建绩效的衡量模式上,以第一级各因素的衡量题项得分的均值作为该因素的值,再由第一级因素作为第二级变量的多重衡量指标。如组织学习作为潜在变量时,其观测变量为学习承诺、共同愿景和开放心智 3 个因素,这样可以有效缩减衡量指标的数量。利用 SPSS 17.0 中的变量转换功能求出每个样本各变量(如知识管理组织)的均值,然后利用 SPSS 17.0 中的 Pearson 相关分析功能求出各变量的均值、标准差和各变量之间的相关系数,如表 5-23 所示。从表 5-23 中可以看出,各变量之间的相关系数全部为正值,说明知识管理、组织学习、项目管理核心能力与代建绩效之间存在着显著正相关,各变量之间有着密切关系。另外,各变量之间的相关系数均小于 0.75,可以判断各变量之间没有存在共线性的问题。

表 5-23　　　　　各变量的均值、标准差和相关分析($N=128$)

变量	均值	标准差	KM$_1$	KM$_2$	OL$_1$	OL$_2$	OL$_3$	PMCC$_1$	PMCC$_2$	PMCC$_3$	PMCC$_4$	MP$_1$	MP$_2$	MP$_3$
KM$_1$	3.363	0.732	1.000											
KM$_2$	3.711	0.598	0.677**	1.000										
OL$_1$	3.947	0.595	0.484**	0.537**	1.000									
OL$_2$	3.935	0.619	0.561**	0.439**	0.420**	1.000								
OL$_3$	3.797	0.703	0.688**	0.620**	0.673**	0.536**	1.000							
PMCC$_1$	3.838	0.582	0.236**	0.315**	0.348**	0.178*	0.372**	1.000						
PMCC$_2$	3.919	0.537	0.439**	0.375**	0.384**	0.360**	0.459**	0.569**	1.000					
PMCC$_3$	4.035	0.507	0.431**	0.407**	0.494**	0.350**	0.531**	0.474**	0.616**	1.000				
PMCC$_4$	3.811	0.586	0.546**	0.582**	0.602**	0.490**	0.632**	0.451**	0.492**	0.595**	1.000			
MP$_1$	3.828	0.549	0.320**	0.266**	0.455**	0.335**	0.454**	0.491**	0.498**	0.582**	0.585**	1.000		
MP$_2$	3.693	0.621	0.534**	0.423**	0.442**	0.377**	0.535**	0.513**	0.494**	0.483**	0.556**	0.557**	1.000	
MP$_3$	3.992	0.643	0.302**	0.309**	0.394**	0.338**	0.421**	0.439**	0.473**	0.563**	0.512**	0.537**	0.411**	1.000

注：* 表示 $p<0.05$, ** 表示 $p<0.01$,为双侧检验。KM$_1$ 表示知识管理组织,KM$_2$ 表示知识管理活动,OL$_1$ 表示学习承诺,OL$_2$ 表示共同愿景,OL$_3$ 表示开放心智,PMCC$_1$ 表示策划能力,PMCC$_2$ 表示控制能力,PMCC$_3$ 表示沟通协调能力,PMCC$_4$ 表示组织创新能力,MP$_1$ 表示主要管理目标实现情况,MP$_2$ 表示代建单位收益情况,MP$_3$ 表示利益相关者满意情况。

5.3.4 数据正态性检验

在结构方程模型分析中,模型分析的目标是求参数使得模型隐含的协方差矩阵(即再生矩阵)与样本协方差矩阵"差距"最小。对这个矩阵之间的"差距",有多种不同的定义方法,因而产生不同的模型拟合方法及相应的参数估计。极大似然估计法(ML)是结构方程模型分析最常用的估计方法。

使用 ML 方法时,要求变量是符合多元分布的,这时 $(N-1)FML$(其中 FML 是 ML 法对应的拟合函数,N 为被试人数)渐近服从于 χ^2 分布,自由度为 $[p(p+1)/2]-t$(p 为指标个数,t 为模型中自由参数的个数)。如果不满足多元正态分布,会影响其统计检验,就需要对正态分布程序加以调整或选择,或者对数据进行某些转换(如对数、平方根等),使变量更接近于正态分布。

由于本书在进行验证性因子分析时准备采用极大似然估计法进行分析,因此,需要对调研数据进行正态性检验。本书首先利用偏度(Skewness)和峰度(Kurtosis)系数对数据正态性进行检验,然后再用 P-P 概率图检验。

偏度是描述某总体取值分布对称性的统计量。偏度为 0,表示其数据分布形态与正态分布的偏斜程度相同;偏度大于 0,表示其数据分布形态与正态分布相比为正偏或右偏,数据右端有较多的极端值;偏度小于 0,表示其数据分布形态与正态分布相比为负偏或左偏,数据左端有较多的极端值。偏度的绝对值数值越大,表示其分布形态的偏斜程度越大。

偏度的具体计算公式[369]为:

$$\text{Skewness} = \frac{1}{n-1}\sum_{i=1}^{n}(x_i-\overline{x})^3/SD^3 \tag{5-2}$$

峰度是描述总体中所有取值分布形态陡缓程度的统计量。峰度为 0,表示该总体数据分布与正态分布的陡缓程度相同;峰度大于 0,表示该总体数据分布与正态分布相比较为陡峭,为尖顶峰;峰度小于 0,表示该总体数据分布与正态分布相比较为平坦,为平顶峰。峰度的绝对值数值越大表示其分布形态的陡缓程度与正态分布的差异程度越大。

峰度的具体计算公式[369]为:

$$\text{Kurtosis} = \frac{1}{n-1}\sum_{i=1}^{n}(x_i-\overline{x})^4/SD^4 - 3 \tag{5-3}$$

在 SEM 分析中,Mardia(1985)指出变量的偏度和峰度系数的绝对值最好介于 $-2\sim2$ 之间。因此,本书利用 SPSS 17.0 对用于结构方程模型的 47 个测量题项的调查数据进行偏度和峰度分析,分析结果见表 5-24。由表 5-24 可以看出,各测量项目的偏度和峰度系数都在 Mardia 建议的可接受范围之内。因此,本书的调查数据呈近似正态分布。

表 5-24 　　　　　　　　　　　各观测变量的偏度与峰度系数

题项	N	偏度		峰度	
	统计量	统计量	标准误	统计量	标准误
KM_{11}	128	-0.204	0.214	-0.405	0.425
KM_{12}	128	-0.145	0.214	-0.404	0.425
KM_{13}	128	-0.015	0.214	-0.484	0.425
KM_{14}	128	-0.304	0.214	-0.009	0.425
KM_{15}	128	-0.237	0.214	0.142	0.425
KM_{21}	128	-0.09	0.214	0.691	0.425
KM_{22}	128	-0.331	0.214	-0.177	0.425
KM_{23}	128	-0.518	0.214	0.598	0.425
KM_{24}	128	-0.59	0.214	0.556	0.425
KM_{25}	128	-0.431	0.214	0.586	0.425
OL_{11}	128	-0.469	0.214	0.782	0.425
OL_{12}	128	-0.336	0.214	-0.651	0.425
OL_{13}	128	-0.769	0.214	0.990	0.425
OL_{14}	128	-0.673	0.214	1.242	0.425
OL_{15}	128	-0.258	0.214	0.101	0.425
OL_{16}	128	-0.233	0.214	-0.299	0.425
OL_{22}	128	-0.234	0.214	-0.275	0.425
OL_{23}	128	-0.495	0.214	0.799	0.425
OL_{24}	128	-0.407	0.214	-0.051	0.425
OL_{31}	128	-0.460	0.214	0.171	0.425
OL_{32}	128	-0.048	0.214	-0.732	0.425
OL_{34}	128	-0.308	0.214	-0.281	0.425
$PMCC_{11}$	128	-0.506	0.214	0.546	0.425
$PMCC_{12}$	128	-0.217	0.214	-0.342	0.425
$PMCC_{13}$	128	-0.882	0.214	1.252	0.425
$PMCC_{14}$	128	-0.681	0.214	1.375	0.425
$PMCC_{22}$	128	-0.209	0.214	-0.412	0.425
$PMCC_{23}$	128	-0.331	0.214	0.633	0.425

续表 5-24

题项	N	偏度		峰度	
	统计量	统计量	标准误	统计量	标准误
$PMCC_{24}$	128	−0.378	0.214	0.636	0.425
$PMCC_{32}$	128	−0.779	0.214	0.731	0.425
$PMCC_{33}$	128	−0.245	0.214	−0.423	0.425
$PMCC_{35}$	128	−0.183	0.214	0.144	0.425
$PMCC_{36}$	128	−0.143	0.214	−0.087	0.425
$PMCC_{41}$	128	−0.125	0.214	−0.42	0.425
$PMCC_{42}$	128	−0.405	0.214	0.404	0.425
$PMCC_{43}$	128	−0.223	0.214	0.273	0.425
$PMCC_{44}$	128	−0.615	0.214	1.080	0.425
$PMCC_{45}$	128	−0.397	0.214	0.518	0.425
MP_{11}	128	−0.456	0.214	1.196	0.425
MP_{12}	128	−0.253	0.214	0.152	0.425
MP_{13}	128	0.056	0.214	−0.769	0.425
MP_{14}	128	−0.008	0.214	−0.045	0.425
MP_{21}	128	0.004	0.214	0.479	0.425
MP_{22}	128	−0.78	0.214	1.978	0.425
MP_{32}	128	−0.269	0.214	0.075	0.425
MP_{33}	128	−0.412	0.214	−0.149	0.425
MP_{34}	128	0.141	0.214	−0.533	0.425

除了利用偏度和峰度对数据进行正态性检验外,还可以利用 SPSS 17.0 软件中的 P-P 概率图来检验。P-P 概率图(P-P Plot)是一种检验变量分布的图形,它根据变量分布累积比和正态分布累积比生成。利用正态 P-P 概率图(Normal P-P Plot)与趋降正态 P-P 概率图(Detrended Normal P-P Plot),可以检验数据是否符合正态分布。当被检验数据的正态 P-P 概率图基本上呈一条 45°直线时,表明数据服从正态分布。

依据上述方法,本书利用 SPSS 17.0 软件对以上 47 个测量题项的数据生成了 47 个 P-P 正态概率图(因图形过多本书只给出题项 KM_{11} 的 P-P 概率图,如图

5-3 所示),可以看出各测量题项的正态 P-P 图的散点近似呈一条 45 度斜直线,且趋降正态 P-P 图的散点均匀分布在直线 $Y=0$ 的上下(这里只给出题项 KM_{11} 的趋降正态 P-P 概率图,如图 5-4 所示)。因此,通过 P-P 概率图的检验,也表明本书调查数据近似服从正态分布,符合统计分析的数据要求。

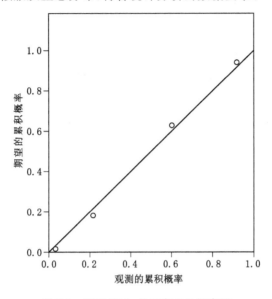

图 5-3 题项 KM_{11} 的正态 P-P 概率图

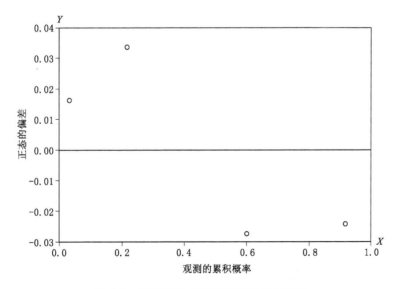

图 5-4 题项 KM_{11} 的趋降正态 P-P 概率图

5.4　模型检验与修正

5.4.1　初始结构方程模型的设定

本书运用结构方程模型(SEM)分析知识管理、组织学习、项目管理核心能力与代建绩效等变量间整体的相互影响关系,统计软件使用 AMOS 7.0。根据结构方程模型建模的相关要求以及第 4 章得出的研究假设和理论模型,结合前文进行的数据分析结果,构建出本书有关代建绩效改善机理的整体理论结构方程模型(见图 5-5)。潜在变量(Latent Construct)以椭圆形来表示,观测变量(Observed Variable)以矩形来表示。

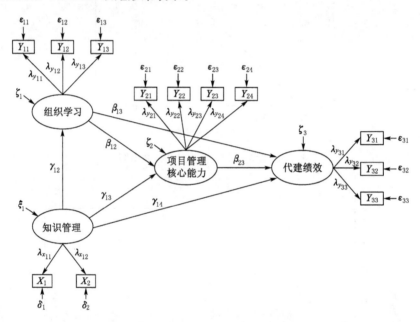

图 5-5　代建绩效改善机理结构方程模型

5.4.2　初始模型的检验与修正

5.4.2.1　初始模型的检验

Bagozzi 等(1988)指出,对于整体理论的结构方程模型检验必须从基本模型拟合情况、整体模型拟合度及模型内在结构拟合度三个方面来进行检验与衡量。[370]这种模型检验方法在国内也得到了广泛认可和应用。

（1）基本拟合情况

基本模型拟合标准主要用来检测模型的误差，一般从衡量指标的衡量误差不能有负值、因子负荷量不能太低或太高（因子负荷量在 0.5～0.95 之间较好），并且二者都达到显著水平来加以衡量。初始模型中各变量的因子负荷量和衡量误差，如表 5-25 所示。由表 5-25 可以看出，各衡量指标的衡量误差均无负值；另外，除了组织学习量表中的开放心智变量的因子负荷量略高于 0.95 外，其余变量的因子负荷量均在 0.5～0.95 之间，且均达显著水平，可知得出本书所提出的理论模型符合基本适配标准。

表 5-25 初始模型基本拟合情况分析

因素及变量		因子负荷量	衡量误差
知识管理	知识管理组织	0.883 ***	0.116
	知识管理活动	0.856 ***	0.098
组织学习	学习承诺	0.778 ***	0.104
	共同愿景	0.638 ***	0.167
	开放心智	0.994 ***	0.004
项目管理核心能力	策划能力	0.651 ***	0.074
	控制能力	0.812 ***	0.098
	沟通协调能力	0.857 ***	0.071
	组织创新能力	0.824 ***	0.086
代建绩效	主要管理目标实现情况	0.816 ***	0.058
	代建单位收益情况	0.910 ***	0.032
	利益相关者满意情况	0.709 ***	0.110

注：* 表示 $p<0.05$，** 表示 $p<0.01$，*** 表示 $p<0.001$，双侧检验。

（2）整体模型拟合度

整体模型拟合度主要是用来检验整体模型与观测数据之间的适配程度，衡量整体模型拟合度的指标在前文已进行了讨论，本书选用绝对拟合指数、增量拟合指数和简约拟合指数中的 χ^2/df、$RMSEA$、RMR、$NNFI$、CFI、$PNFI$ 和 $PGFI$ 等七个拟合指数来对整体模型拟合度进行评价。利用 AMOS 7.0 统计软件，计算出的各拟合度指标（见表 5-26）。指标 $\chi^2/df=1.939$、$RMSEA=0.086$、$RMR=0.056$、$PNFI=0.554$、$PGFI=0.564$，均满足相关评价标准；指标 $NNFI=0.727$、$CFI=0.744$，稍微有些偏低。

表 5-26　　　　　　　　　　　初始模型整体拟合度分析

拟合指数	χ^2	df	χ^2/df	RMSEA	RMR	NNFI	CFI	PNFI	PGFI
整体模型	1 882.959	971	1.939	0.086	0.056	0.727	0.744	0.554	0.564

（3）模型内在结构拟合度

模型内在结构拟合度用以评估模型内估计参数的显著程度,各指标及潜在变量的信度等,可从潜在变量的组合信度（Composite Reliability,CR）是否在0.7以上,以及潜在变量的平均方差抽取量,即萃取变异量（Average Variance Extracted,AVE）是否在 0.5 以上进行评估。

组合信度和平均方差抽取量的计算公式如下[371]：

组合信度计算公式：

$$CR = \frac{\left(\sum \lambda\right)^2}{\left(\sum \lambda\right)^2 + \sum \theta} \qquad (5\text{-}4)$$

平均方差抽取量计算公式：

$$AVE = \frac{\sum \lambda^2}{\sum \lambda^2 + \sum \theta} \qquad (5\text{-}5)$$

其中:λ 表示观测变量对该潜变量的标准化因子负荷量;θ 表示模型中与单个观测指标相联系的误差方差。

各变量的组合信度和平均方差抽取量的计算结果见表 5-27,其中,组织学习、知识管理、项目管理核心能力以及代建绩效的组合信度分别为 0.853、0.861、0.868、0.855,而平均方差抽取量分别为 0.667、0.756、0.624、0.666,均超过最低的可接受水平,故本书所提出的整体理论模型有较好的内在结构适配度。

表 5-27　　　　　　　　　初始模型内在结构拟合情况分析

因素及变量		组合信度	平均方差抽取量
知识管理	知识管理组织	0.861	0.756
	知识管理活动		
组织学习	学习承诺	0.853	0.667
	共同愿景		
	开放心智		
项目管理核心能力	策划能力	0.868	0.624
	控制能力		
	沟通协调能力		
	组织创新能力		

因素及变量		组合信度	平均方差抽取量
代建绩效	主要管理目标实现情况	0.855	0.666
	代建单位收益情况		
	利益相关者满意情况		

5.4.2.2 模型修正过程

利用 AMOS 7.0 求得的初始模型中各潜变量之间的临界比 $C.R.$ 值和标准化路径系数,如图 5-6 所示(括号内为标准化路径系数)。从图 5-6 中可以看出,在初始模型中,路径"组织学习—代建绩效"、"知识管理—项目管理核心能力"以及"知识管理—代建绩效"中的 $C.R.$ 值均小于 1.96,且标准化路径系数很小或为负值,说明参数估计值未达到显著性概率 $p=0.05$ 的显著水平,需要对初始模型进行修改。

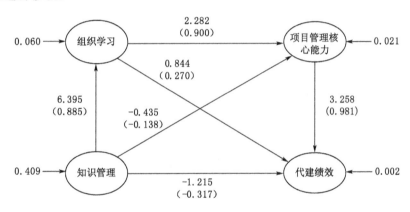

图 5-6 初始模型各潜变量之间的 $C.R.$ 值和标准化路径系数

为了保持理论模型的完整性,首先将"知识管理—项目管理核心能力"和"知识管理—代建绩效"两条路径删除后再次进行运算,发现"组织学习—代建绩效"的 $C.R.$ 值仍小于 1.96,且为负值。经对模型进行反复调整和运行后发现,只有将这三条路径全部删除后才能得到最优模型。最优模型如图 5-7 所示。

利用 AMOS 7.0 软件求得的最优理论模型的 $C.R.$ 值(见图 5-8),分别为 6.605、3.816 和 3.613,可以看出最优模型中各潜变量之间的 $C.R.$ 值均大于 2.58,说明参数估计值均达到显著性概率 $p=0.01$ 的显著水平,模型较为理想。

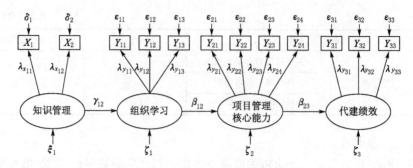

图 5-7 最优结构方程模型图

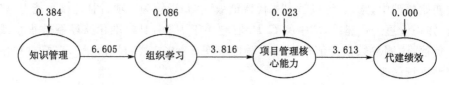

图 5-8 最优模型中各变量之间的 $C.R.$ 值

5.4.3 最优模型的检验与运行

5.4.3.1 最优模型的拟合情况

（1）基本拟合情况

求出的最优模型中各变量的因子负荷量如表 5-28 所示，可以看出，各衡量指标的衡量误差均无负值，所有变量的因子负荷量均在 0.5～0.95 之间，且均达显著水平，说明修改后的理论模型的基本拟合情况更加理想。

表 5-28   最优模型基本拟合情况分析

因素及变量		因子负荷量	衡量误差
知识管理	知识管理组织	0.876 ***	0.126
	知识管理活动	0.865 ***	0.093
组织学习	学习承诺	0.795 ***	0.088
	共同愿景	0.633 ***	0.164
	开放心智	0.931 ***	0.049
项目管理核心能力	策划能力	0.652 ***	0.078
	控制能力	0.806 ***	0.100
	沟通协调能力	0.937 ***	0.030
	组织创新能力	0.825 ***	0.085

续表 5-28

因素及变量		因子负荷量	衡量误差
代建绩效	主要管理目标实现情况	0.866 ***	0.029
	代建单位收益情况	0.909 ***	0.034
	利益相关者满意情况	0.750 ***	0.119

注：* 表示 $p<0.05$，** 表示 $p<0.01$，*** 表示 $p<0.001$，为双侧检验。

（2）整体模型拟合度

同样选用 χ^2/df、$RMSEA$、RMR、$NNFI$、CFI、$PNFI$ 和 $PGFI$ 等 7 个拟合指数来对整体模型拟合度进行评价。利用 AMOS 7.0 统计软件重新建模后计算出的各拟合度指标，如表 5-29 所示。指标 $\chi^2/df=1.771$、$RMSEA=0.078$、$RMR=0.054$、$PNFI=0.585$、$PGFI=0.589$、$NNFI=0.776$、$CFI=0.792$，与初始模型的拟合度相比，最优模型的卡方和自由度均有所降低，拟合程度均有所提高，χ^2/df、$RMSEA$、RMR、$PNFI$、$PGFI$ 等指标均满足相关评价标准，$NNFI$ 和 CFI 两个指标也达到了可以接受的 0.8 的水平。

表 5-29　　　　　　　　　最优模型整体拟合度分析

拟合指数	χ^2	df	χ^2/df	$RMSEA$	RMR	$NNFI$	CFI	$PNFI$	$PGFI$
整体模型	1 705.130	963	1.771	0.078	0.054	0.776	0.792	0.585	0.589

（3）最优模型内在结构拟合度

最优模型中各变量的组合信度和平均方差抽取量的计算结果见表 5-30。其中，组织学习、知识管理、项目管理核心能力以及代建绩效的组合信度分别为 0.835、0.862、0.884、0.881，平均方差抽取量分别为 0.633、0.758、0.658、0.713，均超过最低的可接受水平；且与初始模型相比，除了组织学习的组合信度和平均方差抽取量稍微有所降低外，知识管理、项目管理核心能力和代建绩效的组合信度和平均方差抽取量都有所提高，表明最优模型的内在结构适配度更佳。

表 5-30　　　　　　　　最优模型内在结构拟合情况分析

因素及变量		组合信度	平均方差抽取量
知识管理	知识管理组织	0.862	0.758
	知识管理活动		
组织学习	学习承诺	0.835	0.633
	共同愿景		
	开放心智		

续表 5-30

因素及变量		组合信度	平均方差抽取量
项目管理核心能力	策划能力	0.884	0.658
	控制能力		
	沟通协调能力		
	组织创新能力		
代建绩效	主要管理目标实现情况	0.881	0.713
	代建单位收益情况		
	利益相关者满意情况		

5.4.3.2 最优模型的运行结果分析

（1）变量之间的路径系数

运行最优模型后求得的各变量之间的标准化路径系数，如图 5-9 所示。其中，知识管理与组织学习之间的路径系数为 0.854，组织学习与项目管理核心能力之间的路径系数为 0.778，项目管理核心能力与代建绩效之间的路径系数为 0.998。

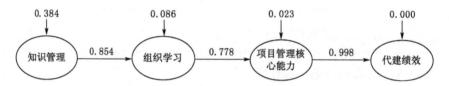

图 5-9　最优模型中各变量之间的影响路径

（2）变量之间的影响效应

模型当中各变量之间存在着影响效应，对于每条路径可以分为直接影响效应（Direct Effect）、间接影响效应（Indirect Effect）和总效应（Total Effect）三个方面的影响效应。其中，直接效应是指由原因变量到结果变量的直接影响，可用原因变量到结果变量的路径系数来衡量直接效应的大小；间接效应是指由原因变量通过影响一个或多个中介变量而对结果变量的间接影响，当只有一个中介变量时，间接效应大小是两个路径系数的乘积；总效应为直接影响效应和间接影响效应之和，而模型中每条路径的影响效应为这条路径上全部影响效应的乘积。

从最优模型可以看出，知识管理对组织学习只有直接影响效应，影响效应即为路径系数 0.854，而对项目管理核心能力和代建绩效存在间接影响效应，对项目管理核心能力的间接影响效应为 0.854 与 0.778 的乘积，大小为 0.664，对代建绩效的间接影响效应为 0.854、0.778 和 0.998 的乘积,大小为 0.663;组织学习对项目管理核心能力具有直接影响效应,大小为 0.778,而对代建绩效存在间接影响效应,大小为 0.778 与 0.998 的乘积,即 0.776;项目管理核心能力对代建绩效存在直接影响效应,大小为 0.998。各变量之间的直接影响效应、间接影响效应和总效应,如表 5-31 所示。

表 5-31 各变量之间的影响效应分析

自变量	组织学习			项目管理核心能力			代建绩效		
	直接效应	间接效应	总效应	直接效应	间接效应	总效应	直接效应	间接效应	总效应
知识管理	0.854	—	0.854	—	0.664	0.664	—	0.663	0.663
组织学习	—	—	—	0.778	—	0.778	—	0.776	0.776
项目管理核心能力	—	—	—	—	—	—	0.998	—	0.998

5.4.4 研究假设的验证

在第 4 章中本书根据前人对相关问题的研究成果,并结合代建单位和代建工作的特点,提出了如下理论假设:

H_1:知识管理对代建绩效具有直接的正向影响;

H_2:知识管理对项目管理核心能力具有直接的正向影响;

H_3:组织学习对代建绩效具有直接的正向影响;

H_4:组织学习对项目管理核心能力具有直接的正向影响;

H_5:知识管理对组织学习具有直接的正向影响,组织学习在知识管理和项目管理核心能力之间起到中介作用;

H_6:项目管理核心能力对代建绩效具有直接的正向影响。

假设 H_1、H_2、H_3 可以通过初始模型的分析检验过程进行验证,由于初始模型运算出的 $C.R.$ 值不满足大于 1.96 的标准,p 值均未达到显著水平,因此,路径"组织学习—代建绩效"、"知识管理—代建绩效"和"知识管理—项目管理核心能力"均不能通过检验,假设 H_1、H_2、H_3 不成立。剩余的理论假设 H_4、H_5、H_6 由最优模型进行检验,$C.R.$ 值均大于 2.58,p 值均达到了显著水平,因此,理论假设 H_4、H_5、H_6 成立。各变量之间的标准化路径系数、p 值及其对应的理论假设检验结果,如表 5-32 所示。

表 5-32   理论假设的检验结果汇总表

路径	变量间的关系	检验模型	路径系数	p 值	对应假设	检验结果
γ_{14}	知识管理—代建绩效	初始模型	-0.317	0.225	H_1	不成立
γ_{13}	知识管理—项目管理核心能力	初始模型	-0.138	0.663	H_2	不成立
β_{13}	组织学习—代建绩效	初始模型	0.270	0.398	H_3	不成立
β_{12}	组织学习—项目管理核心能力	最优模型	0.778***	0.000	H_4	成立
γ_{12}	知识管理—组织学习	最优模型	0.854***	0.000	H_5	成立
β_{23}	项目管理核心能力—代建绩效	最优模型	0.998***	0.000	H_6	成立

注：* 表示 $p<0.05$，** p 表示 <0.01，*** 表示 $p<0.001$，为双侧检验。

5.5　实证结果讨论分析

本书在构建出代建绩效改善理论模型的基础上，通过对分布在江苏、上海、山东、山西、天津、辽宁、海南、广东、福建等 9 个省市的近期已完成或即将完成的 65 个代建项目进行问卷调查，利用科学的数据分析方法和先进的研究工具，对代建绩效改善机理进行实证检验，最终得出了如图 5-8 所示的代建绩效改善机理模型中的 C.R. 值。根据前文的实证研究结果，知识管理到组织学习的影响路径系数为 0.854，组织学习到项目管理核心能力的影响路径系数为 0.778，项目管理核心能力—代建绩效的影响路径系数为 0.998，均表现出十分显著的正向影响作用。而知识管理—代建绩效、知识管理—项目管理核心能力、组织学习—代建绩效在初始模型中的路径系数分别为 -0.317、-0.138 和 0.270，且均不显著，未能通过检验。

本书的实证结果表明：① 知识管理对组织学习具有直接的正向影响作用。代建单位开展知识管理工作能够对代建单位内部开展的组织学习活动起到促进作用，知识管理水平越高，组织学习的成效越显著。② 组织学习对项目管理核心能力具有直接的正向影响作用。代建单位的组织学习活动能够对代建单位尤其是代建项目部的项目管理核心能力的提升起到促进作用，组织学习效率越高，越能够提高项目管理核心能力。③ 项目管理核心能力对代建绩效具有直接的正向影响作用。代建单位的项目管理能力得到提升能够对代建单位尤其是代建项目部的工作绩效起到改善和促进作用，项目管理核心能力越高，对代建绩效的改善作用越明显。④ 代建单位开展知识管理活动虽然不能直接对代建绩效产生影响，但可以通过组织学习和项目管理核心能力间接地对代建绩效起到改善和促进作用。⑤ 代建单位进行的组织学习活动可以通过项目管理核心能力的提升间接地对代建绩效起到改善和促进作用,而组织学习活动不能直接对代建绩效起到改善作用。

通过实证研究,本书找出了基于知识管理和组织学习的代建绩效改善机理,可以为代建单位改善工作绩效,提高管理水平提供借鉴和指导。另外,调研结果中各变量的均值的柱状图,如图5-10所示。从5-10图中可以看出,当前各地代建单位在知识管理组织建设方面和知识管理活动开展方面还比较欠缺,尤其是知识管理组织得分最低,仅为3.363分,知识管理活动的得分只有3.711分;在组织学习中的开放心智方面也存在不足,得分仅为3.797分;而项目管理核心能力的4个方面存在着不平衡的情况,代建单位的沟通协调能力和控制能力较强,但是策划能力和组织创新能力偏低;另外,代建项目管理目标的实现程度并不乐观,且代建人员对从代建项目中取得的企业和个人的收益还不够满意。因此,要想实现代建绩效的改善,就必须采取措施逐步提升代建单位的知识管理水平、组织学习能力以及项目管理核心能力。

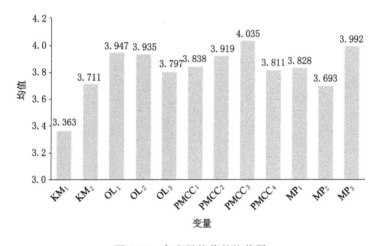

图5-10　各变量均值的柱状图

5.6　本章小结

本章根据实证研究的步骤与方法,开发了代建绩效改善机理实证研究的测量工具,编制出调查问卷。首先通过预调研对调查问卷进行修改和完善,然后对9个省市的65个近期完成或即将完成的代建项目进行正式调研收集数据,利用SPSS 17.0和AMOS 7.0等统计分析软件对调研数据进行描述性统计分析、效度与信度分析、相关分析以及数据正态性检验,利用 AMOS 7.0 软件对初始结构方程模型进行检验、运行与修正,得出了最优模型,并利用初始模型和最优模型对理论假设进行验证,厘清了知识管理、组织学习和项目管理核心能力对代建绩效改善的作用机理和影响路径,最后对实证研究结果进行了分析和讨论。

第 6 章

代建绩效改善效果的 SD 仿真研究

通过第 4 章和第 5 章的理论分析和实证研究,本书厘清了知识管理、组织学习和项目管理核心能力对代建绩效的改善机理,为代建单位改善和提高代建绩效提供了理论支撑,不过从知识管理和组织学习角度进行绩效改善的效果尚不清楚。另外,代建绩效的改善并不是一蹴而就的,而且,对于不同的代建项目进行代建管理都需要面对代建绩效不断改善的问题,代建绩效改善是一个动态的、持续的系统过程,整个改善过程存在于一个复杂的系统当中。因此,本书将在本章利用系统动力学的原理和研究工具对基于知识管理和组织学习的代建绩效改善系统进行系统动力学分析,并对改善效果进行系统仿真,为进一步进行代建绩效改善的研究打下基础。

6.1 系统动力学理论概述

6.1.1 系统动力学的概念及应用

6.1.1.1 系统动力学产生的背景

第二次世界大战以后,随着工业化进程的不断推进,一些国家的社会问题,比如城市人口剧增、失业、环境污染、资源枯竭等问题日趋严重。这些问题范围广泛,关系复杂,涉及因素众多,具有三个特点:一是各问题之间有密切的关联,而且往往存在矛盾的关系,例如经济增长与环境保护等;二是许多问题,如投资效果、环境污染、信息传递等有较长的延迟性,因此处理问题必须从动态而不是静态的角度出发;三是许多问题中既存在定量指标,又存在定性指标,这给问题的处理带来很大的困难。新的问题迫切需要有新的方法来处理,随着电子计算机技术的快速发展,作为解决此类问题的一种新的技术与方法——系统动力学应运而生。

6.1.1.2 系统动力学的概念和特点

系统动力学(System Dynamics,SD)是由美国麻省理工学院的福瑞斯特(J. W. Forrester)教授于 1956 年创立的。它是一门分析研究信息反馈系统的科学,是一个认识和解决系统问题的新兴的综合性交叉学科,是系统科学和管理科学的一个重要分支,是一门沟通自然科学和社会科学等领域的横向学科。

根据美国系统学家 G. Gorden 对系统(System)的定义,系统是指相互作用、相互依靠的所有事物按照某些规律结合起来的一个综合体。系统动力学认为,系统的行为模式与特性主要取决于其内部的动态结构与反馈机制,强调在系统结构、行为和因果关系的基础上建立结构模型,并在一定的假设条件下进行仿真。系统动力学的基本思想是充分认识系统中的反馈和动态性,并按一定的规则逐步建立系统动力学的结构模型。系统动力学模型可以作为实际系统,特别是社会、经济、生态复杂大系统的"实验室"。[372]

另外,系统动力学也是一种研究信息反馈系统动态行为的计算机仿真方法。它能有效地把信息反馈的控制原理与因果关系的逻辑分析结合起来,面对复杂实际问题,从研究系统的内部结构入手,建立系统的仿真模型,并对模型实施各种不同的政策方案,通过计算机仿真展示系统的宏观行为,寻求解决问题的正确途径。系统动力学研究处理复杂问题的方法是定性与定量相结合、系统综合推理的方法。

6.1.1.3 系统动力学的发展与应用

总体来讲,系统动力学的发展过程大致可分为三个阶段[373]:

(1)诞生阶段(20 世纪 50~60 年代)

最初系统动力学主要应用于工业企业管理,处理诸如生产与雇员情况的波动、市场股票与市场增长的不稳定性等问题,因而被称为"工业动力学"。1961年福瑞斯特出版了《工业动力学》,成为系统动力学理论与方法的经典论著;1968年福瑞斯特出版了《系统原理》,并于 1969 年出版了《城市动力学》,系统动力学的原理和思想开始向多个领域拓展。

(2)发展成熟阶段(20 世纪 70~80 年代)

20 世纪 70 年代初,在著名的罗马俱乐部的资助下,以福瑞斯特的学生梅多斯为首的国际研究小组开展了基于系统动力学的世界模型的研究工作,构建了系统动力学世界模型,并形成了《世界动力学》、《增长的极限》和《趋向全球的平衡》等重要著作。另外,从 1972 年开始,福瑞斯特领导的麻省理工学院系统动力学小组历时 11 年,耗资约 600 万美元,完成了一个方程数达 4 000 个的美国全国系统动力学模型。系统动力学世界模型和美国国家模型的研究成果使得系统动力学受到全世界的关注,促进了它的广泛传播与发展。由于系统动力学的研究领域已远远超出工业系统的范围,在 1972 年其由"工业动力学"改称为"系统动力学"。

（3）广泛应用与传播阶段（20 世纪 90 年代至今）

在该阶段国内外研究人员将系统动力学逐步应用到各个领域,形成了大量的研究成果。由于系统动力学方便处理长期性和周期性的问题以及高阶次、非线性、时变性等复杂问题,并且在数据不足以及某些变量难以量化时,依然可以进行研究,尤其在研究复杂的非线性系统方面具有无可比拟的优势,目前国内外学者正加强系统动力学与控制理论、系统科学、突变理论、耗散结构与分叉、结构稳定性分析、灵敏度分析、统计分析、参数估计、最优化技术应用、类属结构研究、专家系统等方面的结合。许多国家如美国、英国、法国、德国、日本、中国等纷纷采用系统动力学方法来研究各自的社会经济问题,涉及经济、能源、交通、环境、生态、生物、医学、工业、城市等广泛的领域。系统动力学的具体应用情况见表 6-1[374]。

表 6-1　　　　　　　　　　　　系统动力学的应用领域

应用领域	具体方面
组织规划及策略设计	组织/企业管理、生产运营、研发制造、服务管理、地产建筑、物流 SCM、金融证券、软件工程、项目管理、组织绩效、创新管理、信息通讯、人力资源等
社会公共管理决策	经济、人口、教育教学、社会福利保障、就业失业、政府工作、法律诉讼、交通运输、公共安全、心理及犯罪、突发灾难/事件、国防军事等
生物及医学	生物工程、疾病瘟疫、医疗卫生等
环境与资源	生态环境、水土资源、矿藏能源、农林畜牧等

6.1.2　系统动力学的基本原理和方法

6.1.2.1　反馈

反馈（Feedback）是指信息的传输与回授。反馈存在于每一个系统中,构成系统的某一成分的输出与输入之间的关系。根据反馈过程不同,反馈可以分为正反馈和负反馈两种。正反馈是指能产生自身运动的加强过程,在此过程中因运动或动作所引起的后果将回授,使原来的趋势得到加强,如图 6-1(a)所示;负反馈是指能自动寻求给定的目标,未到达（或者未趋近）目标时将不断作出响应,如图 6-1(b)所示。

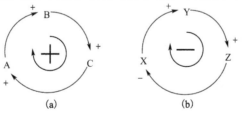

图 6-1　反馈图
（a）正反馈；（b）负反馈

6.1.2.2 反馈系统及其表示方法

所谓反馈系统就是包含有反馈环节及其作用的系统。它受系统本身的历史行为的影响,把历史行为的后果回授给系统本身,以影响未来的行为。反馈系统就是相互联结与作用的一组回路。具有正反馈特性的回路称为正反馈回路;具有负反馈特性的回路则称为负反馈回路;分别以上述两种回路起主导作用的系统则称之为正反馈系统与负反馈系统。

反馈系统常用图形方法进行表示,系统动力学中常用的图形表示法有三种:系统结构框图(Structure Diagram)、因果关系图(Causal Relationship Diagram)以及流图(Stock and Flow Diagram),其中,系统结构框图是进行系统动力学分析的基础,而因果关系图和流图是实现系统动力学分析的关键。

因果关系图也称因果反馈图,用来描述各变量之间的因果关系。因果关系(Causal Relationship)是对系统内部结构关系的一种定性描述。某因果关系中的结果经常是另一因果关系中的原因,若干因果链串联起来,形成一个因果序列;其中一个指定的初始原因依次对整个因果链发生作用,直到这个初始原因变成它自身的一个间接结果,这个初始原因依次作用,最后影响自身,这种闭合的因果序列就叫作因果反馈回路。

系统动力学的流图一般在因果关系图的基础上进行绘制,主要包括状态变量、速率变量、辅助变量和常量,其一般形式如图 6-2 所示。状态变量是最终决定系统行为的变量,随时间变化而变化;速率变量是直接改变状态变量值的变量,它反映状态变量输入或输出的速度;辅助变量由系统中其他变量计算获得,当前时刻的值和历史时刻的值是相互独立的;常量在系统模拟期内不随时间变化。

图 6-2　系统动力学流图的基本形式

6.1.2.3 系统动力学方程

系统动力学模型的结构主要由微分方程式所组成,每一个连接状态变量和速率变量的方程式即是一个微分方程式。即系统流图中的每一状态变量(流位)都需要一个微分方程,如式(6-1)所示,流入或流出的物质、能量和信息等都需要明确的算术表达式,这些表达式形成式(6-1)的等号右面的部分,一个系统动力学模型就是一系列非线性微分方程组。[375]

$$\frac{\mathrm{d}}{\mathrm{d}t}\boldsymbol{x}(t) = \boldsymbol{f}(\boldsymbol{x},\boldsymbol{p}) \tag{6-1}$$

式(6-1)中 x 是流位向量，p 是一组参数，f 是非线性的向量函数。式(6-1)是含时滞的方程，因为其中向量 x 及其他参数是其前一时刻值的函数。

6.1.2.4　系统动力学仿真方法

系统仿真(System Simulation)是指根据系统分析的目的，在分析系统各要素性质及其相互关系的基础上，建立能描述系统结构或行为过程且具有一定逻辑关系或数量关系的仿真模型，据此进行试验或定量分析，以获得正确决策所需的各种信息的过程。[376] 系统仿真是一种对系统问题求数值解的计算技术，也是一种人为的试验手段，通过系统仿真可以比较真实地描述系统的运行、演变及其发展过程。对一些难以建立物理模型和数学模型的对象系统，可通过仿真模型来顺利地解决预测、分析和评价等系统问题。

系统动力学仿真方法一般通过建立系统动力学模型，利用 DYNAMO 仿真语言在计算机上实现对真实系统的仿真实验，从而研究系统结构、功能和行为之间的动态关系。

常用的系统动力学建模软件有 DYNAMO、Stella、Ithink、Powersim、Vensim 等，其中 Vensim 软件于 20 世纪 80 年代中期开始使用，因其能够同时以图形与编辑语言的方式建立系统动力学模型，具有模型易于构建和能够人工编辑 DYNAMO 方程式的优点，并且具有政策最佳化的功能，使用较为广泛。

DYNAMO 模型中有六种方程，每一种方程前都要用标志字符表示：

L：状态方程；

R：速率方程；

A：辅助方程；

C：赋值予常数；

T：赋值予表函数中 Y 坐标；

N：计算初始值。

其中：L 方程是积分方程，R 与 A 方程是代数运算方程，C、T 与 N 语句为模型提供参数值。

在图 6-2 的基础上，可以列出系统动力学的基本方程式：

状态变量.K＝状态变量.J＋DT * (速率变量 1.JK－速率变量 2.JK)

其中，状态变量.K 表示 K 时刻状态变量的值，状态变量.J 表示 K 时刻前一时刻 J 时刻状态变量的值，DT 表示 J 时刻到 K 时刻的时间间隔，速率变量 1.JK 和速率变量 2.JK 分别表示在 J、K 时间间隔内的速率变量 1 和速率变量 2。

6.1.3　系统动力学的实施步骤

系统动力学在系统论的基础上，汲取了反馈理论与信息论之精髓，并借助计算机模拟技术,能够定性与定量地分析研究系统问题,以结构-功能模拟为其突出特点,从系统的微观结构入手建模,构造系统的基本结构,进而模拟与分析系统的动态行为。因此,系统动力学研究解决问题的方法是一种定性与定量相结合,系统分析、综合推理的方法。它是定性分析与定量分析的统一,以定性分析为先导、定量分析为支持,两者相辅相成,螺旋上升逐步深化解决问题。

系统动力学解决问题的主要步骤包括:① 利用系统动力学的理论、原理和方法对研究对象进行系统分析;② 进行系统的结构分析,划分系统层次与子块,确定总体的与局部的反馈机制;③ 建立规范的数学模型;④ 以系统动力学理论为指导,借助模型进行模拟与政策分析,可进一步剖析系统得到更多的信息,发现新的问题,然后对模型进行修改;⑤ 检验评估模型。[377]系统动力学解决问题的步骤与流程,见图 6-3。

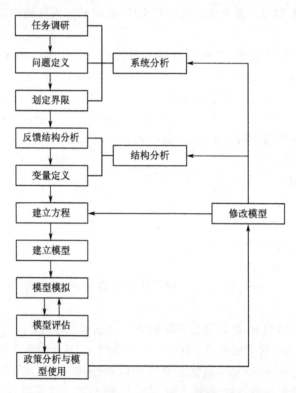

图 6-3　系统动力学解决问题的步骤与流程

需要注意的是,系统动力学模型只是实际系统的简化与代表,系统动力学认为,不存在终极的模型,任何模型都只是在满足预定要求的条件下的相对成果。模型与现实系统的关系可以用图 6-4 表示。[377]

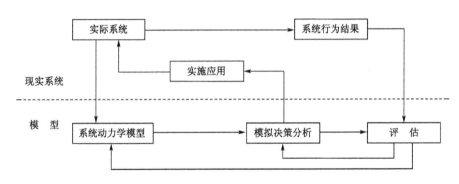

图 6-4 模型与现实系统的关系图

6.2 代建绩效改善系统的 SD 模型构建

6.2.1 代建绩效改善系统的动力学特征分析

对于系统的特征,系统动力学认为,客观世界的系统都是开放系统,系统内部组成部分之间相互作用形成一定的动态结构,并在内外动力作用下按照一定的规律发展演化。研究系统时,要以整体的观念考虑总系统和子系统,以及子系统与子系统之间的相互关系和反馈机制。另外,系统是有着动态的、可以相互转化的层次和等级关系的。系统动力学研究的问题称之为动力学问题时至少应具备两个特点:一是具有动态性,即它所包含的量是随时间变化的,能以时间为坐标的图形表示;二是具有反馈性,即研究问题所在的系统是一个反馈系统。

通过前文的研究和分析,本书得出了"知识管理→组织学习→项目管理核心能力→代建绩效"的改善机理模型。因为在代建工作过程中,代建单位的知识管理水平、组织学习能力、项目管理核心能力以及代建绩效水平都是在不断发展和变化的,随着知识管理水平的提高,代建单位的组织学习能力和项目管理核心能力也会不断提高,进而对代建绩效起到改善作用,另外,当项目环境发生变化,代建绩效达不到期望的水平时,也可以通过不断提高知识管理水平来进行代建绩效的持续改善,所以,代建绩效改善是一个持续的、动态的、反馈的系统过程,其改善系统结构图如图 6-5 所示。因此,

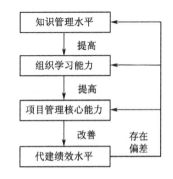

图 6-5 代建绩效改善系统结构图

可以根据系统动力学的思想、原理和方法来对代建绩效改善系统进行仿真和研究,进而分析基于知识管理和组织学习的代建绩效改善效果。

6.2.2 代建绩效改善系统的因果关系分析

根据以上分析结果,可以画出代建绩效改善系统的因果关系图,见图 6-6。从该因果关系图中可以看出,代建绩效改善系统由以下三个负反馈回路构成:

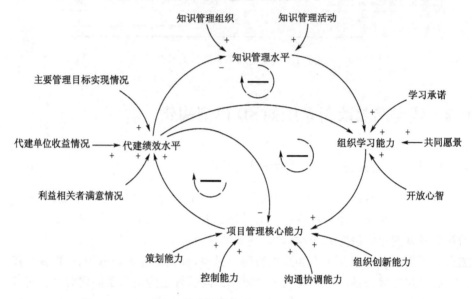

图 6-6　代建绩效改善系统因果反馈图

(1) 回路 1:知识管理水平(+)→组织学习能力(+)→项目管理核心能力(+)→代建绩效水平(-)→知识管理水平;

(2) 回路 2:组织学习能力(+)→项目管理核心能力(+)→代建绩效水平(-)→组织学习能力;

(3) 回路 3:项目管理核心能力(+)→代建绩效水平(-)→项目管理核心能力。

6.2.3 代建绩效改善系统的 SD 模型

根据代建绩效改善系统的因果反馈图,按照系统动力学流图的绘制规则,利用 Vensim PLE 软件绘制出代建绩效改善系统的流图,构建出代建绩效改善系统的 SD 模型,如图 6-7 所示。

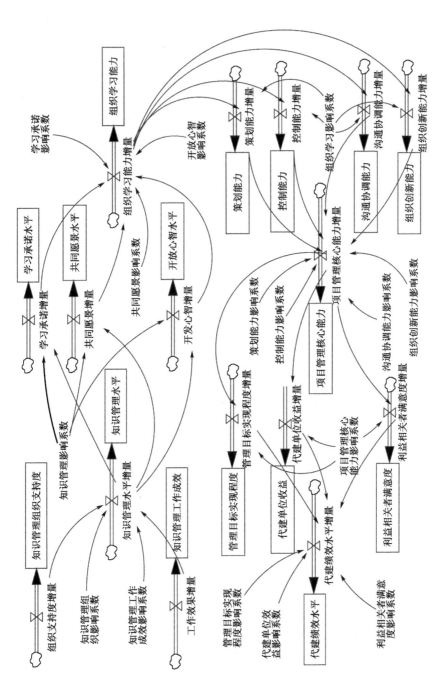

图 6-7　代建绩效改善系统的SD 模型

为了便于使用计算机进行计算和仿真,对 SD 模型中的变量进行编码和归类,模型变量的符号、含义和类型如表 6-2 所示。

表 6-2　　　　　　　　　　代建绩效改善系统 SD 模型的参数及含义

序号	变量符号	变量含义	变量类型	序号	变量符号	变量含义	变量类型
1	ZSGLSP	知识管理水平	L	22	HXNL	项目管理核心能力	L
2	ZSGLZL	知识管理水平增量	R	23	HXNLZL	项目管理核心能力增量	R
3	ZSGLZZ	知识管理组织支持度	A	24	CHNL	策划能力	A
4	ZSGLZZZZ	知识管理组织支持度增量	R	25	CHNLZL	策划能力增量	R
5	$YXXS_1$	知识管理组织影响系数	C	26	$YXXS_8$	策划能力影响系数	C
6	ZSGLGZ	知识管理工作成效	A	27	KZNL	控制能力	A
7	ZSGLGZZL	知识管理工作成效增量	R	28	KZNLZL	控制能力增量	R
8	$YXXS_2$	知识管理工作成效影响系数	C	29	$YXXS_9$	控制能力影响系数	C
9	$YXXS_3$	知识管理对组织学习的影响系数	C	30	GTXTNL	沟通协调能力	A
10	ZZXXNL	组织学习能力	L	31	GTXTNLZL	沟通协调能力增量	R
11	ZZXXZL	组织学习能力增量	R	32	$YXXS_{10}$	沟通协调能力影响系数	C
12	XXCN	学习承诺水平	A	33	ZZCXNL	组织创新能力	A
13	XXCNZL	学习承诺增量	R	34	ZZCXNLZL	组织创新能力增量	R
14	$YXXS_4$	学习承诺影响系数	C	35	$YXXS_{11}$	组织创新能力影响系数	C
15	GTYJ	共同愿景水平	A	36	$YXXS_{12}$	项目管理核心能力对代建绩效的影响系数	C
16	GTYJZL	共同愿景增量	R	37	DJJXSP	代建绩效水平	L
17	$YXXS_5$	共同愿景影响系数	C	38	JXSPZL	代建绩效水平增量	R
18	KFXZ	开放心智水平	A	39	GLMBSX	主要管理目标实现程度	A
19	KFXZZL	开放心智增量	R	40	GLMBSXZL	主要管理目标实现程度增量	R
20	$YXXS_6$	开放心智影响系数	C	41	$YXXS_{13}$	主要管理目标实现程度影响系数	C
21	$YXXS_7$	组织学习对项目管理核心能力的影响系数	C	42	QYSY	代建单位收益情况	A

续表 6-2

序号	变量符号	变量含义	变量类型	序号	变量符号	变量含义	变量类型
43	QYSYZL	代建单位收益情况增量	R	46	MYDZL	利益相关者满意情况增量	R
44	$YXXS_{14}$	代建单位收益情况影响系数	C	47	$YXXS_{15}$	利益相关者满意情况影响系数	C
45	MYD	各方满意情况	A				

6.3 代建绩效改善效果的 SD 仿真

6.3.1 代建绩效改善系统的 SD 方程式

本书假设知识管理对组织学习、组织学习对项目管理核心能力、项目管理核心能力对代建绩效中的各影响因素之间的影响是均匀的,且不考虑改善作用的时滞性,根据代建绩效改善系统的流图和各参数的含义,可以列出 SD 模型中关键的状态方程、速率方程、辅助方程以及常数。DYNAMO 方程式中的各影响系数以及辅助变量初值来自第 5 章的调研和计算结果,其中,各辅助变量对状态变量的影响系数取自结构方程模型中的因子负荷,状态变量之间的影响系数取自结构方程模型中的路径系数,各辅助变量的初始值是由调研结果的平均值按照百分制换算得出的。代建绩效改善系统的 SD 方程式及初值的设置如下所述。

6.3.1.1 知识管理方面的 DYNAMO 方程式及初值

知识管理方面的 DYNAMO 方程式及初值设置如下:

L ZSGLSP. K＝ZSGLSP. J＋DT ＊ ZSGLZL. JK

R ZSGLZL. JK ＝（ZSGLZZZL. JK ＊ YXXS$_1$ ＋ ZSGLGZZL. JK ＊
YXXS$_2$）/（YXXS$_1$＋YXXS$_2$）

A ZSGLZZ. K＝ZSGLZZ. J＋DT ＊ ZSGLZZZL. JK

R ZSGLZZZL. JK＝人为设定值

A ZSGLGZ. K＝ZSGLGZ. J＋DT ＊ ZSGLGZZL. JK

R ZSGLGZZL. JK＝人为设定值

C YXXS$_1$＝0.876

C YXXS$_2$＝0.865

N ZSGLSP$_{初值}$ ＝（ZSGLZZ$_{初值}$ ＊ YXXS$_1$ ＋ ZSGLGZ$_{初值}$ ＊ YXXS$_2$）/
（YXXS$_1$＋YXXS$_2$）

$$\because \{ZSGLZZ_{初值}, ZSGLGZ_{初值}\} = \{3.363 * 100/5, 3.711 * 100/5\}$$
$$= \{67.26, 74.22\}$$
$$\therefore ZSGLSP_{初值} = (67.26 * 0.876 + 74.22 * 0.865)/(0.876 + 0.865)$$
$$= 70.72$$

6.3.1.2　组织学习方面的 DYNAMO 方程式及初值

组织学习方面的 DYNAMO 方程式及初值设置如下：

L　ZZXXNL. K＝ZZXXNL. J＋DT * ZZXXZL. JK

R　ZZXXZL. JK＝ZSGLZL. JK * YXXS3

A　XXCN. K＝XXCN. J＋DT * XXCNZL. JK

R　XXCNZL. JK＝ ZSGLZL. JK * YXXS$_3$

A　GTYJ. K＝GTYJ. J＋DT * GTYJZL. JK

R　GTYJZL. JK＝ ZSGLZL. JK * YXXS$_3$

A　KFXZ. K＝KFXZ. J＋DT * KFXZZL. JK

R　KFXZZL. JK＝ ZSGLZL. JK * YXXS$_3$

C　YXXS$_3$＝0.854

C　YXXS$_4$＝0.795

C　YXXS$_5$＝0.633

C　YXXS$_6$＝0.931

N　ZZXXNL$_{初值}$＝(XXCN$_{初值}$ * YXXS$_4$＋GTYJ$_{初值}$ * YXXS5＋
　　　　　　　KFXZ$_{初值}$ * YXXS$_6$)/(YXXS$_4$＋ YXXS$_5$＋ YXXS$_6$)

$$\because \{XXCN_{初值}, GTYJ_{初值}, KFXZ_{初值}\} = \{3.947 * 100/5, 3.935 * 100/5,$$
$$3.797 * 100/5\}$$
$$= \{78.94, 78.70, 75.94\}$$
$$\therefore ZZXXNL_{初值} = (78.94 * 0.795 + 78.70 * 0.633 + 75.94 * 0.931)/$$
$$(0.795 + 0.633 + 0.931)$$
$$= 77.69$$

6.3.1.3　项目管理核心能力方面的 DYNAMO 方程式及初值

项目管理核心能力方面的 DYNAMO 方程式及初值设置如下：

L　HXNL. K＝HXNL. J＋DT * ZZXXZL. JK

R　HXNLZL. JK＝ZZXXZL. JK * YXXS$_7$

A　CHNL. K＝CHNL. J＋DT * CHNLZL. JK

R　CHNLZL. JK＝ZZXXZL. JK * YXXS$_7$

A　CZNL. K＝CZNL. J＋DT * CZNLZL. JK

R　CZNLZL. JK＝ZZXXZL. JK * YXXS$_7$

A　GTXTNL. K＝GTXTNL. J＋DT * GTXTNLZL. JK

R　GTXTNLZL. JK＝ZZXXZL. JK * YXXS$_7$

A　ZZCXNL. K＝ZZCXNL. J＋DT * ZZCXNLZL. JK

R　ZZCXNLZL. JK＝ZZXXZL. JK * $YXXS_7$

C　$YXXS_7$＝0.778

C　$YXXS_8$＝0.652

C　$YXXS_9$＝0.806

C　$YXXS_{10}$＝0.937

C　$YXXS_{11}$＝0.825

N　$HXNL_{初值}$＝$(CHNL_{初值} * YXXS_8 + CZNL_{初值} * YXXS_9 + GTXTNL_{初值} * YXXS_{10} + GTXTNL_{初值} * YXXS_{11})/(YXXS_8 + YXXS_9 + YXXS_{10} + YXXS_{11})$

∵$\{CHNL_{初值}, CZNL_{初值}, GTXTNL_{初值}, GTXTNL_{初值}\}$＝{3.838 * 100/5, 3.919 * 100/5, 4.035 * 100/5, 3.811 * 100/5}＝{76.76, 78.38, 80.70, 76.22}

∴$HXNL_{初值}$＝(76.76 * 0.652＋78.38 * 0.806＋80.70 * 0.937＋76.22 * 0.825)/(0.652＋0.806＋0.937＋0.825)＝78.17

6.3.1.4　代建绩效方面的 DYNAMO 方程式及初值

代建绩效方面的 DYNAMO 方程式及初值设置如下：

L　DJJXSP. K＝DJJXSP. J＋DT * JXSPZL. JK

R　JXSPZL. JK＝HXNLZL. JK * $YXXS_{12}$

A　GLMBSX. K＝GLMBSX. J＋DT * GLMBSXZL. JK

R　GLMBSXZL. JK＝HXNLZL. JK * $YXXS_{12}$

A　QYSY. K＝QYSY. J＋DT * QYSYZL. JK

R　QYSYZL. JK＝HXNLZL. JK * $YXXS_{12}$

A　MYD. K＝MYD. J＋DT * MYDZL. JK

R　MYDZL. JK＝HXNLZL. JK * $YXXS_{12}$

C　$YXXS_{12}$＝0.998

C　$YXXS_{13}$＝0.866

C　$YXXS_{14}$＝0.909

C　$YXXS_{15}$＝0.750

N　$DJJXSP_{初值}$＝$(GLMBSX_{初值} * YXXS_{13} + QYSY_{初值} * YXXS_{14} + MYD_{初值} * YXXS_{15})/(YXXS_{13} + YXXS_{14} + YXXS_{15})$

∵$\{GLMBSX_{初值}, QYSY_{初值}, MYD_{初值}\}$＝{3.828 * 100/5, 3.693 * 100/5, 3.992 * 100/5}＝{76.56, 73.86, 79.84}

∴$DJJXSP_{初值}$＝(76.56 * 0.866＋73.86 * 0.909＋79.84 * 0.750)/(0.866＋0.909＋0.750)＝76.56

最后，根据上述列出的方程式、常数和初值，在 SD 流图基础上，利用 Vensim PLE 软件对各状态变量、常数以及初值进行公式编辑和赋值，为系统仿真做好准备。

6.3.2　代建绩效改善效果的 SD 仿真

本书有关代建绩效改善效果的仿真方案为：以知识管理组织支持和知识管理工作成效的提高为起点，通过改变 ZSGLZZZL.JK 和 ZSGLGZZL.JK 的值对知识管理水平进行提升，进而改善组织学习能力和项目管理核心能力，达到改善代建绩效的目的，分不同改善强度进行系统仿真，来近似考察代建绩效的改善效果。

考虑到通过知识管理和组织学习对代建绩效进行改善是一个长期的较为缓慢的过程，取改善期为 36 个月，则 Initial Time＝0，Final Time＝36，Units for time＝Month；根据反复仿真调试的结果，取步距 DT＝0.5；取知识管理组织支持增量 ZSGLZZZL.JK 和知识管理工作成效增量 ZSGLGZZL.JK 的初始值均为 0.3；设调整增加量为 0.1。在此基础上，分别取 ZSGLZZZL.JK＝ZSGLGZZL.JK＝0、0.3、0.4、0.5、0.6 的五种状态运行 Vensim PLE 软件进行仿真模拟，其中，ZSGLZZZL.JK＝ZSGLGZZL.JK＝0 的状态为未进行改善的当前状态，最终改善效果的仿真图如图 6-8 至图 6-11 所示，图中 current、run1、run2、run3、ran4 五条直线分别对应 ZSGLZZZL.JK＝ZSGLGZZL.JK＝0、0.3、0.4、0.5、0.6 的五种状态。

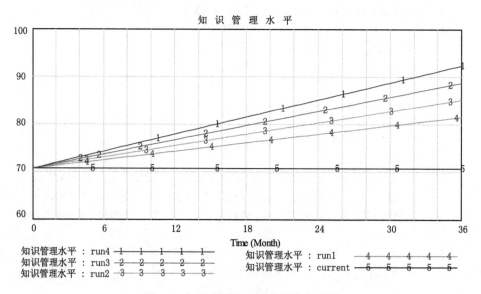

图 6-8　知识管理水平改善效果仿真图

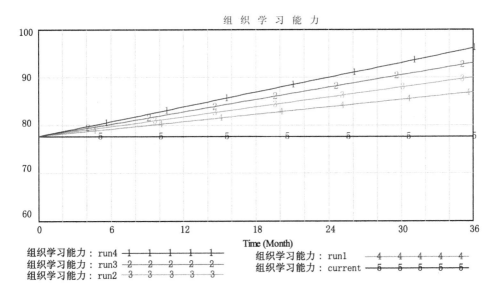

图 6-9 组织学习能力改善效果仿真图

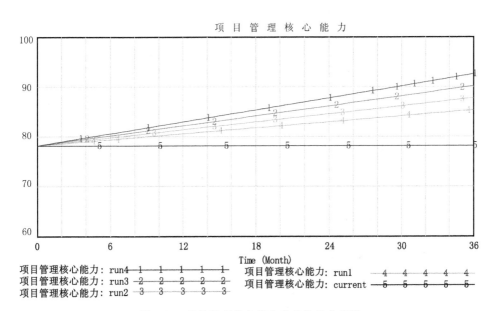

图 6-10 项目管理核心能力改善效果仿真图

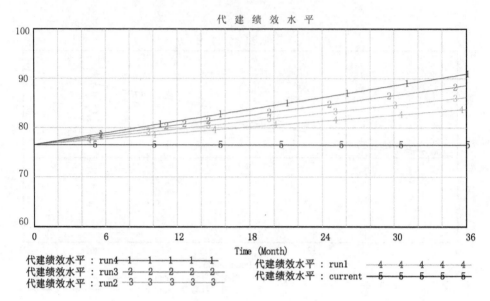

图 6-11　代建绩效改善效果仿真图

在 ZSGLZZZL.JK 和 ZSGLGZZL.JK 分别等于 0.3、0.4、0.5、0.6 时,知识管理水平、组织学习能力、项目管理核心能力和代建绩效水平在第 36 个月的改善效果仿真结果,见表 6-3。

表 6-3　　　　　　　　各变量改善效果仿真结果(DT=0.5 月)

增量值	改善结果				改善幅度/%			
	知识管理水平	组织学习能力	项目管理核心能力	代建绩效水平	知识管理水平	组织学习能力	项目管理核心能力	代建绩效水平
0	70.72	77.69	78.17	76.56	0	0	0	0
0.3	81.52	86.91	85.35	83.72	15.27	11.87	9.19	9.35
0.4	85.12	89.99	87.74	86.11	20.36	15.83	12.24	12.47
0.5	88.72	93.06	90.13	88.50	25.45	19.78	15.30	15.60
0.6	92.32	96.14	92.52	90.88	30.54	23.75	18.36	18.70

6.3.3　代建绩效改善效果仿真结果讨论

根据仿真结果可以得出,相对于 ZSGLZZZL.JK 和 ZSGLGZZL.JK 等于零时各变量的初值,随着增量的增加,各变量在第 36 个月均有明显的改善效果,且改善效果逐步增强。当 ZSGLZZZL.JK 和 ZSGLGZZL.JK 等于 0.6 时,在第 36

个月,知识管理水平、组织学习能力、项目管理核心能力和代建绩效水平的改善结果分别为:92.32、96.14、92.52、90.88。另外,根据 Vensim PLE 软件的计算结果,代建绩效水平在第 34 个月达到 90 分,项目管理核心能力在第 30 个月达到 90 分,组织学习能力在第 29 个月达到 90 分,知识管理水平在第 32 个月达到 90 分。因此,从仿真结果可以看出,在当前代建单位的绩效状况下,通过提高知识管理水平、组织学习能力和项目管理核心能力,对代建绩效的改善效果十分明显,代建单位可以通过知识管理水平、组织学习能力和项目管理核心能力的提升来实现对代建绩效的改善。

6.4   本章小结

在对系统动力学的概念、基本原理和方法、实施步骤进行理论分析的基础上,讨论了代建绩效改善系统的动力学特征,分析了代建绩效改善系统的因果关系,构建出代建绩效改善系统的 SD 模型,并对 SD 模型中的变量进行编码和描述。在此基础上,罗列出代建绩效改善系统的 SD 方程式,利用 Vensim PLE 软件对代建绩效改善效果进行 SD 仿真,并对仿真结果进行讨论,指出代建单位可以通过知识管理水平、组织学习能力和项目管理核心能力的提升来实现对代建绩效的改善。

第 7 章

代建绩效改善的实现研究

7.1 代建单位知识管理水平提升研究

7.1.1 代建单位知识管理水平的提升思路

7.1.1.1 代建单位开展知识管理的必要性

美国《工业周刊》曾对全球年收入超过 1 亿美元的 175 家公司的总裁进行了采访,结果显示,80％的总裁认为他们的公司之所以能够在国际上得到发展是由于采用了知识管理。[378]另外,美国著名咨询公司毕马威(KPMG)2003 年对欧洲 500 家单位的调查发现,在 2002～2003 年内 80％的组织认为知识是一种战略资产;知识管理方法与技术正在被广泛应用于所有的商业与职能领域;知识管理可获取财政利益与利润(占 50％)、改进质量(占 73％)、增强协作(占 68％)、提高速度与响应(占 64％)、改善前线员工的决策(占 55％)。许多组织如英国石油公司、福特汽车公司、施乐公司、西麦克斯公司、西门子公司和思科公司都成功实施了知识管理,并获得了显著成效。[112]可以看出企业进行知识管理实践对企业发展与成长能够起到重要的促进作用。

因此,代建单位同样有必要通过实施知识管理战略来实现企业的快速发展。本书认为代建单位进行知识管理的必要性主要体现在如下六个方面。

(1)项目的一次性决定了每一个代建项目都会碰到新的情况和问题,没有可以完全照搬的先例,代建单位需要不断进行知识创新和管理创新来解决管理过程中出现的新问题。

(2)代建项目越来越复杂,具有结构复杂、涉及学科多、技术要求高、协调单位多、管理难度大等特点,对代建单位的知识含量和经验储备提出了挑战,需要更大限度地获取和共享各类知识财富和管理经验,并加以充分地利用。

（3）代建项目管理组织尤其是派驻现场的代建项目部，是基于任务需要而组建的，具有动态性、临时性的特征，组织结构和人员不稳定。因此，组织的动态性和临时性容易造成知识尤其是管理经验的流失，需要及时对知识进行积累和储存。

（4）随着科学技术的进步与发展，建筑领域的新型材料、设备、工艺不断涌现，同时，配套的法律法规、管理制度、技术标准也在不断更新和变化，代建单位需要及时、不断地掌握和运用这些新知识、新技术。

（5）现代社会对项目要求越来越高，不但项目功能需要满足使用要求，还需要低碳环保、节能减排，并与社会和自然环境相融合，具有持久的生命力。这对代建单位的管理水平提出了更高的要求。

（6）在知识经济时代，知识的创造和运用能力已经成为企业和组织的最重要的核心竞争力之一，代建单位要想提高核心竞争力、在市场竞争中取胜、获取更大的经济效益，就必须做好知识管理工作。

7.1.1.2 代建单位的知识管理模型

张波（2007）[379]指出，知识管理是一个获取、存储、共享和创造知识的动态过程，在这一过程中，知识管理是由四个环节组成的一个环环紧扣的知识活动链，四个环节相互依存、相辅相成。知识管理流程图如图7-1所示。

图7-1 知识管理基本流程图

其中，知识的获取与加工是实施知识管理的首要过程，由于所需的知识一般不是现成的成果而是可行的方案，因此，在知识的获取和加工中一定要把握好其现实状态和所需结果的契合点，才能发挥出知识的价值。第二步，知识的存储与积累构成了知识管理的对象，没有知识的存量，就不能构成知识管理。第三步，知识的共享与交流是他人知识向个人知识转移，经过总结吸收之后再回馈到组织之中的过程，是知识管理活动的重要过程。第四步，知识的应用和创新是知识管理的核心环境，知识管理的直接目的在于知识应用，提高工作效率，丰富工作成果，其更高层次的目标在于知识创新，不断生成新的知识，使其成为一个开放的过程。盛小平（2009）[380]认为，知识审计是知识管理战略的第一步，包括知识环境审计、知识内容审计、知识流程审计和知识效果审计；知识管理的失败很大程度上在于对知识审计的忽视。

代建单位一般从项目建议书得到批复开始介入,代替政府开展全过程的代建管理工作,在前期策划阶段、设计计划阶段、招标采购阶段、施工阶段、验收移交及维修阶段等各个阶段代建单位都需要开展知识管理工作。代建单位需要充分利用组织内外部现有的知识资源,对实施代建项目所需的知识和组织内部知识进行识别与审计,然后有针对性地去获取缺口知识;必要时进行加工处理,将组织中形成的知识和经验进行积累和储存,并促进组织内部知识的共享和交流,及时运用各类知识解决各类工程问题;积极鼓励组织成员进行知识创新,并将在工作中创造出的新知识进行凝练,形成新的知识资源以便于在后续工作中加以利用,使得各类项目管理知识得以不断地继承和发展。代建单位知识管理模型如图 7-2 所示。可以看出,知识管理伴随着项目管理的整个过程,可以对提高项目管理组织的知识含量和管理水平起到举足轻重的作用。另外,代建单位开展知识管理工作应当说也是企业管理工作的重要组成部分。

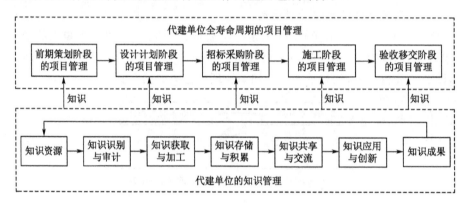

图 7-2　代建单位知识管理模型

7.1.1.3　提升代建单位知识管理水平的思路

代建工作属于智力型团队工作,这对知识管理提出了更高的要求。如何获取和掌握所需的新的技能和知识,将代建项目实施过程中积累的知识进行整理和储存,使之成为整个组织的财富得以继承和发展,并能够通过知识共享应用于其他代建项目部或者后续类似项目,并不断进行知识创新,提高项目管理效率和水平,是代建单位面临的一个重要问题。而从前文的工程调研结果可以看出,大部分代建单位知识管理工作开展的效果并不理想,因此,代建单位必须重视知识管理工作,不断提高知识管理的水平,通过知识管理最终实现在项目管理中最大限度地获取、整合、存储、共享和利用知识,使每个代建人员在获取他人知识的同时,也能最大限度贡献自己的知识,使工程项目能优

质、高效地完成。本书认为,代建单位可以从三个方面来提升知识管理水平:
一是对代建单位所需的知识体系进行划分;二是构建起完善的知识管理体系;
三是实施知识管理绩效评价。

7.1.2 代建单位知识体系的划分

7.1.2.1 知识的分类

根据不同的分类标准,可以将知识进行多种角度的分类。

(1)根据知识的可沟通程度,可将知识划分为显性知识和隐性知识两类[381]。其中,显性知识是指能够在个体之间进行系统传达的知识,并具有规范化、系统化等特点,通常能够进行概念化和文字化,也比较容易沟通和共享,包括文字陈述、数学方程、技术说明书和手册等。隐性知识是指难以用语言描述和表达的知识,来源于个人的体验和感悟,由形象、概念、信念和知觉组成,与个人信念、视角及价值观等精神层面密切相关的知识,通常难以进行规范和编码,具有高度专有性。隐性知识是组织中的每个人所拥有的特殊知识。

(2)根据知识的拥有者,知识可以分为个人知识和组织知识。由于知识的产生来自人的实践与认识,知识是由个人产生的,离开个人,组织无法产生知识。但组织也具有自己的知识,是由个人产生的知识与其他人交流而形成,并结晶于组织的知识网络之中,主要表现为企业所掌握的技术、专利、生产和管理规程,有的已嵌入了产品与服务之中。个人只能获得与产生专门领域的知识,而在创新活动中,需要掌握各种知识并将其转化为生产力,这就需要组织知识[382]。

(3)根据知识产生和使用的情境,可将知识分为通用知识和专门知识。通用知识是指适合于各种工作环境的知识,它主要用来解决各个行业或组织中具有共性特征的问题,具有普遍适用性;而专门知识主要是提供适合于特定工作环境、满足特定需求和为解决特殊问题所开发的知识。

(4)根据知识的归属范围,可分为内部知识和外部知识,内部知识是指组织内部所拥有的各种知识,包括品牌、商标、专利、发明、报告、商业秘密以及员工所拥有的知识;外部知识是指组织以外的、有利于组织发展并能为组织所获取的各类知识,如市场情况、法律法规、人文风俗等。

7.1.2.2 代建单位知识体系的分类原则

对于代建单位来讲,代建单位所需的知识囊括了工程技术、设备材料、项目管理、工程造价、经济评价、政策法规、人文习俗、环境保护、企业管理等多个方面和领域的知识,不同的项目类型所需的知识也存在差异。因此,代建单位所需的知识,既包括了隐性知识和显性知识,又包括了个人知识和组织知识,既有组织内部知识和外部知识,又有通用知识和专门知识。可以说,代建单位知识管理的过程,既是一个隐性知识和显性知识、个人知识和组织知识之间不断转化和创新的过程,又是组织内部知识和外部知识相互交汇和运用的过程,也是各类通用知识和专门知识不断获取和积累的过程。

代建单位要想更好地进行知识管理,首先必须要对代建工作所需的各类知识进行分类。本书拟根据代建单位的服务期,围绕代建工作内容,对代建单位所需的各类知识进行分类。由于专用知识是为解决项目的某些特殊问题所需要的,因此,本书重点讨论代建管理所需的通用知识,并将代建单位所需的通用知识分为管理方面的知识、技术方面的知识、经济与造价方面的知识、法规政策方面的知识以及其他方面的知识等五种类型。

7.1.2.3 代建单位知识体系的分类结果

根据上述分类原则和代建工作内容,研究人员通过查阅各类工具书和网络资料,并结合自身在代建工作中的体会,对代建单位各阶段所需的通用知识要点进行了系统梳理和分类。代建单位知识体系的分类结果,如表7-1所示。

表 7-1　　　　　　　　　　**代建单位知识体系分类结果**

一、管理方面的知识	
知识类型	主要内容
管理常识方面	① 基本建设程序;② 政府相关职能部门的职责和办事程序;③ 工程项目的特点;④ 工程管理工作的特点;⑤ 代建单位的角色定位;⑥ 代建工作基本内容;⑦ 常见的工程承发包方式;⑧ 常见的工程项目管理模式和组织结构;⑨ 工程招投标方式及步骤;⑩ 各类建设手续办理程序;⑪ 可行性研究报告、设计任务书的内容及编制要点;等等
管理方法和工具方面	① 系统分析方法;② 项目目标动态控制方法;③ 结构分解方法;④ 责任矩阵法;⑤ 要素分层法;⑥ 网络计划技术;⑦ 挣值法;⑧ 甘特图;⑨ 资源费用曲线;⑩ 里程碑计划;⑪ 流水施工组织实施方法;⑫ 质量控制的数理统计方法;⑬ 常用工程管理软件;等等
管理流程方面	① 组织外部管理流程设计与实施:建设手续办理流程、招标组织流程、合同签订流程、设计变更流程、工程签证流程、工程费用支付审批流程、各类工程验收流程、工程审计流程等;② 组织内部管理流程设计与实施:工作汇报、工程费用审核、设计变更审核、工程签证审核、资料管理及归档、人员调整、财务管理、公车使用等
范围管理方面	① 工程项目范围确定方法;② 承发包方式、管理模式的策划与选择;③ 不同承包商之间工程界面划分方式;④ 项目招投标及合同体系策划;等等
项目计划方面	① 工程质量、工期、费用、安全、环境等总体项目目标的策划方法与要点;② 各主要项目阶段工期、质量、费用、安全等目标实施计划的编制方法与要点;③ 工程风险清单的识别及编制要点;等等
项目控制方面	① 各主要项目阶段工程质量、工期、费用、安全、环境等项目目标常用的控制手段与措施;② 工地现场检查巡视的要点和技巧;③ 项目目标发生偏差的判断方法与技巧;④ 工程风险应对措施;⑤ 索赔及反索赔管理要点;等等

续表 7-1

知识类型	主要内容
项目沟通方面	① 会议组织与主持要点;② 项目进展情况汇报技巧;③ 代建工作总结汇报要点;④ 项目管理信息系统的开发与利用;⑤ 合同谈判的技巧;⑥ 协调施工总承包与甲分包单位关系的技巧;⑦ 团结和制衡各参建单位的技巧;⑧ 现代化通信工具的使用;等等
重要工程资料审核	① 可研报告的复核要点;② 各类招标文件、合同文件的编制或审核要点;③ 监理大纲、监理细则、施工组织设计、阶段性进度计划或专项施工方案的审核要点;④ 新材料、新技术、新工艺的审核要点;⑤ 各类费用申请资料的审核要点;⑥ 各类工程技术核定单或工程联系单的审核和回复要点;⑦ 项目验收和移交资料的审核要点;等等
常用的管理表格和文档模板	① 会议签到表;② 会议记录表;③ 各类报审、备案表;④ 各类招标文件;⑤ 各类合同文件;⑥ 常用联系函;⑦ 工程联系单;⑧ 工程签证单;⑨ 竣工验收程序;⑩ 资料归档清单;⑪ 项目进展情况汇报材料;⑫ 代建工作总结报告;等等。

二、技术方面的知识

知识类型	主要内容
建筑材料、设备方面	① 各类建筑材料的种类、生产工艺和主要性能;② 各类建筑设备的种类、型号、性能、参数等;③ 各类建筑材料和设备的生产及供货周期、质保、售后服务等情况;④ 各类材料、设备的检测方法;等等
苗木、园林景观方面	① 常见的景观苗木的种类、产地、性能、习性、供货情况;② 园林景观的构成要素及其搭配要点;③ 常见的城市家具及其布设技巧;④ 景观照明方式;等等
各类工程施工工艺方面	① 各类工序的施工工艺及质量控制要点;② 各类工序的施工工具和机械;③ 各类工序的验收标准和验收方法;④ 季节性施工要点;等等
各类工程施工工序方面	① 各类工程的施工顺序;② 各施工工序之间的关系;③ 不同专业工序之间的相互影响情况;等等
设计方案和施工图纸审核	① 设计方案和施工图纸中容易出现的问题或错误类型;② 设计方案和施工图纸的审核方式;③ 设计方案和施工图纸的审核技巧和要点;④ 设计方案和施工图纸的优化建议和改进意见的编写;等等

三、经济与造价方面的知识

知识类型	主要内容
项目评价方法/工具方面	① 盈亏平衡分析法;② 敏感性分析法;③ 概率分析法;④ 价值工程;⑤ 多方案比较法;⑥ 资金的时间价值计算方法;⑦ 有无比较法;⑧ 评价指标体系及其计算方法;⑨ 财务报表编制;⑩ 项目财务评价方法;⑪ 国民经济评价方法;⑫ 社会评价方法;⑬ 环境影响评价方法;⑭ 风险评价方法;⑮ 项目后评价方法;⑯ 常用的造价管理软件;等等
工程造价、预算方面	① 建设工程的工程量清单计价规范内容;② 各类工程定额的套用;③ 工程量清单、标底的编制或审核要点;④ 工程概预算的编制;⑤ 项目投资情况分析要点;⑥ 各类工程费用的取费或收费标准;等等
工程签证方面	① 各类工程签证的计量方法和审核要点;② 各类工程签证的签署内容和技巧;等等

续表 7-1

知识类型	主要内容
甲控材料设备认质认价方面	① 常见的甲控材料和设备种类;② 甲控材料设备的品牌、价格、市场行情;③ 甲控材料设备认价过程中容易出现的问题;④ 甲控材料设备的认价程序和技巧;等等
主要材料、设备、苗木的信息	① 主要建筑材料、设备的知名品牌、价格、市场行情;② 主要苗木的主要产地、价格、市场行情;等等

四、法规政策方面的知识

知识类型	主要内容
资质方面	① 各类建筑业企业(勘察、设计、监理、施工、检测、招标代理、工程咨询等)资格认定办法或资质等级标准;② 注册咨询师、建造师、造价师、监理师等执业资格管理办法;③ 地方有关代建单位的资质管理办法;等等
市场规范方面	①《建筑法》《招标投标法》《合同法》《采购法》《工程建设项目施工招标投标办法》《工程建设项目勘察设计招标投标办法》《工程建设项目货物招投标办法》《建设工程勘察设计市场管理规定》等;② 地方有关政府投资项目管理条例或办法;③ 地方有关代建制管理规定或试行办法;④ 建筑市场稽查暂行办法;等等
资源方面	①《土地管理法》《城市规划法》《电力法》《水法》《节约能源法》等法律;②《水土保持法实施条例》《取水许可和水资源费征收管理条例》《民用建筑节能管理规定》等法规
环境保护方面	①《环境保护法》《环境影响评价法》《大气污染防治法》《环境噪声污染防治法》等法律;②《建设项目环境保护管理条例》;等等
投资方面	① 国务院关于投资体制改革的决定;② 项目法人责任制暂行规定;③ 国家重点建设项目管理办法;④ 中央预算内投资补助和贴息项目管理暂行办法;等等
质量方面	①《建设工程质量管理条例》;②《建设工程勘察设计管理条例》;③《建设工程质量检测管理办法》;④《国家重大建设项目稽查办法》;⑤ 各类设计规范;⑥ 各类验收规范;等等
安全方面	①《安全生产法》;②《消防法》;③《建设工程安全生产管理条例》;④《安全生产许可证条例》;⑤《水利工程建设安全生产管理规定》;等等

五、其他方面的知识

知识类型	主要内容
团队建设方面	① 代建项目管理组织结构及管理职能策划;② 责权利设置要点;③ 代建单位人力资源管理;④ 团队学习方式;⑤ 知识管理的内容与工具;⑥ 团队领导技巧;⑦ 提高团队凝聚力的措施;⑧ 各类管理规章制度的编制与实施;等等
工程调研形式和技巧方面	① 同类项目功能、规模及投资额的调研;② 建筑市场情况调研;③ 环境调研;④ 技术调研;⑤ 材料设备调研;⑥ 材料设备询价;等等
管理评价方面	① 代建绩效评价指标;② 代建绩效评价模型;③ 代建绩效评价的组织实施方式

知识类型	主要内容
各类工程经验教训方面	① 土建、安装、装饰工程减少相互影响的技巧;② 各参建单位之间常见的矛盾类型及处理手段;③ 施工单位偷工减料的常用做法;④ 防止不平衡报价的措施;等等
项目所在地的基本信息	① 风土人情;② 生活习惯;③ 主要禁忌;④ 自然环境;⑤ 政治环境;等等
应急预案方面	① 各类应急预案的编制要点;② 应急预案的实施要点;等等

注:各类工程包括:土石方工程、桩基础工程、钢筋工程、模板工程、混凝土工程、预应力工程、砌筑工程、防水工程、抹灰工程、玻璃幕墙工程、石材幕墙工程、瓷砖工程、吊顶工程、涂饰工程、铝板工程、强弱电工程、给排水工程、暖通空调工程、园林绿化工程、市政工程、电梯工程、消防喷淋工程、门窗工程等;各类建筑材料包括:钢筋、水泥、混凝土、石材、铝板、玻璃、砌块、瓷砖、木工板、涂料、防水卷材、保温材料等;各类建筑设备包括:空调、给排水、电气、消防、智能化、电梯等。

7.1.3 代建单位知识管理体系的构建

在知识经济时代,知识已经成为企业或组织当中最为关键的投入要素和核心资产,知识对于组织价值的创造已经占据了主导地位。因此,组织必须对知识进行管理,必须采用各种有效的手段,以最大限度地发掘和利用知识这一资产的潜力和价值。为了实现代建单位能够更加高效地做好知识管理工作,有必要构建代建单位的知识管理体系。根据知识管理的有关内容,本书认为,代建单位知识管理体系应包括知识管理活动系统、知识管理组织系统、知识管理信息系统三大部分,因此,可以从这三个方面入手来构建代建单位的知识管理体系。

7.1.3.1 代建单位知识管理活动系统的构建

根据前文的论述,代建单位知识管理活动系统主要包括:知识识别与审计、知识获取与加工、知识存储与积累、知识共享与交流、知识应用与创新等五个方面。

(1) 代建单位的知识识别与审计

① 知识识别和审计的概念。

代建单位进行知识管理,首先要根据代建项目的特点和组织内外部的环境,对实施该代建项目所需要的知识(尤其是特有的知识)以及代建单位已有知识进行识别与审计,为后续的知识管理工作奠定基础。知识的识别和审计是知识管理的一项重要的基础工作,是知识管理战略的第一步。

知识识别是指,代建单位根据代建工作可能用到的各类知识,按照代建单位所需知识的分类方法进行梳理和分析,按不同类型编制形成知识清单的工作过程。知识清单一般应包括：项目阶段、知识内容、知识类型、知识特征、重要程度等内容，可以用固定表格进行表示。

知识审计是指，代建单位对组织内部已有的各类知识进行系统、科学的考察与评估，了解掌握组织内部的知识环境和状况，并建立代建单位现有的知识资源清单，与识别出的代建工作所需的知识清单进行对比，指出哪些是已有知识，哪些为缺口知识或待完善知识，最终提出反映代建单位知识现状的审计报告的过程。

② 知识识别与审计的步骤与流程。

知识识别与审计的工作步骤主要包括：第一，代建单位获取新的代建项目任务后，根据代建委托合同约定的代建工作内容以及代建项目的特点，对各个阶段代建工作所需的各类知识进行分析和识别。第二，根据项目实施阶段和知识分类标准，对分析识别出的知识进行分类，形成代建工作所需的知识清单。第三，考察分析代建单位组织内部现有的知识资源和环境，详细掌握知识资源和环境状况。第四，将代建单位现有知识与实施该代建项目代建工作所需的知识清单进行对比，标注出已有知识、缺口知识以及待完善知识，并提出应对措施。第五，对知识识别和审计结果进行汇总，形成总结报告，为后续知识管理工作奠定基础。

值得注意的是，知识的识别与审计是一个逐步深入的动态的持续循环过程。因为在某一个项目阶段无法全部识别代建工作所需的所有知识，所以，知识的识别与审计工作贯穿于整个代建管理过程和知识管理过程中，代建单位需要定期开展知识识别与审计工作。

代建单位知识识别与审计流程，如图 7-3 所示。

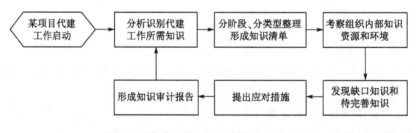

图 7-3　代建单位知识识别与审计流程图

③ 知识识别与审计的方法。

知识识别与审计的最终目的是整理出代建工作所需的知识，以及其中的缺口知识和待完善知识，该项工作需要既熟悉代建单位内部知识状况，又有代建管理经验的中高层管理人员进行充分分析和讨论后才能完成，并且单靠一个人很难完成该项任务。因此，知识识别与审计工作需要团队参与，其方法可以有多种,本书认为,对于知识识别工作可以采用头脑风暴法或德尔菲法,对于知识审计可以采用深度访谈和小组讨论的方法。

a. 头脑风暴法。

头脑风暴法(智力激励法)、BS(Brain Storming)法、自由思考法,是由美国创造学家 A. F. 奥斯本于 1939 年首次提出、1953 年正式发表的一种激发性思维的方法。头脑风暴法是指在限定的时间内,通过小型会议的组织形式,诱发集体智慧,相互启发灵感,利用专家集体最终产生的创造性思维进行判断的方法。代建单位或代建项目部可以采用头脑风暴法对实施某个代建项目所需的各类知识进行识别和梳理,让与会人员根据自己的经验,尽可能多地罗列出代建工作可能需要的各类知识,并由组织者进行整理汇总,形成知识清单。

b. 德尔菲法。

德尔菲法(Delphi Method)是在 20 世纪 40 年代由 O. 赫尔姆和 N. 达尔克首创,经过 T. J. 戈尔登和兰德公司进一步发展而成的。德尔菲这一名称起源于古希腊有关太阳神阿波罗的神话。传说中阿波罗具有预见未来的能力,因此,这种预测方法被命名为德尔菲法。1946 年,兰德公司首次把这种方法用来进行预测,后来该方法被迅速广泛采用。

德尔菲法是为了克服专家会议法的缺点而产生的一种专家预测方法。在预测过程中,专家彼此互不见面、互不往来,这就克服了在专家会议法中经常发生的专家们不能充分发表意见、权威人物的意见左右其他人的意见等弊病,以便各位专家能真正充分地发表自己的预测意见。德尔菲法依据系统的程序,采用匿名发表意见的方式,即专家之间不得互相讨论、不发生横向联系、只能与调查人员发生关系,通过多轮次调查专家对问卷所提问题的看法,经过反复征询、归纳、修改,最后汇总成专家基本一致的看法,作为预测的结果。这种方法具有广泛的代表性,较为可靠。

代建单位可以借鉴德尔菲法,请若干代建单位内部的资深管理人员或其他单位同行或专家以书面形式分别对实施代建项目可能会用到的各类知识进行识别并提交识别报告,由工作人员汇总后,再次返回给各位专家,通过他人识别的结果激发专家的潜质对报告继续进行完善,通过 2～3 轮的反复识别和汇总,即可形成较为完善的知识清单。

c. 深度访谈和小组讨论法。

在识别出代建工作所需知识以后,代建单位可以通过深度访谈和小组讨论法对组织内部现有的知识资源和环境状况进行考察和分析,根据知识识别的结果编制出访谈大纲,对代建人员进行单独访谈或以小组形式进行集体讨论分析,了解识别出的知识清单中哪些知识是已经掌握的、哪些知识是尚未掌握的或缺失的、哪些知识是不健全有待完善的,同时,可以对组织中的知识环境进行调查和了解,发现问题,及时解决。

(2) 代建单位的知识获取与加工

代建单位完成知识识别和审计之后,需要采取有效措施来获取缺口知识和待完善知识,以便于在后续工作中加以运用。知识获取是指从代建单位外部环境中获得代建工作所需的各类缺口知识和待完善知识的过程;而知识加工是指对获取到的各类知识进行规整和优化处理,以满足其能够直接或更加方便地被组织使用的过程。

代建单位首先需要对缺口知识和待完善知识的获取进行初步策划,列出知识获取的时间计划和方式途径,然后采取措施逐步进行落实并获取知识,以保证在代建工作需要时及时得到应用。本书将代建单位各类知识的获取途径分为两类:一类是直接获取;另一类是间接获取。其中,直接获取途径包括:查阅图书文献、网络检索、查阅相关规范或工具书、向同行或专家咨询、接受外部培训等。间接获取途径包括:雇佣新的员工、进行战略合作、座谈交流、学习归纳、调研总结、经验类推总结等。

(3) 代建单位的知识存储与积累

项目管理组织往往是动态的、不稳定的,一方面随着项目任务的实施,不同专业的管理人员和技术人员会根据代建工作需要先后加入到某个代建项目部,在完成自己的工作任务后,又会被逐步派往其他工地,有时在需要时可能还会随时回到原来的项目一段时间;另一方面,也存在不少员工辞职跳槽需要补充新员工的情况。代建项目部的动态性和不稳定性,使得组织知识含量往往会随着组织成员的变动而不断变化,很容易造成组织知识的流失,出现“人走茶凉”的普遍现象。因为大部分知识都存在于组织成员的头脑中,而不是组织中。

因此,组织内部已有的知识资源需要进行合理有效的储存和保管。另外,在管理过程中获取和创造的新的知识也需要及时储存,不断进行积累,扩大组织的知识储量,以便于使用时进行查询和检索。

为了防止“人走茶凉”现象的发生,明基公司就实施了“人走了,把知识留下”的知识编码化战略,在公司内部建立功能强大的局域网,构建知识管理系统。[383]所有项目报告和文档均先上传到资料库,再由系统转给需要的领导或同事。公司鼓励员工将工作心得、经验上传到知识管理平台,并对员工主动上传与工作相关的各类资料的行为予以表扬或奖励。在大环境的影响下,员工逐渐养成了知识共享的习惯。比如,2003 年明基公司全年有效知识发布达 158 596 篇。另外,在某个部门工作过的所有员工的工作文档、报告、模板、客户资料在知识管理系统中都留有记录,员工在工作中遇到的问题和解决的办法、心得等都可以查到,新员工进入公司后就可以很快进入工作状态,并保持了工作的延续性。另外,通过知识管理系统,人力资源部门可以将培训工作的成果在各个部门中进行讨论、交流和分享,大大提高了知识传递的效率。知识管理系统弥补了员工流失对公司造成的无形损失,而这种在公司内部形成的知识共享的氛围,使任何新员工能够更易、更快地融入公司并创造价值。

代建单位也可以模仿明基公司的做法,在组织中建立起功能强大的知识库和知识管理系统平台,实现对知识的有效储存和积累,并为知识的共享与交流奠定基础。代建单位进行知识储存与积累的步骤主要包括:① 在代建单位内部建立知识库;② 对已有知识进行分类编码;③ 实现各类知识的分阶段、分类型存储;④ 将新获取和创造的知识及时进行编码储存;⑤ 定期对储存的知识进行更新,剔除过期知识。最后一个步骤中的工作可以在开展知识审计时进行。

(4) 代建单位的知识共享与交流

知识共享是指知识提供者通过一定的传递渠道,将知识传递给知识接受者且被知识接受者所吸收的过程。简单来讲,知识共享就是组织中的个人知识被其他人所掌握和利用的过程。知识共享可以把知识从个人转移到组织,知识共享引起的创新思想的传播是组织实现创新的关键所在,拥有不同知识的个人之间进行知识共享可以显著增强组织的创新能力,进而转变成组织的竞争优势。知识共享包括:知识提供、知识传递和知识吸收三个过程。知识共享过程,如图7-4 所示。[384]知识交流是指知识提供者与接受者之间对知识进行的讨论,图7-4中的反馈环节即为知识交流的过程。

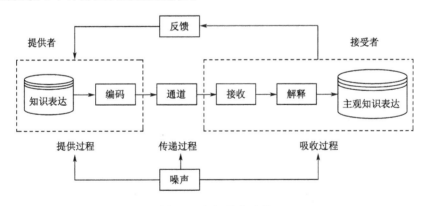

图 7-4　知识共享过程

代建单位的知识共享包括两个层面,一个层面为代建项目部之间的知识共享,代建单位在不同地点同时承担多个代建项目任务时,各个代建项目部之间通过充分的知识共享可以有效提高代建管理水平,避免出现同一类型的工作失误。

代建项目部之间的知识共享平台是代建单位建立的知识库或知识管理系统,代建项目部之间也可以通过工作交流会的形式进行知识共享。代建单位的知识共享的另一个层面为代建项目部内部的知识共享。代建项目部是一个相对独立的派出机构,代建项目部内部各组织成员之间需要开展广泛的知识共享与交流活动,来提高项目部的管理能力,各成员之间的共享平台可以是代建单位的知识库或知识管理系统,也可以是代建项目部内部的局域网,还可以通过工作经验交流或在工作过程中的言传身教来直接分享知识和经验。代建单位的知识共享模型如图 7-5 所示。代建单位内部知识共享的载体主要是通过组织内部建立的知识管理系统平台,还可以通过一些辅助性工具如:QQ、E-mail、MSN、飞信等多种渠道来有效促进知识共享与交流。

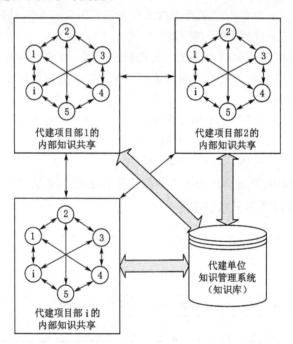

图 7-5 代建单位的知识共享模型

注:"圆圈"代表代建单位组织成员;"双箭头"表示知识共享关系。

（5）代建单位的知识应用与创新

知识应用是指组织成员将知识用于管理实践,为组织创造价值的过程。组织成员在获取知识或通过共享拥有知识后,需要适时、有效地将知识加以应用,因此,知识应用是知识获取、知识储存以及知识共享的主要目的之一,是知识管理工作中的一个重要环节,组织竞争力的一个重要体现就是能够更快、更高效地应用知识。

知识创新是指在组织现有知识资源的基础上开发、产生新知识的过程。知识应用的过程往往伴随着知识创新。知识创新对于组织来讲非常重要,尤其是通过归纳总结、经验交流、感悟领会等途径产生的隐性知识的创新更加重要,往往会构成组织的核心能力。知识创新包括知识发现、知识推导和知识转化三种类型。Nonaka 等人认为,知识创造是一个组织与组织内部的个体和组织周围环境相互作用,从而对不断涌现的矛盾进行超越的综合过程。Nonaka 等(2003)基于 SECI 知识转化模型提出了一个知识创造模式。[385]本书在此基础上,结合代建单位知识转化与创新的特点,提出了代建单位的知识转化与创新模型,如图 7-6 所示。

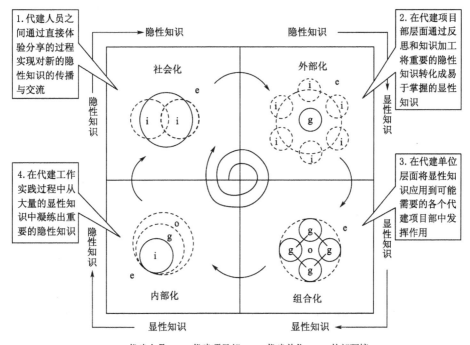

i:代建人员 g:代建项目部 o:代建单位 e:外部环境

图 7-6 代建单位的知识转化与创新模型

代建单位的四种知识转化模式并不是一种静态的循环,而是一种知识螺旋,它表现为隐性知识与显性知识的相互作用通过知识转化的四种模式被放大、增强。当知识螺旋沿着本体论方向发展时,它的规模在增大。因此,代建单位的知识创造是一个螺旋上升的过程,本书在 Nonaka 等(1995)[386]提出的知识创造螺旋图的基础上得出了代建单位的知识创造螺旋图,见图 7-7。

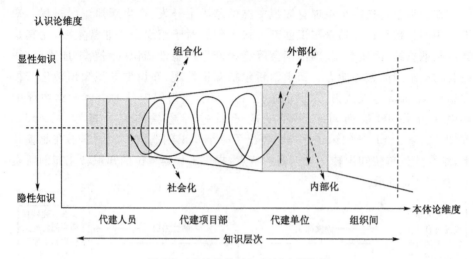

图 7-7 代建单位的知识创造螺旋图

7.1.3.2 代建单位知识管理组织系统的构建

（1）组建知识管理组织和知识联盟

① 代建单位知识管理组织。

从上述对代建单位知识管理工作的重要性和主要工作内容的讨论可以看出,代建单位的知识管理工作涉及每个部门的每一个人,需要代建单位的全员参与,而知识管理工作作为一项工作任务,需要有计划、有组织地进行。因此,有必要在代建单位内部构建起知识管理的组织机构和主管部门。为了避免组织膨胀,出现管理和执行"两张皮"的现象,本书认为,在实施知识管理战略初期,可以先在代建单位内部设置寄生式的知识管理组织;在原有代建单位管理组织的基础上,设置专门的知识管理主管;并以代建项目部和各职能部门为中心,成立若干知识管理小组,由代建项目经理和职能部门负责人担任知识管理小组长,而作为知识管理的重要参与者,广大代建人员都是知识管理组织的一员。代建单位寄生式知识管理组织结构的形式如图 7-8 所示。在知识管理理念和工作被组织成员广泛接受之后,可以设立专门的知识管理部门和机构,提升知识管理组织机构的地位,让知识管理发挥更大的作用。

② 代建单位知识联盟。

工程项目的复杂性使得由一个项目组织完成所有项目工作存在困难时,利用组织外部的知识和资源,就成为必然的选择。因此,代建单位可以借助动态联盟的概念和特点,构建一个代建工作动态知识联盟。动态知识联盟主要体现在

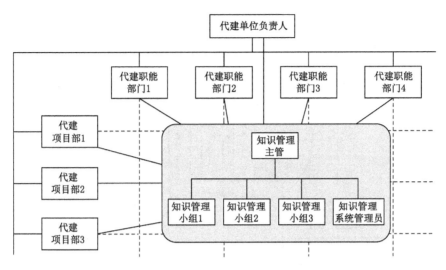

图 7-8　代建单位寄生式知识管理组织结构

代建单位内部和外部两个层面上。对于代建单位内部层面,可充分发挥某些管理、技术、造价方面的高水平人才的知识资源优势,使其可以不固定在任何一个具体的代建项目部,又能根据需要同时为多个代建项目部提供技术和管理服务,实现对高水平人才的高效率、动态管理和利用。对于代建单位外部层面,代建单位可以通过与工程咨询企业、科研机构、政府部门、法律咨询机构、技术服务企业、金融机构、大型设计院、行业协会、高校图书馆、信息服务商等专业机构或部门合作,充分发挥它们的某方面的专业知识资源优势,及时高质量地解决代建工作中存在的技术或管理问题,代建单位可以通过现代化信息平台与各知识联盟组织成员之间进行联系交流,来提高工作效率,节约管理成本。代建单位动态知识联盟模型,如图 7-9 所示。

（2）建设知识导向型组织文化

组织文化是意识形态在组织中的具体表现,反映组织成员共同认可的价值观和逐渐形成的工作态度。组织文化的形成对组织中人的行为和管理制度起到规范化整合的作用,文化的特征会在自然状态下融入组织的管理过程,成为决定性的组织成长要素。[387]一般来讲,组织文化包括价值观、行为规范和惯例三个方面的内容,具体可体现在组织成员的价值观、信念、行为模式、思维方式、是非标准、习惯、风格等方面。组织文化是影响知识管理或知识共享成效的重要因素。[388]因此,为了更好地实施知识管理战略,代建单位有必要在长期的代建业务实施过程中逐步培养并形成适合于知识管理的组织文化。

鉴于代建工作和知识管理工作的特点,代建单位应重点建设知识导向型组

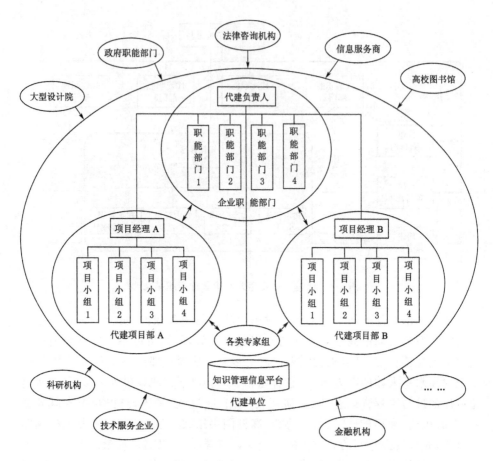

图 7-9　代建单位动态知识联盟模型

注:图中箭头表示知识流。

织文化,并将知识导向型组织文化有机地嵌入到整个企业文化中,在代建单位内部逐步形成一种尊重知识、重视学习、勇于创新、互相信任、和谐共处的工作环境和文化氛围。代建单位建设知识导向型组织文化应重点做到:① 通过广泛宣传和引导,让组织成员充分认识到知识这一特殊资源在组织发展和个人成长过程中的重要作用,树立"知识就是力量,知识就是效益,知识就是财富"的观念,产生对知识和知识拥有者的尊重,并能以最大限度的拥有知识和贡献知识为荣。② 凝练知识管理的理念和思想,通过集中培训和实践摸索等方式,让组织成员掌握知识管理的内容、方法和流程,并能够将知识管理过程和行为融入日常代建工作当中,逐步形成自觉参与和实践知识管理的习惯。③ 在组织内部大力宣扬团队精神和集体力量的重要性,在创造出一种团结、互信、合作的工作氛围的基础上,培育形成知识共享的价值观,不断强化代建人员的知识共享意识,自觉分享自己的工作心得和体会。④ 为组织成员充分提供知识获取、知识共享、知识储存的条件和环境,支持组织成员更加有效地获取、共享和积累知识,将组织成员的知识贡献与个人业绩挂钩,进行精神和物质方面的奖励,并充分宣传,树立学习榜样。⑤ 鼓励知识的运用与创新,为知识创新提供条件,并能够容忍因知识创新导致的失败,使得大家能够减少顾虑,勇于尝试和创新。

（3）完善知识管理激励机制

激励是组织以一定的行为规范和约束措施来激发、引导、保持和规范员工的行为,从而有效地实现企业及其员工目标的系统活动。通过知识管理的激励机制可以更好地实现知识管理的组织目标。传统的物质激励能够对员工的工作积极性和主动性产生明显的促进作用,但是,单一的物质激励方式并不能充分满足员工（尤其是知识型员工）的内在需求,产生的激励效果也是有限的。有关研究表明,一个人在报酬引诱及社会压力下工作,其能力仅能发挥 60％,其余的 40％ 有赖于领导者去激发。[389]可见精神激励对于提高员工主观能动性具有重要作用。因此,代建单位应当采取"物质＋精神"的组合激励机制对知识管理行为进行激励,应重点做好以下三个方面的激励工作:① 代建单位、代建项目部或各职能部门的领导,不但要注重对表现优秀的知识贡献者、分享者、创新者和应用者进行物质奖励,而且还应当将其作为学习的典型和榜样加以宣传,充分尊重他们的工作岗位和业绩,满足其进一步发挥潜能和超越自我的需要,并以此来带动改善表现差的员工的行为。② 代建单位应重视对代建人员知识资本的投入,提供知识获取、知识交流、知识储存的设施和平台,健全人才培养机制,为员工提供继续教育和提高自身技能的培训及学习的机会与环境。另外,代建单位要不断了解代建人员的个人需求和职业发展意愿,尽可能为其提供符合自身发展的成长环境,通过将代建人员的个人成长和发展与知识管理工作有机结合,来提高其开展知识管理相关工作的主动性。③ 代建单位可以在组织内部引入岗位竞争机制来调动组织成员的工作积极性,将知识管理工作情况和成绩纳入到岗位竞聘内容当中,突出知识管理工作的重要地位,以此来诱导代建人员重视并主动实践各项知识管理工作内容。

（4）制定知识管理配套制度

管理制度是组织内公认的契约模式,完善的管理制度可以使组织按照最经济的方式运行,以保证管理的过程占用资源最少,资源利用最充分,组织效率最高。完善的知识管理制度可以保障知识管理工作的有序开展,促进知识导向型组织文化的形成,有利于提高知识管理的效率,因此,代建单位有必要制定有针对性的知识管理制度。代建单位的知识管理制度应包括如下四个方面。

① 知识管理组织建设方面。

代建单位应结合知识管理工作的开展进程制定出知识管理组织建设实施办法,明确知识管理组织结构形式、部门设置、职能定位、人员配备、工作目标和主要任务。知识主管和知识管理小组长应承担其知识管理的领导者和组织者的角色,负责知识管理的计划、组织、实施、监督和评价等工作;同时,应明确与各知识联盟单位合作的途径与方式,以及建设知识型组织文化的具体措施。

② 知识管理规程方面。

代建单位应编制适合于本单位的知识管理规程,对知识识别与审计、知识获取与加工、知识存储与积累、知识共享与交流、知识应用与创新等知识管理的内容和执行方式加以明确和规范,并根据需要编制出知识管理信息系统使用手册,以便组织成员使用。

③ 知识管理培训方面。

代建单位应制定知识管理培训制度,定期组织开展形式多样的知识管理培训与交流活动,不断提高组织成员的知识管理水平。可以请国内知名的知识管理培训机构负责定期培训,也可以通过组织内部开展的知识管理经验交流会的形式来总结经验教训。知识管理培训的内容应包括:知识管理基础理论、知识管理实施方式、知识管理案例分析、知识管理规划方法、知识体系的分类等。

④ 知识管理绩效考评方面。

代建单位应当制定知识管理绩效考评实施办法,通过定期的知识管理绩效考评来衡量代建人员开展知识管理工作的成效。通过考评一方面可以发现知识管理实施过程中存在的问题,另一方面可以实现员工之间的横向比较,并以此为依据对组织成员进行奖惩。具体奖惩措施需要制定相关实施办法加以明确,起到激励先进、鞭策落后的作用。

7.1.3.3 代建单位知识管理信息系统的构建

从对代建单位各项知识管理活动的分析可以看出,代建单位进行知识储存与积累、知识共享与交流等工作都需要有一个平台——知识管理信息系统(Knowledge Management Information System,KMIS)。知识管理信息系统简单来讲就是对组织知识进行管理的信息系统。组织通过知识管理信息系统可以快速实现和完成组织内部的知识发布、查阅、分享、交流、应用、反馈以及改进等一系列的知识管理活动。开发一个功能完善的知识管理信息系统,需要用到多种关键技术,如:网络技术、程序设计语言、数据库技术、知识仓库和知识挖掘技术等。[390]

代建单位应以现代信息技术和网络技术为手段,结合管理组织结构和代建工作流程构建知识管理信息系统;根据知识管理的功能要求,构建信息系统的总体功能框架,设计出功能模块,形成功能系统结构,并设计出知识管理信息系统的运作模式。另外,知识管理信息系统的开发必须与知识库的建设相协调,以满足代建单位进行知识管理的具体需求,其服务的主要对象为代建人员和代建项目经理。另外,代建企业经理和职能部门人员也可以使用该系统。系统维护和管理任务由专门的系统管理员承担。

代建单位知识管理信息系统的基本功能和板块应当包括:知识查询、知识上传、知识下载、知识审核、知识评估、知识统计、知识地图、知识保护、知识分类、知识库维护、案例讨论、用户管理、权限设定、意见反馈、在线帮助、案例讨论、文档模板、学习培训、资料下载、专家系统、公告发布、BBS 论坛、新闻中心、重要链接、英雄榜等内容。另外,为了满足整个系统的正常运行,还需要提供系统软件和硬件支持环境,并遵循有关系统安全与技术规范。

本书根据代建工作的特点,构建出基于 Web 的代建单位知识管理信息系统框架,如图 7-10 所示。

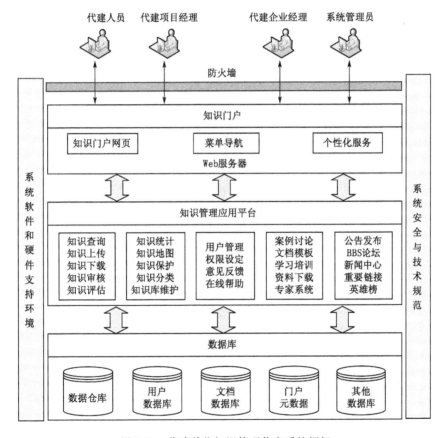

图 7-10   代建单位知识管理信息系统框架

7.1.3.4　三大系统之间的关系

知识管理活动系统、知识管理组织系统和知识管理信息系统共同构建出代建单位知识管理体系。需要指出的是,知识管理组织系统、知识管理活动系统、知识管理信息系统三个系统之间并不是孤立的,而是存在着密切的相互作用的关系。① 知识管理组织系统建设可以有效规范知识管理活动的开展,而知识管理活动的开展情况又可以反过来不断健全知识管理组织系统中的制度和措施。② 知识管理信息系统可以对知识管理活动的开展起到重要的支撑作用,而知识管理活动的开展情况又可以反过来不断修改完善知识管理信息系统。③ 知识管理组织系统可以支持知识管理信息系统的开发、建设和维护,而完善的知识管理信息系统反过来可以优化知识管理组织系统中的各类资源,节约管理成本。三大系统之间的关系,如图 7-11 所示。因此,通过知识管理活动系统、知识管理组织系统和知识管理信息系统三大系统的有机结合,可以完善和丰富知识管理系统,促进知识管理水平的提高。

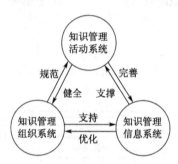

图 7-11　代建单位知识管理体系

7.1.4　代建单位知识管理绩效评价

7.1.4.1　代建单位进行知识管理绩效评价的重要性

虽然,知识管理已经成为在知识经济背景下代建组织谋求提升核心竞争力的有力途径。然而,在知识管理的实践过程中,国内外不少公司的 KM 项目最终都以失败告终。比如,BOOZ-Allen 公司的一项调查表明,KM 项目失败比例至少达到 1/3;英国电信 PLC 的 KM 项目负责人 Daniel Morehead 则称,KM 项目失败率甚至接近 70%;而国内的许多 KM 项目尚处于"炒概念"状态,实施效果更加不理想。[391]出现 KM 项目高失败率的一个重要原因就是企业过多的迷恋知识管理的理论功效,甚至有的企业只是把知识管理作为企业宣传的一种噱头,大都缺乏对知识管理实施过程和结果进行有效的绩效评估,并在此基础上及时进行反馈与循环改进。因此,知识管理绩效评价是对企业实施知识管理效果的检验途径和改进基础,企业要想真正实现知识管理目的,就必须重视知识管理绩效评价工作。

代建单位实施知识管理同样需要通过知识管理绩效评价对知识管理的绩效状况进行考核,根据知识管理绩效评价结果,来调整知识管理的工作方式和手段,逐步完善知识管理体系,不断提高知识管理工作水平,更好地为代建工作服务。鉴于代建工作的特殊性,需要有针对性地构建起代建单位的知识管理绩效评价体系。首先,需要合理确定出代建单位知识管理绩效的评价指标及其权重;然后,构建出代建单位知识管理绩效评价模型;最后,制定出知识管理绩效评价的组织实施方式和程序。

7.1.4.2　知识管理评价的研究现状

近年来,国内已进行了不少知识管理绩效评价方面的研究,主要集中在指标体系的构建和评价方法的研究上。从现有文献来看,国内研究人员对于知识管理绩效评价指标体系的划分和设置差别较大,比较分散,如表 7-2 所示。常见的知识管理绩效评价方法有层次分析法、模糊综合评价法、数据包络法、神经网络法以及可拓学方法等。其中,由于方便操作,层次分析法与模糊综合评价相结合的方法应用较为广泛。目前,由于许多研究并没有区分组织的类别和特点来构建知识管理绩效的评价指标体系,并且知识有显性和隐性之分,显性知识易于量化和评价,而隐性知识则很难量化和评价,由于知识的这种复杂性,对知识管理绩效进行评价在操作时存在一定的难度,这些均对知识管理绩效评价的实施较为不利。因此,当前有关知识管理绩效评价方面的研究仍旧是一个热点。

表 7-2　　　　　　　　　　知识管理绩效评价指标体系

研究文献	评价指标体系
张晶等(2010)[392]	从财务、客户、内部流程、学习和成长、知识留存与更新等 5 个维度设置 28 个评价指标
来新安(2009)[393]	从知识管理过程、知识结构、财务绩效、其他方面绩效等 4 个维度设置 13 个评价指标
张少辉等(2009)[394]	从知识管理信息系统成熟度、知识型组织结构成熟度、知识型人力资源管理成熟度、知识型企业文化成熟度、外部知识整合成熟度、企业知识存量等 6 个维度设置 28 个评价指标
赵慧娟等(2008)[395]	从知识链过程、软件支持、硬件支持、满意度等 4 个维度设置 33 个评价指标
张霞等(2007)[396]	从知识系统、结构资本、人力资本、技术资本、市场资本等 5 个维度设置 26 个评价指标

表 7-2 知识管理绩效评价指标体系

研究文献	评价指标体系
王秀红等(2007)[397]	从外部结构指标、内部结构指标、人员竞争力指标 3 个维度设置 15 个评价指标
曹兴等(2004)[196]	从领导重视程度、人力资源管理、组织结构及文化、信息技术、知识检测与评估、外部信息整合等 6 个维度设置 26 个评价指标
王君等(2004)[398]	从知识管理过程、组织知识结构、经济收益、各种效率等 4 个维度设置 29 个评价指标

7.1.4.3 代建单位知识管理绩效评价指标体系设计

（1）设计原则

① 科学性原则。

设计代建单位知识管理绩效评价指标体系时，应采用科学的方法从不同维度对评价指标类型进行科学合理的分层设计和划分，要确保各类指标独立、可靠，具有代表性，且要便于统计。另外，每一层次的评价指标的权重设置应科学严谨。

② 系统性原则。

代建单位知识管理工作是一个系统性工程，涉及多个方面。因此，知识管理绩效评价指标需要涵盖各个方面，并且能够从管理行为和管理结果两个角度系统衡量代建单位的知识管理效果。

③ 客观性原则。

知识管理绩效评价指标应当能够正确反映组织知识管理工作的客观实际情况，对各项评价指标的定义应简洁明了、界限清晰，便于量化，尽量减少主观性较强的评价指标数量。

④ 通用性原则。

指标体系的设计必须充分考虑到不同代建单位的差异，选取的指标必须能够衡量代建单位共有的知识管理效果特征，统计口径和范围应尽可能保持一致，以保证评价指标体系具有普适性和通用性。

（2）设计步骤

① 确定评价指标维度。

根据知识管理体系的相关内容，代建单位的知识管理绩效可以从构成代建单位知识管理体系的三大系统，即知识管理活动系统、知识管理组织系统和知识管理信息系统三个维度进行衡量。

② 初步选择评价指标。

在借鉴已有研究文献中各类知识管理绩效评价指标体系设置结果的基础

上,根据代建单位知识管理的内容和特点,初步罗列出代建单位的知识管理绩效评价指标体系。

③ 筛选优化指标,建立评价指标体系。

在获取知识管理绩效初选评价指标体系后,通过与部分代建单位高层管理人员和工程管理专家进行深度访谈,对各类指标的层次划分结果和称谓情况进行充分的讨论和交流,剔除次要的评价指标,并对各层次指标进行调整和优化,进而得到最终的代建单位知识管理绩效评价指标体系。

(3)设计结果

通过上述工作得出的代建单位知识管理绩效评价指标体系及指标含义如表7-3所示。该评价指标体系共包括4个一级指标和22个二级指标。

表 7-3   代建单位知识管理绩效评价指标体系

一级指标	二级指标	指标含义
知识管理活动系统（U_1）	知识识别（U_{11}）	代建单位针对代建工作过程中可能用到的各类知识,主动进行识别和编制所需知识清单的工作开展情况
	知识审计（U_{12}）	代建单位对组织内部的已有知识、缺口知识和待完善知识进行考察和梳理的工作开展情况
	知识获取（U_{13}）	代建单位从组织内外部环境中获取代建工作所需的各类缺口知识和待完善知识的工作开展情况
	知识加工（U_{14}）	代建单位对获取到的各类知识进行规整和优化处理,以满足其能够直接或更加方便地被组织使用的工作开展情况
	知识存储（U_{15}）	代建单位对各类知识进行分类存储的工作开展情况
	知识积累（U_{16}）	代建单位通过知识积累使得各类有效知识含量的增加情况
	知识共享（U_{17}）	组织成员之间各类知识尤其是隐性知识的共享情况
	知识交流（U_{18}）	组织成员之间定期或随机进行知识交流的情况
	知识应用（U_{19}）	组织成员将知识用于管理实践及解决各类问题的情况
	知识创新（U_{110}）	代建单位在现有知识资源的基础上开发产生新知识的情况
知识管理组织系统（U_2）	组织结构设置（U_{21}）	代建单位内部的知识管理组织机构和岗位的设置情况
	组织文化（U_{22}）	代建单位中的组织文化与实施知识管理战略的适应情况
	激励机制（U_{23}）	代建单位中有关知识管理的规章制度的完善程度和执行情况
	规章制度（U_{24}）	代建单位中针对知识管理的激励机制的完善程度和执行情况
知识管理信息系统（U_3）	功能情况（U_{31}）	代建单位知识管理信息系统的功能是否满足知识管理需要
	可操作性（U_{32}）	代建单位知识管理信息系统是否便于操作和使用
	利用率（U_{33}）	代建单位知识管理信息系统的使用频率情况
	信息化水平（U_{34}）	代建单位知识管理信息系统的信息化程度情况

一级指标	二级指标	指标含义
知识管理综合成效（U₄）	工作效率改善（U₄₁）	代建单位通过知识管理实现工作效率的改善情况
	组织氛围改善（U₄₂）	代建单位通过知识管理实现组织氛围的改善情况
	组织成员满意度（U₄₃）	组织成员对开展知识管理取得效益的满意情况
	管理水平提升（U₄₄）	代建单位通过知识管理实现管理水平的提升情况

7.1.4.4 代建单位知识管理绩效评价模型构建

考虑到代建单位知识管理绩效评价指标体系中许多指标在评价时难以用数字来准确地加以定量描述，存在着模糊性特征，因此，本书选用模糊数学的思想，采用模糊综合评判方法来构建代建单位知识管理绩效评价模型。

模糊数学的思想是 1965 年由美国控制论专家扎德（L. A. Zadeh）教授提出的。同年，美国控制论专家艾登（Eden）创立了一种基于模糊数学的综合评判方法——模糊综合评判（Fuzzy Comprehensive Evaluation，FCE）。模糊综合评判方法以隶属度来界定模糊界限，根据模糊数学的隶属度理论把定性评价转化为定量评价，即用模糊数学对受到多种因素制约的事物或对象给出一个总体评价。在实际评价过程中由于评价因素的复杂性、评价标准的模糊性、评价影响因素的不确定性以及定性指标难以定量化等诸多问题，使得评价者难以准确地描述客观现实，经常存在模糊现象，而隶属度理论和模糊综合评判法能较好地解决模糊的、难以量化的问题。

模糊综合评判的基本原理是：首先确定被评判对象的因素（指标）集和评价（等级）集；再分别确定各个因素的权重及其隶属度向量，获得模糊评判矩阵；最后把模糊评判矩阵与因素的权向量进行模糊运算并进行归一化，得到模糊评价综合结果。[399] 模糊综合评判方法适合于多因素、多层次的复杂问题的评价，由于数学模型简单，容易掌握和操作，能较好地解决模糊的、难以量化的各种非确定性问题，因此应用较为广泛。

代建单位知识管理绩效模糊综合评判的实施步骤如下所述。

（1）建立因素集

因素集即为代建单位知识管理绩效评价指标构成的集合，指标体系中共有 4 个一级指标和 22 个二级指标，本书将因素集记为 U，将一级评价指标记为 $U_i(i=1,2,\cdots,m)$，将二级评价指标记为 $U_{ij}(i=1,2,\cdots,m;j=1,2,\cdots,n)$，则 $U=\{U_1,U_2,\cdots,U_m\}$（本书 $m=4$），则 $U_i=\{U_{i1},U_{i2},\cdots,U_{in}\}$（$n$ 为第 i 个一级指标中二级指标的个数，本书的 n 值分别为 10、4、4、4）。

（2）建立权重集

权重是指各指标对于评估目的的相对重要程度，权重集与评估因素集相对应。在模糊综合评价中，评价指标的权重是非常重要的，它直接影响最终的评价结果，不同的权重有时会得到完全不同的结论。权重分配可采用择优比较法、专家评分法和层次分析法，其中层次分析法使用最为广泛，因此本书采用层次分析法确定指标权重。

设一级指标 U_i 的权重为 $W_i(i=1,2,\cdots,m)$，则一级指标权重集 $W=(W_1, W_2,\cdots,W_m),0\leqslant W_i\leqslant 1,\sum_{i=1}^{m}W_i=1$；设二级指标 U_{ij} 的权重为 $w_{ij}(i=1,2,\cdots, m;j=1,2,\cdots,n)$，则二级指标权重集 $W_i=(w_{i1},w_{i2},\cdots,w_{in}),0\leqslant w_{ij}\leqslant 1, \sum_{j=1}^{n}w_{ij}=1$。由于利用层次分析法确定指标权重的过程在本书第 3 章已进行了分析，此处不再赘述。

（3）建立评语集

评语就是对评价对象优劣程度的定性描述，本书记作 $V,V=\{V_1,V_2,\cdots,V_p\}$，其中 $V_k(k=1,2,\cdots,p)$ 为评语集中第 k 个可能的结果。本书将评语分为"优秀、良好、中等、较差、很差"共 5 个级别，则评语集为 $V=\{$优秀、良好、中等、较差、很差$\}$，分别用 100、80、60、40、20 来表达。

（4）构造单因素评判矩阵，进行一级模糊评价

对于本书来说，一级模糊综合评价就是综合评价二级指标对其所属一级指标的影响，得出一级指标的综合评价结果。在评价之前先对隶属度的概念进行界定，若对论域（研究的范围）U 中的任一元素 x，都有一个数 $A(x)\in [0,1]$ 与之对应，则称 A 为 U 上的模糊集，$A(x)$ 称为 x 对 A 的隶属度。当 x 在 U 中变动时，$A(x)$ 就是一个函数，称为 A 的隶属函数。一级模糊评价过程如下：

假定对一级指标 U_i 中的第 j 个指标 U_{ij} 评价，设评价对象属于评语集中第 k 个元素 V_k 的隶属度为 $r_{ijk}(i=1,2,\cdots,m;j=1,2,\cdots,n;k=1,2,\cdots,p)$，于是得到指标 U_i 的单因素评判矩阵，记作 R_i，R_i 也就是一级模糊综合评判矩阵，则：

$$R_i=\begin{bmatrix} r_{i11} & r_{i12} & \cdots & r_{i1p} \\ r_{i21} & r_{i22} & \cdots & r_{i2p} \\ \vdots & \vdots & & \vdots \\ r_{in1} & r_{in2} & \cdots & r_{inp} \end{bmatrix} \tag{7-1}$$

那么，对指标 U_i 进行评价，就可以得到一级评判向量 B_i 为：

$$\boldsymbol{B}_i = \boldsymbol{W}_i \circ \boldsymbol{R}_i = (w_{i1}, w_{i2}, \cdots, w_{in}) \circ \begin{bmatrix} r_{i11} & r_{i12} & \cdots & r_{i1p} \\ r_{i21} & r_{i22} & \cdots & r_{i2p} \\ \vdots & \vdots & & \vdots \\ r_{in1} & r_{in2} & \cdots & r_{inp} \end{bmatrix} = (b_{i1}, b_{i2}, \cdots, b_{ip})$$

$$(7-2)$$

式中，$\boldsymbol{W}_i$ 为指标 U_i 所属的各指标因素的权重向量；"$\circ$"为合成运算符号，视实际情况和运算效果可采用不同的模糊算子。

于是，第 i 个因素 U_i 的模糊综合评价值为：

$$P_i = \boldsymbol{B}_i \cdot \boldsymbol{V}^{\mathrm{T}} \tag{7-3}$$

（5）二级模糊综合评价

本书设计了两个指标层，要想实现对 U 的评价，还需要对一级指标 U_i 层面进行二级综合评价。二级模糊综合评价矩阵 $\boldsymbol{R}$ 是由一级评价的结果 $\boldsymbol{B}_i$ 构成的，其计算公式为：

$$\boldsymbol{R} = \begin{bmatrix} \boldsymbol{B}_1 \\ \boldsymbol{B}_2 \\ \vdots \\ \boldsymbol{B}_m \end{bmatrix} = \begin{bmatrix} \boldsymbol{W}_1 \circ \boldsymbol{R}_1 \\ \boldsymbol{W}_2 \circ \boldsymbol{R}_2 \\ \vdots \\ \boldsymbol{W}_m \circ \boldsymbol{R}_m \end{bmatrix} \tag{7-4}$$

于是，二级模糊综合评判向量 $\boldsymbol{B}$ 为：

$$\boldsymbol{B} = \boldsymbol{W} \circ \boldsymbol{R} = \boldsymbol{W} \circ \begin{bmatrix} \boldsymbol{W}_1 \circ \boldsymbol{R}_1 \\ \boldsymbol{W}_2 \circ \boldsymbol{R}_2 \\ \vdots \\ \boldsymbol{W}_m \circ \boldsymbol{R}_m \end{bmatrix} = (b_1, b_2, \cdots, b_p) \tag{7-5}$$

（6）模糊合成算子的选择

对于模糊合成算子，人们根据实际需要提出了多种评判模型，它们都是一种合成方式，每一种模型对应一种算法，常用的有以下四种。

① 模型 1（$\vee$，$\wedge$）。

该模型要求评价者最大限度地利用主要因素，且最大限度地突出单因素评价指标的隶属度。模型中 "$\wedge$" 表示取小运算，"$\vee$" 表示取大运算。

$$b_j = \bigvee_{i=1}^{m} (a_i \wedge r_{ij}), \quad (j = 1, 2, \cdots, n) \tag{7-6}$$

② 模型 2（$\vee$，$\cdot$）。

该模型中 "$\cdot$" 表示普通乘法，"$\vee$" 表示取大运算，则：

$$b_j = \bigvee_{i=1}^{m} (a_i \cdot r_{ij}) = \bigvee_{i=1}^{m} (a_i r_{ij}), \quad (j = 1, 2, \cdots, n) \tag{7-7}$$

该模型在取大运算时,仍要丢失信息。与模型 1 一样,该模型仍是极大限度地突出主要因素,且最大限度地突出单因素评价的隶属度,但该模型能较好地反映单因素评价的结果和因素的重要程度,比模型 1 有所改进。

③ 模型 3(⊕,·)。

该模型中"⊕"表示"上限 1 求和"即:

$$x \oplus y = \min\{1, x+y\} \tag{7-8}$$

在该模型下:

$$b_j = \sum_{i=1}^{m} (a_i \wedge r_{ij}), (j = 1, 2, \cdots, n) \tag{7-9}$$

记号 $\sum\limits_{i=1}^{m}$ 表示对 m 个数求和,因此式(7-9) 又可写为:

$$b_j = \min\{1, \sum_{i=1}^{m} (a_i \wedge r_{ij})\}, \quad (j = 1, 2, \cdots, n) \tag{7-10}$$

该模型在进行取小运算时会丢失信息,产生对评价结果的影响。

④ 模型 4(+,·)。

该模型中"+"表示普通加法,"·"表示普通乘法,即:

$$b_j = \sum_{i=1}^{m} (a_i r_{ij}), \quad (j = 1, 2, \cdots, n) \tag{7-11}$$

其中: $\sum\limits_{i=1}^{m} a_i = 1$。

该模型不仅考虑了所有因素的影响,而且保留单因素的评价信息。其可用于需要全面考虑各个因素的影响和全面考虑各单因素评价结果的情况。因此,在工程中应用较多。

通过以上分析,本书建议采用第四种模型的模糊算子(+,·)的方式。

(7) 评价结果处理

通过以上分析,可以得出整体评价值为:

$$P = \boldsymbol{B} \circ \boldsymbol{V}^{\mathrm{T}} \tag{7-12}$$

为了给出确定的评价结果,可用下面两种方法进行处理。

① 最大隶属度法。

取 V 中与 $mW \cdot b_k$ 最为"接近"的元素 V_k 作为评价结果,称为最大隶属度法。这种方法仅仅考虑了最大评价指标的贡献,而舍掉了其他指标所提供的一些信息。由于此方法计算简单方便,因而较为常用。

② 加权平均法。

以 b_k 作为权数,对各个评语元素 V_k 进行加权平均。然后取此平均值作为评价结果,决定评价结果的归属情况,即:

$$V = \sum_{k=1}^{p} b_k V_k / \sum_{k=1}^{p} b_k \qquad (7\text{-}13)$$

其中，如果 $\sum_{k=1}^{p} b_k \neq 1$，则需进行归一化处理；如果 b_k 已经归一化，则

$$V = \sum_{k=1}^{p} b_k V_k。$$

7.1.4.5　代建单位知识管理绩效评价的组织实施

（1）知识管理绩效评价主体

从上述代建单位知识管理绩效评价指标体系可以看出，对代建单位的阶段性知识管理绩效进行有效评价的一个前提就是，评价主体要全面了解和掌握代建工作开展情况以及代建单位知识管理活动系统、组织系统、信息系统以及综合效果的具体情况。因此，评价主体应当为代建单位知识管理组织成员，主要包括代建单位负责人、代建单位知识主管、代建项目经理、各职能部门负责人及知识管理小组长、代建项目部各部门负责人以及知识管理小组长、知识管理系统管理员等。而对于调研工具的开发、数据的处理以及评价结果的分析等工作可以请专业的评价机构或咨询公司负责实施，以确保评价工作的科学性和客观性。

（2）知识管理绩效评价过程

代建单位知识管理绩效评价工作应当定期组织实施，通过对不同阶段的评价结果的比较，来考察知识管理工作的实施效果，发现存在的问题和薄弱环节以便在今后加以完善和改进。因此，应当重视知识管理绩效的评价工作，并按照一定的步骤和程序有序开展。代建单位知识管理绩效评价过程一般应包括如下五个步骤：① 成立知识管理绩效评估实施小组。由代建单位知识主管联合专业的评估机构，组建知识管理绩效评估实施小组，明确责任和分工，制定评价工作计划。② 确定知识管理绩效评价指标和评价方法。初次评价时需要慎重选取评价指标体系和评价方法，在后续评价过程中可以根据之前的评价工作成效来修改和完善评价指标和方法，另外，评价指标的权重应合理确定，以保证评价更加准确和有效。③ 编制并发放和回收调研问卷。调研问卷的编制和发放、回收工作由专业评估机构负责，集中发放和回收。④ 调研数据的统计处理。由专业评估机构负责统计和处理采集到的调研数据，并得出最终的评价结果。⑤ 形成评价报告。根据绩效评价过程和结果撰写此次知识管理绩效评价报告，重点对评价结果进行分析，并与上次的评价结果进行对比，找出知识管理工作中存在的问题，并提出解决的思路和具体措施。

7.2 代建单位组织学习能力提升研究

7.2.1 代建单位组织学习能力的提升思路

7.2.1.1 代建单位实施组织学习战略的必要性

西方白领阶层流行着一个知识折旧定律:一年不学习,你所拥有的全部知识就会折旧80%。更有资料显示,人们需要以每年6%到10%的速度更新知识、更新思路,才能适应未来社会的需要。"知识折旧"一说从危机感方面表明了知识储备的紧迫性和重要性。任何不注重、逃避、厌烦学习的借口只会加快知识折旧的速度。知识储备丰厚和不断更新则无须惧怕知识折旧,而如果知识储备薄弱而又不去学习,随着时间的推移就会被社会和时代所淘汰。

因此,21世纪的人,不应仅是泰罗和法约尔的"经济人"、梅奥的"社会人"、马斯洛的"自我实现的人"、20世纪70年代戴维斯的"组织中人"、20世纪80年代公司文化兴起后的"文化人",更应当是20世纪90年代彼得·圣吉提出的"学习人"。对于组织而言,"学习人"越多越好。正如彼得·圣吉所认为的,真正能在未来获得成功的组织,将是那些发现有效途径去激励人们真心投入,并开发各级人员的学习能力的组织。但需要指出的是,组织学习中的学习并不只是局限于看书、学知识,还体现在系统分析和思考组织中存在的问题和障碍,并通过集体智慧加以解决,来不断提高组织的竞争力,避免被市场和社会所淘汰。

因此,组织学习与组织中若干个体学习是有区别的,判断一个组织是否在学习,主要体现在以下三个方面[400]:一是能够不断地增强组织自身能力;二是能够不断地通过各种途径和方式获取知识,在组织内传递知识并不断地创造出新的知识;三是通过增强组织自身实力,能带来行为或绩效的改善。

组织学习并不是人类的专利,动物也会利用组织学习方式快速传递生存本领,在行动和实践中学习。比如,生活在浅海中的宽吻海豚通过围追堵截的团队协作进行捕鱼,年幼的海豚会在团队捕食中学会捕鱼技巧,使得海豚家族能够将捕鱼的技巧代代相传,与此同时,被捕食的鱼儿们也在群体逃避捕杀的过程中,传递着生存的本领;再如阿尔卑斯山羊从小就跟随族群练习模仿在悬崖峭壁上行走,学习躲避野狐狸等捕食者捕杀的技术,在行动中学习掌握在恶劣环境中生存的本领,并能够根据周围的环境变化来改变自身的行为。作为人类,则更应当重视组织学习的意义和作用。

因此,对于代建单位而言,为了避免出现因知识折旧、知识存量不足、知识更新不及时而被市场所抛弃的后果产生,就必须在组织内部开展学习活动,不断提高组织学习能力,利用组织学习的力量来不断提高自己的知识储备,以备不时之需,做到以不变应万变。

7.2.1.2 组织学习能力的概念

组织学习的目的是使得组织在复杂多变的环境下,更好地改善组织内部环境,更好地适应组织外部环境,提高组织竞争力。组织学习成效的好坏可以通过组织学习能力高低来进行衡量。对于组织学习能力,许多学者从不同角度进行了界定和测量。

陈国权(2007)[148]指出,组织学习能力是指组织成员作为一个整体不断地获取知识、改善自身的行为和优化组织的体系,以在不断变化的内外环境中使组织保持可持续生存与健康和谐发展的能力。最初,陈国权等(2005)[322]提出了7个方面的组织学习能力:发现能力、发明能力、选择能力、执行能力、推广能力、反馈能力、知识管理能力。之后,陈国权(2007)[148]又将组织学习能力修改为:发现能力、发明能力、选择能力、执行能力、推广能力、反思能力、获取知识能力、输出知识能力、建立知识库能力等9种学习能力。李正锋等(2009)[287]认为,组织学习能力就是组织在整合个人和团队学习基础上进行知识吸收、传播和创新的能力。云绍辉等(2007)[160]提出,从敏锐的环境洞察力、鼓励试验、信任与开放的交流环境、领导支持并参与学习、系统地解决问题、适宜地组织学习、风格等6个方面通过24个指标来评价衡量学习能力。高俊山等(2008)[161]从目标任务清晰性、领导的责任与授权、实验和创新、知识共享能力、团队工作能力、系统解决问题能力、预警能力等7个方面建立了组织学习能力的评价指标体系和评价模型。邱昭良(2010)[401]从员工素质与能力、内部协作、创新、培训与发展以及知识管理等5个维度对组织学习能力进行评价。

从以上研究文献来看,当前国内学者对于组织学习能力的理解和认识并不一致,但对于组织学习能力的重要性则有着统一的观点,那就是组织学习能力对组织的成长与发展,以及组织核心能力的形成与提高均有着重要的促进作用。从前文关于组织学习的定义中可以看出,在一个企业或组织中,组织学习是普遍存在的,但不同组织中组织学习的效果则存在差异。因此,为了更好地发挥组织学习的作用,组织必须关注组织学习能力的提升问题。

7.2.1.3 组织学习能力的提升途径

对于组织学习能力提升的途径,研究人员从不同角度进行了讨论。李荣光(2008)[402]提出从发现知识缺口、突破学习障碍、全面收集知识、创建学习交流平台等4个方面来提升组织学习能力。程志超等(2008)[403]指出企业管理者在提升组织学习能力时,需要从组织成熟度、组织效率、组织愿景、组织领导力、组织人力资源、组织文化等6个方面进行。陈江(2010)[404]提出从学习承诺、分享愿景、开放心智、系统思考、分享知识及记忆等 5 个方面提升企业的组织学习能力。

7.2.1.4　代建单位组织学习能力的提升思路

本书认为,组织学习能力的提升必须结合组织状况、学习方法和途径以及消除学习障碍来全面考虑。首先,组织本身的组织建设情况是决定能否高效开展组织学习的最主要因素,比如组织结构情况、组织氛围、知识管理实施状况等,而学习型组织可以较好地解决组织学习的组织问题。其次,组织学习与个人学习和团队学习存在差别,组织需要根据自身的特点从实际出发制定出适合的组织学习方式,并逐步深入开展。最后,组织学习过程中是存在多种障碍的,要想更好地进行组织学习,就必须发现和消除影响组织学习的各类障碍。

因此,本书认为,代建单位组织学习能力提升可以在实施知识管理战略的基础上,从代建单位创建学习型组织、明确组织学习的方式和途径以及消除组织学习障碍三个方面进行。

7.2.2　代建单位学习型组织的创建

7.2.2.1　学习型组织概述

（1）学习型组织的概念与内涵

学习型组织的英文表达是"Learning Organization",直译是"学习中的组织"或"学习实践中的组织"或"获取（知识和能力）过程中的组织",由于早期国内研究人员将"Learning Organization"翻译成"学习型组织",且得到了普遍认可和传播,因此,本书仍用"学习型组织"一词来表示。但是,本书认为,在学习型组织研究和实践过程中,应从"Learning Organization"的本意去思考和领会"学习型组织"的深刻内涵,否则容易片面化和教条化。

彼得·圣吉（1998）[405]将学习型组织的内涵和真谛描述为:学习型组织是一个不断创新、进步的组织,在其中大家得以不断突破自己的能力上限,创造真心向往的结果,培养全新、前瞻而开阔的思考方式,全力实现共同的抱负,以及不断一起探索如何共同学习。彼得·圣吉将其称之为"持续开发创造未来能力的组织"。另外,彼得·圣吉在其著作中反复强调"学习的意思在这里并非指获得更多的资讯,而是培养如何实现生命中真正想要达成的结果的能力"。他认为,学习在目前的用法上已经失去了它的核心意义,在日常用语上,学习已经变成了吸收知识,或者是获得信息,然而这和真正的学习还有好长一段差距。学习的深层次意义,也包括"心灵的真正转变或运作"。彼得·圣吉指出,学习型组织的核心是心灵的转变:从把自己看成是与世界相互分立,转变为与世界相互联系;从把问题看成是由外部的其他人或其他因素造成的,转变为认清我们自己的行动如何导致了我们所面对的问题。在学习型组织中,人们不断发现自己如何创造现实,以及自己如何改变现实。[406]

为了实现真正的学习,彼得·圣吉提出了"修炼(Discipline)"一词,即需要研究和熟练掌握并在实践中加以应用的理论和技巧。彼得·圣吉提出,通过系统思考(Systems Thinking)、自我超越(Personal Mastery)、心智模式(Mental Models)、共同愿景(Shared Vision)、团队学习(Team Learning)这五项修炼(Five Disciplines)的有机结合可以有效促进从事真正"学习型"的、能持续开拓能力以实现自己最高理想的组织建设工作。彼得·圣吉将"系统思考"称之为"第五项修炼(Fifth Discipline)",并重点强调了第五项修炼的重要性,认为它是整合其他修炼的修炼,它把其他修炼融入一个条理清晰一致的理论和实践体系,它防止了其他修炼变成分散独立的花招,或最新流行的组织变革时尚。但是,系统思考只有在开发共同的愿景、心智模式、团队学习和自我超越的修炼过程中才能发挥出潜力,没有这四项修炼,"系统思考"就不可能真正发生。

加尔文(Garvin)指出,学习型组织是指善于获取、创造、转移知识,并以新知识、新见解为指导,勇于修正自己行为的一种组织;马奎特(Marquardt)指出,学习型组织是能够有力地进行集体学习,不断改善自身收集、管理与运用知识的能力,以获得成功的组织;科姆(Kim,1993)则认为,几乎所有的组织都会学习,不管其是有意还是无意,而学习型组织是那些有意识地激励组织学习,使自己的学习能力不断增强的组织。[407]

吴岩等(2004)[408]认为,学习型组织是使全体成员全身心投入并有能力不断学习的组织,是能够通过不断学习改革自身的组织,是能够通过学习创造自我、创造未来的组织,是通过培养弥漫于整个组织的学习气氛、充分发挥员工的创造性思维能力而建立起来的一种有机的、高度柔性的、扁平的、符合人性的可持续发展的组织。陈国权(2007)[409]将学习型组织定义为:组织成员能够有意识、系统和持续地不断获取知识、改善自身的行为,优化组织的体系,使组织在不断变化的内外环境中保持可持续生存并健康和谐发展的组织。

邱昭良(2010)[410]通过总结近百个不同的有关学习型组织的定义,给出的学习型组织的定义是:学习型组织是指能够敏锐地观察到内外部环境的各种变化,通过制度化的机制或有组织的形式捕获学识、管理和使用知识,从而增强群体的能力,对各种变化进行及时调整,使得群体作为一个整体系统能够不断适应环境变化而获得生存和发展的一种新型组织形式以及组织发展机制。邱昭良指出,学习型组织具有"波粒二象性",它既是一种组织形式,又是一种组织发展机制。另外,邱昭良还给出了学习型组织的本质:学习型组织是组织发展的过程,也就是说,如何从现状走向组织希望的另外一个状态的过程。

从以上内容可以看出,国内外学者对于学习型组织的定义虽然尚未统一,但是大家对学习型组织的作用和目的的认识基本上是一致的,而且对于学习型组织的期望均超越了一般性、常规组织模式。通过综合国内外学者对学习型组织的描述,本书认为,学习型组织已超出了传统意义上的实体组织的层面,是一个更高境界的组织形态,这种组织看重的不是组织结构形式,而是综合的组织效应以及最终的组织目标实现状况。本书将学习型组织定义为:学习型组织是指能够通过学习在组织中营造出有利于认清组织现状,形成共同愿景,促进组织学习与变革,提高组织的环境适应能力,最优实现组织未来目标的良好组织氛围的一种抽象的组织形态。创建学习型组织的过程就是实现这种组织形态的过程,也可以理解为组织追求卓越的过程。

值得注意的是,这种组织形态体现在组织员工的精神面貌、个人追求、工作效率、价值观以及企业形象、企业文化、企业效益等各个方面,并没有固定的结构形式,是因不同的组织而异的,也是可以随着组织的发展而不断变化的。另外,因为不同时期,组织会存在不同的问题或困难,所以需要采取不同的学习方式来学习不同的内容进而解决不同的问题,从而实现组织的成长与发展。因此,也可以把学习型组织简单地理解为一个"不断变革的组织"或"变革中的组织"。

另外,在一些文献当中,组织学习与学习型组织的概念经常被混同使用,但从学习型组织的定义和特征可以看出,"组织学习"和"学习型组织"存在着较大差别,并不能混为一谈。"组织学习"属于行动的范畴,而"学习型组织"属于组织形态的范畴。"组织学习"重点关注的是学习行为、学习过程、学习机理、学习能力以及影响这些方面的因素;而"学习型组织"重点关注的是学习型组织的组织系统的构成及其特征,以及建立学习型组织的方法和过程。[148]本书同意邱昭良(2009)的观点:从本质上看,学习型组织是组织学习、创新、发展的过程与手段。[407]

（2）学习型组织的特征

虽然前文已提到,学习型组织没有一个固定的组织模式,也不是一成不变的,但并不是说学习型组织就是虚无缥缈、捉摸不透的,而是可以判别的。戴维 A. 加尔文(2004)[411]曾给出了一个学习型组织的判别标准,共包括:组织有没有明确的学习行动计划、组织能否自由地讨论不和谐的信息、组织能否避免犯同样的错误、当关键员工离开时组织是否失去了重要的知识、组织是否基于自己的知识采取行动等五个方面。彼得·圣吉教授在其著作《第五项修炼——学习型组织的艺术与实践》一书的开始就对学习型组织进行了描述:在那里,人们为了创造自己真正渴望的成绩而持续拓展能力;各种开阔的新思想得到培育;集体的热望得到释放;人们不断地学习如何共同学习。

国内学者吴彩凤(2002)[412]指出,一个理想的学习型组织应具有以下特征:组织中每个人都具有强烈的学习愿望,学习气氛浓厚;有顺畅的沟通和信息交流渠道;能不断地发现、应用和创造知识与信息;每个人都有机会参与政策制定和战略形成过程,各抒己见,并且把个人发展目标自觉地与组织整体目标相一致;组织结构合理,有允许个人发展才能的空间,并且具有高度的柔性,适应能力强。赵建辉等(2005)[413]指出学习型组织的特征包括:自组织、以人为本、科学学习、动态适应、综合创新、系统协调、可持续发展等七个方面。陈国权(2004)[414]提出了学习型组织的组织结构包括五个职能特征(信息、情报职能,创新职能,学习、培训职能,知识管理职能,变革、危机管理职能)以及四个形态特征(网络化、团队化,扁平化,市场、客户导向性,弹性、可重构性)。另外,陈国权(2008)[415]归纳总结出学习型组织系统应具有五个共性特征:发展和学习型的领导方式、稳健卓越的愿景目标、全面系统的学习方法和制度、共同和谐的利益关系、以人为本的组织文化。

本书认为,每个企业或组织创建学习型组织都是与企业或组织的实际状况和发展目标密切相关的,其最终的表现形式会各不相同,但是根据学习型组织的定义及其内涵,其共性的特征应当包括以下几个方面:① 组织成员对组织现状和未来发展非常清楚,拥有共同的愿景,并愿意为实现共同愿景而热情工作;② 组织善于共同学习和系统思考,高效排除组织发展中的各种障碍;③ 组织及其员工是不断创新、不断进取的;④ 组织关注员工的成长与幸福,努力实现组织与成员的共同发展;⑤ 组织具有被组织成员广泛认同的价值观体系;⑥ 组织有着适合学习的组织结构、管理模式和领导者,有利于调动组织成员的积极性,参与决策,发挥其主体作用;⑦ 组织具有完备的制度保障和运行机制。

(3)学习型组织的创建

通过前人的理论研究和国内外许多大型公司的具体实践可以看出,学习型组织是可以创建的,并不是一种美好的"乌邦托",创建学习型组织的根本目的是促进组织更好地成长与发展。本书认为,所有的组织都可以在现有组织形式下创建学习型组织。

正如前文所述,学习型组织的创建并非是一些发展到一定程度的优秀大型企业"锦上添花"的专利,它同样适合于发展中的中小型企业,完全可以通过建设学习型组织来增强组织活力,提高综合实力,快速发展壮大。不过,创建学习型组织必须结合组织的实际情况和所处环境开展,对于不同的组织,创建学习型组织的具体做法会有所不同,但创建的要点存在一定的共性。

彼得·圣吉指出,系统思考是学习型组织的基石,而自我超越、心智模式、共同愿景和团队学习是建设学习型组织的核心修炼,另外,还需要在实践中不断地反思。[416]但是,彼得·圣吉并没有详细给出如何创建学习型组织的答案。而由于五项修炼涵盖了个人、团队和组织三个层面,是一个相对完整的理论框架,已成为许多企业建设学习型组织的理论基础和行为指南。需要说明的是,五项修炼的实施及其效果的实现并非是一蹴而就、立竿见影的。正如彼得·圣吉所说,从事一项修炼就意味着成为一个终身的学习者,这个过程永无止境,你要花一辈子的时间来掌握和精通它,你永远不能说"我们是一个学习型组织",就好比你也不能说"我是一个开悟之人"。你越是学习就越能深刻地感受到自己的无知。一个公司不可能是"卓越的",因为它不可能达到一种永恒的卓越境界,它总是在学习修炼的实践过程中,要么变得更好,要么变得更差。因此,学习型组织的建设并非是一朝一夕就能完成的任务,需要一个长期修炼、反思和提高的艰辛历程。另外,在学习型组织的建设过程一定要与组织甚至组织所在地区的环境和实际状况相结合,而不能只做表面文章,或作为企业宣传的资本应付了事,否则,就无法实现建设学习型组织的初衷和目的。

邱昭良于 2010 年提出了一个创建学习型组织的过程框架,包括四个部分:一是创造适宜学习的环境,建立并优化组织学习促进与保障机制;二是激发个体学习与创新,提高个体工作效能;三是建立制度化的沟通体系,形成团队学习网络与社区;四是建立组织学习机制,促进组织发展,实现持续改善。他还按照系统工程的思想,提出了一个创建学习型组织的组织学习鱼模式[417],如图 7-12 所示。

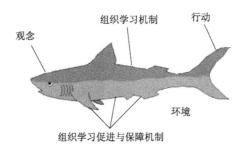

图 7-12　组织学习鱼模型

图 7-12 中,鱼头代表观念,包括共同价值观、改善心智模式、愿景与战略、学习策略、共识与承诺;鱼身代表组织学习机制,包括市场感知系统、智能决策系统、命令指挥与管理报告系统、执行与控制系统、问题解决与团队学习系统、组织记忆与知识管理系统、知识传播与共享系统、教育培训与能力发展系统、创新管理系统等内容;鱼鳍与鱼鳞代表组织学习促进与保障机制,包括组织、人员、文化、技术;鱼尾代表行动,包括学习型组织创建规划与管理、评估与优化;而鱼周

围的水代表环境,包括合作学习与标杆学习、将学习扩展至上下游、考虑国情与文化特质等方面。该模型系统的给出了创建学习型组织的各个方面的工作。另外,邱昭良(2010)[418]还提出了让学习型组织"落地"的五项措施,包括系统规划、制定学习策略、选择学习型组织建设的切入点、建立学习型组织推进体系、观念变革。可以看出,创建学习型组织的过程就是一个组织不断学习、创新、变革的过程。

学习如逆水行舟,不进则退。其含义是学习要不断进取、不断努力,就像逆水行驶的小船,不努力向前,就只能向后退。创建学习型组织的过程亦是如此,学习是创建学习型组织的动力源泉,组织要不断地学习,才能实现组织的飞跃和升华。企业应当将创建学习型组织作为一个企业不断追求的目标长期坚持下去,这也是企业避免被社会和市场淘汰的必然选择。比如,江淮汽车从 1996 年开始到现在一直在坚持不懈地推动着学习型组织的创建活动,使得江淮汽车从 1990 年的一个净资产为负、年产销汽车不足千辆的濒临倒闭的小企业发展成为一个职工两万多人、年产销汽车 30 余万辆、年销售收入 200 亿元的综合性企业集团。江淮汽车被彼得·圣吉的工作伙伴尼克·赞纽克称赞为"世界上最接近学习型组织的企业"。江淮汽车成长的案例充分验证了长期开展学习型组织创建活动在企业中起到的巨大作用。

7.2.2.2 代建单位学习型组织的创建

目前,国内对于工程管理企业创建学习型组织的系统研究以及实践训练都比较少,而当前广泛开展基础设施建设活动的社会现实又特别需要工程管理企业不断提高管理水平,提供更加高质量的管理服务。可以说,当前建筑领域日益提高的项目管理服务质量的需求与诸多工程管理企业普遍不高的项目管理水平之间存在着比较突出的矛盾,严重影响了工程质量和经济效益,也不利于工程管理行业的健康发展。代建业务领域亦是如此,因此,代建单位亟须通过创建学习型组织来提高其项目管理水平。

本书将综合运用彼得·圣吉教授和邱昭良博士的创建学习型组织的理论和方法体系以及前文讨论的知识管理理论,结合代建单位的工作特点和现状,来研究讨论代建单位创建学习型组织的问题。根据前文有关学习型组织理论的论述,本书将从实施知识管理和组织学习战略、持续开展五项修炼活动、制定完善的制度和运行机制、在实践中不断反思等四个方面来创建代建单位的学习型组织。

(1)实施知识管理和组织学习战略

实施知识管理的过程中,知识的识别与审计、知识的获取与加工、知识的共享与交流、知识的储存与积累、知识的应用与创新等各个阶段的工作,均对组织中的学习活动起到重要的促进作用。比如：知识的识别与审计过程有利于组织成员发现学习的对象与内容；知识的获取与加工过程有利于组织成员掌握学习的途径和方法；知识的共享与交流过程有利于组织成员提高学习效率；知识的储存与积累过程有利于为组织成员汇集学习资源；知识的使用与创新过程有利于组织成员在行动中学习和创新。因此，代建单位实施知识管理战略有利于学习型组织创建活动的开展。

另外，组织学习的思想与理念在组织中的广泛传播与实践，有利于在组织中形成开放、民主的环境以及良好的学习氛围，促进组织成员之间相互团结，明确组织目标，改善组织成员的认知水平和工作行为，提高组织的凝聚力和战斗力。上述这些也正是学习型组织所需要的先决条件。因此，在代建单位中同时实施知识管理战略和组织学习战略可以为创建学习型组织奠定坚实的基础。

（2）持续开展五项修炼活动

① 第一项修炼——持续追求自我超越。

自我超越是指组织成员从现实状态（当前的状态）到实现更高的个人愿景的过程。在这个过程中，存在着一种"创造性张力"，即将现实状态与个人愿景拉到一起的一种力量，这就好像用一根伸长的橡皮筋绑住了愿景和现状的两端一样。正是由于创造性张力的存在使得个人产生学习的动力，不断缩短个人的现状和愿景之间的差距。同样，组织在发展过程中也需要不断建立新的组织愿景，并利用组织中的创造性张力不断缩短组织愿景与现实的差距，实现组织的进步。显然，组织的自我超越是建立在组织成员个人自我超越基础之上的。因此，自我超越是学习型组织的精神基础。实现组织的自我超越的关键在于学会如何认清现实状态，并确立组织愿景。

针对当前代建单位管理水平不高、代建绩效不够理想的情况，代建单位需要合理确定今后一段时期内的发展愿景，并且要制定详细的计划来逐步实现企业愿景。每个代建项目部必须让组织成员意识到追求进步实现自我超越的价值所在，让组织成员在内心深处能够产生创造性张力，主动学习和实践，不断提高自身素质，更好地适应工作岗位，完成工作任务。

② 第二项修炼——持续改善心智模式。

心智模式是根深蒂固于人们心中，影响人们如何了解这个世界，以及如何采取行动的许多假设、成见或甚至图像、印象。通俗地讲，心智模式就是人们受到过去的生活环境、受教育情况、人生经历、从事职业等方面的影响，在长期工作生活中所形成的某种特定的价值观、思维方式及行为习惯，它决定着人们如何看待问题、思考问题和解决问题，是人的综合能力与素养的反映。组织行为理论认为，组织中也存在拟人化的集体思维或称之为组织的心智模式。组织的心智模式是指那些深深地凝结于组织成员心中,影响组织行动的许多假设、见解和印象。组织的心智模式是在组织长期发展中逐渐形成的。

人们在现实生活中往往缺乏改变心智模式的意识,很难发现自己思维方式方法存在的问题。当组织环境发生变化,遇到新的问题,需要采取新的思想方法和新的思维模式时,人们往往仍然采用旧的思维方式,这就很难把握住新的机遇,无法更好地解决遇到的问题。组织亦是如此,因此必须不断改善组织和组织成员的心智模式。改善心智模式,首先要检视个人和组织既有的心智模式;然后对即有的心智模式存在的缺陷进行反思,并提出与环境相适宜的更加完善的新型心智模式;最后通过制度化运作将新型心智模式逐步嵌入组织成员的内心当中。

代建单位创建学习型组织必须根据组织和项目内外部环境的变化持续地改变组织和成员既有的心智模式。改善代建单位的心智模式可以从以下三个方面进行。

第一,深入检视代建单位目前的心智模式。

代建单位的心智模式可以通过深度会谈和小组讨论的形式进行检视。

深度会谈是一个开放的发散过程,要求把深藏于心的看法自由地表达出来,同时把支持自己意见的前提假设和条件摆在众人面前,以便接受大家的提问或向别人提问。这一过程有利于对照别人,解剖自己,发现心智模式中不妥的地方,以便进行修正或在别人的帮助下改正。

小组讨论是指大家的观点相互撞击,充分摩擦以达到较为一致的认识,它是以形成共识为主的集中过程。在这个过程中每个人都可以为自己的意见辩护,同时也不断地质疑和思考他人的意见,大家互相丰富着彼此的思想,不断地提高自己和组织对问题的认识,知识也在不断地变更和扩张。

作者在多年从事代建管理工作过程中,深刻体会到,许多代建人员存在着一些不好的观念和习惯,比如:对代建项目的管理与对其他类型项目的管理差别不大;被政府遴选为代建单位说明自己已经是非常棒的了;这项任务我已经干的很不错了;设计、监理、施工单位是对手,是敌人,而不是伙伴和学习对象;别人的工作与我没有关系;学习是工作以外的事情;知识是个人的而非组织的;项目策划重视不够,风险意识薄弱,事前控制少,事中和事后控制多;做完一个项目便完即了事,不重视总结,对工程案例和经验教训总结不够。

因此,代建单位亟待通过深度会谈和小组讨论形式对组织成员中一些不利于组织学习和发展的心智模式进行检视和发现,并逐步进行改善和转变。

第二,领导者带头改善心智模式。

领导者的心智模式包含了领导者在长期生活工作和实践当中形成的一种思

维方式、行为习惯以及价值观等。领导者的心智模式关系到组织整体,不仅直接影响着自身的领导风格和组织决策,也影响着整个组织的文化氛围和组织创新,所以,只有领导者的心智模式改善了,才会更有利于组织心智模式的改善。另外,领导者带头改善自己的心智模式,可以减少员工的担忧,促进员工心智模式的改变。因此,代建单位的各级领导者,尤其是代建项目经理应当带头改善心智模式,从自我做起,引导组织成员进行心智模式的改善和提高。代建单位可以通过在代建项目部内部宣传、倡导一些新的理念来转变组织成员旧的工作和学习观念,最终实现组织成员从"要我学"变成"我要学"。

第三,不断总结与反思。

反思可以使组织和成员发现心智模式是如何形成的,是如何影响其行为的。通过不断反思,能总结出原有心智模式的优势与不足之处,从而对症下药,实现心智模式的转换与创新,建立最佳的心智模式。代建单位应当定期召开有关改善心智模式的总结、讨论会,对改善情况和存在的问题进行总结和反思,逐步在组织内部形成良好的心智模式。

③ 第三项修炼——持续建立共同愿景。

共同愿景是指组织成员真心向往和努力追求的未来图景,可以表现在组织的共同目标、价值观和使命感等方面。共同愿景具有重要的作用:能够激发组织成员的工作热情,改善员工之间的关系;能够将组织成员凝聚在一起,协同工作和学习,进而产生远高于个人愿景所能产生的创造性张力;能够激励大家勇于承担风险和责任,不断进行探索和实验;可以规范组织成员的行为,将大家团结在一起,为了共同的奋斗目标而作出贡献。图 7-13 反映了建立共同愿景与没有建立共同愿景对组织发展的影响关系。其中,图 7-13(a)表示在组织成员具有共同愿景时组织可以快速发展;图 7-13(b)表示组织成员的愿景存在差别时组织发展将滞缓;图 7-13(c)表示组织成员的愿景混乱时,组织发展将失去方向,产生组织混乱的局面。

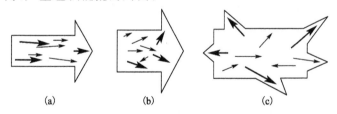

图 7-13 组织共同愿景与组织发展的关系

(a) 组织成员的愿景基本一致;(b) 组织成员的愿景存在差别;

(c) 组织成员的愿景混乱

注:大箭头代表组织成员的愿景;小箭头代表组织的发展方向。

建立共同的愿景需要不断激励组织成员在自我超越修炼的基础上去开发个人愿景,通过将某些有价值的个人愿景组合凝练为组织的愿景,并通过宣传与交流,逐步被大部分组织成员所认同,进而形成组织共同的愿景。需要注意的是,随着组织的不断发展,组织的共同愿景也是可以动态调整的,因此建立共同的愿景也需要持续进行。

对于代建单位而言,共同的愿景主要体现在:分阶段实现企业的跨越式发展,提高企业的核心竞争力,逐年提高企业利润,不断提高企业福利,扩大企业规模,改善职工的工作和生活条件。而对于每个代建项目部来讲,共同的愿景主要体现在:一是根据各类项目合同的约定,如何更好地提高管理水平、实现项目目标和项目管理目标;二是共同解决组织存在的问题和困难;三是让每一名员工的价值得到充分体现;四是获取应得的代建管理报酬。

④ 第四项修炼——持续进行团队学习。

团队学习的成效往往远远高于个人学习,尤其是对于具有不同分工,需要充分配合协作的团队。比如,对于美国男子职业篮球联赛(NBA)职业球队、中国的女排等取得过优异比赛成绩的团队都是在长期不断的团队训练学习过程中,通过实践演练,找到能够充分发挥个人优势的最优团队协作方式来战胜对手的。再如,一个优秀的交响乐团只有在千百次的团队实践演练中才能够找到最佳的演奏效果。否则,一个团队经常会出现团队智商低于个人智商的情况发生。

对于代建单位而言,每一个代建项目部就是一个项目团队,代建项目部需要在团队学习过程中不断提升项目管理能力和水平。另外,在团队学习过程中,激发组织成员的学习热情和创造性的同时,也能够更加充分地展示出每个成员的特长、优势以及工作能力,便于组织进行考核和任用,安排到更加适合的工作岗位,以发挥出更加明显的作用。

⑤ 第五项修炼——持续开展系统思考。

人们常说,用流程和制度培训出来的员工最多只能达到及格的水平,要想创造卓越,员工必须用脑去想、用心去做。这充分强调了员工进行思考的重要性,而对组织而言,更重要的是系统思考。系统思考是指在认识事物时,要看到该事物所处的整个系统而不能只看到局部;要看到系统内各因素均处在不断变化的过程中,系统本身在不断地发生变化,而不能静止地看事物;要看到系统内各因素之间的本质联系,而不能被表面现象所蒙蔽。

系统思考是进行其他四项修炼的目的或目标指向。为了组织能够不断创新和持续发展,为了解决组织必须面对的内部困境,组织需要不断地系统思考,看清自己的处境,分析自己的优势与问题,明确发展方向,找到解决问题的途径。

为了能够"系统思考",组织成员必须有超越个人、部门利益的共同目标;有超越已有经验、成就的进取精神;有注重全局、长远发展的战略思维习惯与能力。在这个意义上说,"系统思考"不仅是其他四项修炼的目的或目标指向,也是学习型组织理论的逻辑起点。

在实际工作当中,人们常常只专注于自己的决定,而忽略了自己的决定对他人的影响。当组织成员只专注于自己的岗位,便不会意识到各个岗位之间的相互影响,也不会对相互影响所产生的结果负责,这些现象都不利于系统思考的开展。在系统思考的过程中,必须放弃必定要由某人或某单位负起责任的假设,大家应共同思考系统所产生的问题。

代建单位需要开展的系统思考主要体现在:一是对代建单位目前面临的困境和发展目标进行系统思考;二是对代建项目部目前面临的困境和解决方法进行系统思考;三是对代建项目目标的制定和实现过程进行系统思考。代建单位进行系统思考可以通过深度会谈加以解决。

(3)制定完善的制度和运行机制

如何让大家养成学习的习惯、愿意分享自己的愿景及知识、主动进行系统思考,都需要进行制度化设计。机制胜于人治,建立一套有效的运行机制,可以起到事半功倍的效果。因此,代建单位需要制定出切实可行的各种规章制度和运行机制。比如,代建单位层面的定期培训与业务知识考核制度、代建项目部之间的学习交流制度、代建项目部内部的团队学习制度、组织学习的促进与保障机制、组织或团队学习效果的考评和改进机制等等。需要注意的是,有关学习型组织创建的制度与机制可以与知识管理的相关制度结合在一起来制定和完善。

(4)在实践中不断反思

创建学习型组织必须与实际工作相结合,其根本目的是为了解决工作中存在的问题。代建单位中五项修炼的效果如何、各类制度和机制设计的是否合理和完善、组织的学习能力是否有所改善等等,都需要在实践中不断反思和总结,发现存在的问题,不断进行改进和完善,进而来动态调整学习型组织创建的步伐和方向。代建单位可以通过定期召开创建学习型组织活动反思会的形式进行上述工作。

综合以上分析结果,本书构建出一个代建单位创建学习型组织的"火箭"模型,如图 7-14 所示。火箭一般由动力系统、结构系统和控制系统三大系统组成,其中,动力系统即火箭发动机系统,是火箭的动力装置,堪称火箭的心脏,它依靠推进剂在燃烧室内燃烧,形成高温高压燃气,通过喷管高速排出后产生反作用力推动火箭前进;结构系统通常称为箭体结构,它是火箭的躯体,用于连接火箭所有结构部段,使之成为一个整体;控制系统是火箭的大脑和神经中枢,火箭发射后的级间分离、俯仰偏航、发动机关闭与启动、轨道修正和星箭分离等一系列动作都依靠控制系统完成。另外,火箭的运载物可以是飞船、卫星或者武器等,它是火箭发射的最终目的。

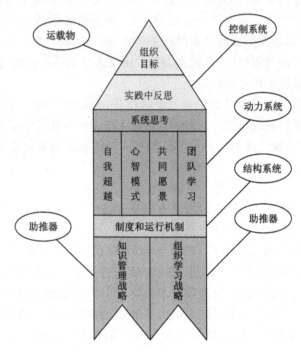

图 7-14　代建单位创建学习型组织"火箭"模型

在创建学习型组织的"火箭"模型当中,代建单位持续开展的五项修炼活动是火箭的动力系统,为企业创建学习型组织提供源源不断的动力;企业制定完善的制度和运行机制是火箭的结构系统,为企业开展创建学习型组织活动起到联系纽带和整体保障作用;在实践中不断反思则是火箭的控制系统,它可以根据创建活动的开展状况在反思中调整创建的步伐和方向;企业中实施的知识管理战略和组织学习战略则是火箭的两个有力的助推器,能够为学习型组织的创建起到重要的推动作用,使得创建活动得以维持和发展;对于火箭模型来讲,组织目标就是火箭模型的运载物,它是创建学习型组织的目的和初衷。本书认为,代建单位通过创建学习型组织"火箭"模型可以更加规范、有效地开展学习型组织的创建工作,该理论模型对于其他企业也同样适用。

7.2.3 代建单位组织学习的方式和途径

7.2.3.1 代建单位组织学习的方式

根据国内外学者的研究成果,可以将组织学习方式归纳为:经验学习、交互式学习、反思学习、知识冲突学习、忘却学习、干中学学习、学中干学习和试错学习等学习方式。[419]组织学习是以个体学习和团队学习为基础的。

代建单位组织学习包括了代建人员、代建项目部和代建企业三个层面的学习,分别属于个体、团队和组织三个层面的学习方式,即代建单位组织学习是由代建人员的个体学习、代建项目部内部的团队学习和整个代建企业的组织学习构成。由于代建工作是以代建项目部为主导,因此代建项目部层面的团队学习在代建单位组织学习中起到重要的核心作用。本书分别从代建人员的个体学习、代建项目部的团队学习和代建企业的组织学习三个层面对学习方式进行分析。

(1)个体层面的学习方式

个体学习主要侧重于认知、技能和情感领域的学习,通过掌握新的方法和技术,来改变既有的价值观和行为模式。需要指出的是,此处的个体学习不是一般意义上的孤立的个体学习活动,它不是以自我为中心、根据自我需要开展的学习,而是根据组织和团队工作需要而开展的组织中的个体学习活动。个体愿景需要与团队或组织愿景保持一致,个体的学习行为也要围绕团队或组织工作需要而开展。

代建人员个体层面的学习方式主要包括:① 通过查阅书本、资料、规范学习;② 通过互联网进行学习;③ 在工地例会、方案汇报会、图纸会审会议、竣工验收会等重要会议中学习;④ 在个人代建工作实践中总结学习;⑤ 通过阶段性进修、攻读学位学习;⑥ 通过职业资格证书考试复习学习;⑦ 在现场观摩施工工艺、技术、流程中学习;⑧ 在工程验收、安全检查工作过程中学习;⑨ 通过徒弟向师傅请教的方式学习;⑩ 通过与参建单位的管理、设计和技术人员交流工程问题学习;⑪ 在对自己的代建工作经验和教训进行反思和总结中学习;等等。

(2)团队层面的学习方式

团队层面的学习主要侧重于在代建项目部内部营造一种宽松开放的学习环境和团结协作的工作氛围,提高代建人员的合作意识和管理水平,利用团队智慧高效解决代建管理过程中存在的问题。

代建项目部团队层面的学习方式主要包括:① 通过现场的各类工地例会中的讨论和交流进行学习;② 通过代建项目部的月报制度,从每月工作汇报总结中学习;③ 通过代建项目部定期的工作总结会(项目结束、半年、一年小结)中学习;④ 以代建项目部组织的工程案例讨论会的形式学习;⑤ 在代建单位内部进行的代建工作后评价活动中总结和学习,查找代建工作的不足;⑥ 从代建项目部中不同专业人员之间的工作交流中学习,了解工程边界问题,如土建专业、电气专业、给排水专业、暖通专业、装饰装修专业之间有着密切的联系,实现跨专业学习,避免出现管理漏洞;等等。

(3) 企业层面的学习方式

企业层面的学习主要侧重于依托企业的资源优势,为代建人员提供广泛的学习条件、资源和机会,促进各代建项目部和职能部门间的学习交流,并充分凝练和整合各类学习成果,形成企业核心能力,确保企业的竞争优势。

代建企业层面的学习方式主要包括:① 企业定期组织的集中培训;② 企业组织的参观学习活动;③ 从组织开展科研课题中学习提高;④ 在企业内部定期组织的经验交流会中学习;⑤ 在代建单位层面的工作总结汇报会中学习;⑥ 在代建单位层面组织的工程案例讨论会中学习;⑦ 在企业层面的知识竞赛活动中学习;⑧ 从组织的类型相似而进度不同的代建项目的交流学习活动中学习;⑨ 筛选树立某个优秀代建项目部为学习榜样,进行标杆学习;⑩ 在年终考核评比活动中学习;等等。

7.2.3.2　代建单位组织学习的途径

(1) 组织内部学习

组织内部学习主要体现在代建项目部内部、代建职能部门内部、代建项目部之间、代建职能部门之间、代建职能部门与代建项目部之间等在代建单位内部进行的学习实践活动,此类学习活动主要利用代建单位内部的学习资源。

(2) 组织外部学习

组织外部学习主要体现在通过网络、图书馆、科研院所、外部调研、兄弟单位交流以及施工单位、监理单位、设计单位所进行的学习活动,此类学习活动需要利用各类知识联盟体的资源。

代建单位中的个体层面的学习、团队层面的学习和组织层面的学习相互促进、相互影响,通过组织内外部学习,形成一个动态转化的有机体。代建单位组织学习过程模型,如图 7-15 所示。

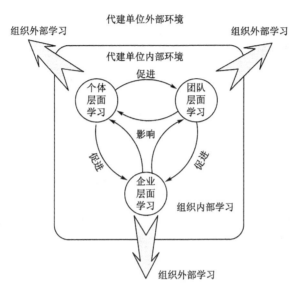

图 7-15　代建单位组织学习过程模型

7.2.4　代建单位组织学习的障碍及应对措施

7.2.4.1　代建单位组织学习的障碍分析

彼得·圣吉曾通过案例提出了组织学习的七大障碍,本书通过对案例的理解和总结,凝练出这七个方面的障碍分别为:一是将工作与职位相混淆,认为自己只能做自己职位界限内的工作;二是将组织中出现的问题归罪于其他部门或人员,而不是从自身查找原因;三是遇到问题没有做到真正意义上的主动应对,仍旧是被动反应;四是过多专注于个别短期事件,无法持续从事有创意的生成性学习;五是对渐变的外界环境变化反应迟钝,最终无法应对威胁的发生;六是过分强调从经验中学习,而失去创造性思考和决策的机会;七是团队中的顾面子和带有防范性的心态(即习惯性防卫)容易造成躲避学习的现象,阻碍新想法和新知识的产生。

国内学者朱瑜等(2010)[420]将组织学习的障碍总结为:来自片断学习、机会学习、表面学习、模糊学习、迷信学习、限制性学习、封闭性学习等组织学习方法方面的障碍以及来自组织学习文化障碍,认为传统的组织文化会对组织学习产生负面影响。除此之外,李丹等(2006)[421]还提到了组织结构和组织流程方面的组织机制障碍以及组织领导障碍,比如领导者对组织学习的认识不够、缺乏系统思考、授权不充分等。赵风中(2006)[422]认为,组织文化的瑕疵、系统思考的缺位、共同愿景的缺陷、组织结构变革的风险、先进技术应用的滞后、领导者的迷思等是阻碍组织学习的主要因素。

代建单位中同样容易出现上述组织学习的障碍。例如：① 新老职工在观念上、工作方式上容易产生分歧；② 工地现场工作条件有限；③ 领导者不能以身作则；④ 组织学习的各类制度得不到落实；⑤ 组织成员无学习的动力，处于应付了事的一种状态；⑥ 对学习的激励或奖励不够；⑦ 未能将学习与代建工作相结合；等等。这些都不利于在代建单位开展组织学习活动，导致学习效果不够理想。

7.2.4.2　代建单位消除组织学习障碍的措施

为了消除上述组织学习的障碍，代建单位需要采取以下五个方面的措施加以应对：① 让组织成员真正认识到组织学习的重要性。代建单位应当通过广泛的宣传和教育，让广大员工意识到组织学习对组织发展和个人成长的重要作用，意识到学习带来的经济效益。只有这样，组织成员才能够发自内心的主动学习与合作，也才能达到事半功倍的学习效果。② 领导需要带头学习，担当学习的表率。代建项目经理和部门经理应当在组织学习中以身作则，起模范带头作用，认真制定和落实有关学习计划和任务，对组织内部的组织学习状况进行关注和思考，分析存在的问题，及时进行处理解决。③ 严格落实相关规章制度。代建单位需要制定和落实有关知识管理、组织学习、学习型组织建设、企业文化建设等方面的规章制度，逐渐在组织内部形成良好的组织学习氛围和团结协作的传统。④ 持之以恒，贵在坚持。学习是一件需要持之以恒的事情，半途而废是不会起到任何作用的。因此，代建单位一旦实施组织学习战略，就必须作为一项事业长期坚持下去。⑤ 在反思中不断完善和提高。组织学习更应当在长期的磨合和实践过程中进行优化和改进，不断改革组织学习的方式和途径，提高组织学习的效率。

7.3　代建单位项目管理核心能力提升研究

7.3.1　代建单位项目管理核心能力的提升思路

本书第 5 章中已通过实证研究得出了知识管理通过组织学习的中介作用可以有效促进代建单位项目管理核心能力的提高。因此，要想提升代建单位的项目管理核心能力，必须从知识管理战略和组织学习战略着手实施。

本书认为，提升代建单位项目管理核心能力的思路应当为：首先，构建代建单位项目管理核心能力指标体系；然后，以代建项目部为单位定期进行评价和衡量，发现能力短板和差距；最后，通过深入调查分析掌握产生能力短板的原因，并依靠有针对性的持续开展知识管理和组织学习对能力短板进行提升。

7.3.2 代建单位项目管理核心能力的构成

7.3.2.1 代建单位项目管理核心能力指标体系

代建单位的项目管理核心能力指代建单位在长期从事代建业务过程中逐步形成的,能够满足管理代建项目所需,高效解决工程问题,使代建单位处于竞争优势地位的若干项目管理能力的整合。根据对代建单位项目管理核心能力测量的讨论结果,本书从策划能力、控制能力、沟通协调能力和组织创新能力等 4 个方面构建出包含 24 项子能力的代建单位的项目管理核心能力指标体系,如图 7-16 所示。其中:① 策划能力包括:质量策划能力、工期策划能力、投资策划能力、承发包模式策划能力、招投标策划能力、风险管理策划能力、范围管理策划能力等 7 项子能力;② 控制能力包括:项目总控能力、设计成果控制能力、三大目标控制能力、安全文明施工控制能力、廉洁自律能力等 5 项子能力;③ 沟通协调能力包括:各项手续办理能力、会议组织能力、快速决策能力、代建威望影响力、团结各方能力、内部信息传递能力等 6 项子能力;④ 组织创新能力包括组织结构创新能力、工作流程创新能力、管理制度创新能力、人力资源管理创新能力、管理模式与方法创新能力、新型管理系统开发与利用能力等 6 项子能力。

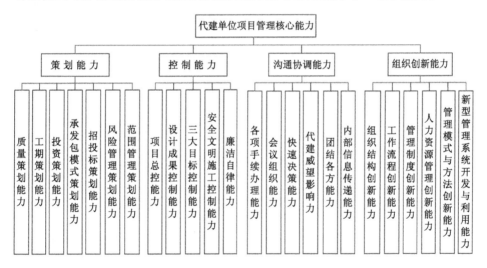

图 7-16 代建单位的项目管理核心能力指标体系

7.3.2.2 代建单位项目管理核心能力指标含义

结合本书第 5 章中有关代建单位项目管理核心能力测量工具开发过程的分析结果,在此对代建单位项目管理核心能力当中的各项指标的含义进行界定、描述,如表 7-4 所示。

表 7-4   代建单位项目管理核心能力指标含义

一级指标	二级指标	指标含义
策划能力	质量策划能力	代建单位根据项目建议书,合理设置项目功能和建设标准,并根据立项审批意见合理编制设计任务书的能力
	工期策划能力	代建单位科学合理地设置各项目阶段的工期,运用工程软件编制相应的进度计划,并根据工程需要对工期进行动态调整的能力
	投资策划能力	代建单位编制相对精确的项目资金计划,并进行动态调整,定期上报,方便政府部门及时筹措资金,及时支付工程进度款和材料款的能力
	承发包模式策划能力	代建单位对项目承发包模式进行比选择优,合理发包各类项目任务的能力
	招投标策划能力	代建单位独自或联合招标代理单位,有效进行招投标策划,研究招标工作要点,起草或完善招标文件和合同文本的能力
	风险管理策划能力	代建单位经常性地对工程风险进行识别和分析,提出应对预案,以便及时做好风险控制工作,减少工程索赔和工程损失的能力
	范围管理策划能力	代建单位对项目任务进行合理分解,进行界面管理,提前考虑避免将来承包商之间在施工过程中可能出现矛盾和问题的能力
控制能力	项目总控能力	代建单位掌握项目范围,有效约束各参建单位的行为,控制项目全局,以确保不出现项目失控现象的能力
	设计成果控制能力	代建单位通过审查图纸对设计质量严格把关,各专业人员充分交流,控制设计深度和图纸质量,减少后期变更数量的能力
	三大目标控制能力	代建单位综合运用事前、事中和事后控制方法,在施工过程中对工程投资、进度和质量严格控制,确保项目三大目标顺利实现的能力
	安全文明施工控制能力	代建单位有效控制安全生产和文明施工,避免出现安全事故和农民工上访事件发生,促进社会稳定,提高工人工作和生活环境的能力
	廉洁自律能力	代建人员做到廉洁自律,自我约束,守法、公正、客观地开展工作的能力
沟通协调能力	各项手续办理能力	代建单位与各政府职能部门建立良好的合作关系,有效办理项目前期和施工过程中的各项手续的能力
	会议组织能力	代建单位高效组织各类设计方案和图纸汇报审查会、合同谈判会、第一次工地例会、工程调度汇报会、竣工验收会、安全文明施工检查会等会议的能力
	快速决策能力	遇到工程问题时代建单位迅速、正确、客观地作出决策,及时将问题处理完毕的能力
	代建威望影响力	代建单位能够有效树立自己的威望,发出的项目指令能够得到各参建单位有效执行的能力

续表7-4

一级指标	二级指标	指标含义
沟通协调能力	团结各方能力	代建单位与代建委托人、使用单位及各项目参建单位建立良好的合作关系,有效化解各参建单位之间的矛盾和冲突,促进各方团结的能力
	内部信息传递能力	代建单位内部各组织成员尤其是各专业人员之间能够充分交流和配合,及时传递共享各类工程信息的能力
组织创新能力	组织结构创新能力	代建单位根据代建项目特点和组织内外部环境,及时调整组织结构形式和部门职能分工,实现部门间充分协作的能力
	工作流程创新能力	代建单位根据新的职能分工情况合理调整组织内外部工作流程的能力
	管理制度创新能力	代建单位根据代建工作需要及时对原有的管理制度和运行机制进行调整和完善的能力
	人力资源管理创新能力	代建单位根据代建工作需要提高人员素质,合理配备和调整相对稳定的各专业代建人员的能力
	管理模式与方法创新能力	代建单位根据代建工作需要对管理模式和管理方法及时进行改进和完善,形成有针对性的管理手册来提高管理水平的能力
	新型管理系统开发与利用能力	代建单位根据项目特点和组织内外部环境,开发现代化的管理信息系统,或购买使用先进的项目管理软件,促进信息传递速度,提高管理效率的能力

7.3.3　代建单位项目管理核心能力的评价

从代建单位项目管理核心能力的评价指标相关含义可以看出,几乎所有的能力指标均为定性指标,这对代建单位项目管理核心能力的评价带来较大困难,评价时容易出现偏差,因此对评价方法要求较高。本书认为,对代建单位项目管理核心能力进行评价同样可以采用前文有关知识管理绩效评价的方法,即基于层次分析的模糊综合评价方法,在此不作论述。代建单位需要定期通过对组织成员或代建项目部的项目管理核心能力水平进行评价,找出当前组织当中水平较低的若干项目管理核心能力短板,以此作为项目管理核心能力培育和提升的依据,做到有的放矢。

7.3.4　代建单位项目管理核心能力的提升措施

通过以上分析可以看出,代建单位项目管理核心能力是由多种子能力构成的,由于全寿命周期的代建管理工作涉及面广,所以代建单位需要用到各个方面的项目管理核心能力。因此,代建单位的各种项目管理核心能力需要均衡,不能出现"瘸腿"现象,否则,可能因为某一方面的能力不足导致代建工作失误,甚至导致代建项目的失败。综上所述,代建单位一方面需要全面提升各种项目管理核心能力,另一方面又需要重点考虑若干项目管理核心能力短板的提升问题。

本书认为,代建单位可以通过持续开展知识管理和组织学习工作,不断丰富项目管理核心能力的内涵,实现项目管理核心能力的全面提升;同时,针对若干代建单位的项目管理核心能力短板,需要通过深入调查分析掌握产生能力短板的原因,制订提升能力短板的计划,然后采取重点培训或集中学习的方式加以解决。代建单位项目管理核心能力短板提升示意图,如图 7-17 所示。

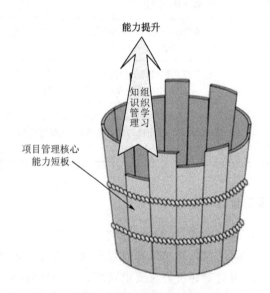

图 7-17   代建单位项目管理核心能力短板提升示意图

7.4   代建绩效改善系统的实现框架

根据前文有关提升代建单位知识管理水平、组织学习能力和项目管理核心能力的理论分析,本书得出了代建绩效改善系统的实现框架,如图 7-18 所示。

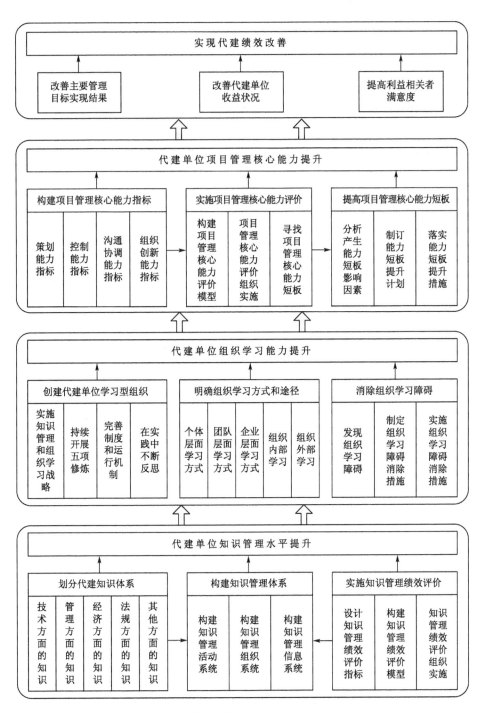

图 7-18　代建绩效改善系统的实现框架

7.5　本章小结

　　本章从三个方面提出了实现代建绩效改善的具体措施。首先,围绕代建单位知识管理水平的提升问题,根据代建单位的工作特点和实际需要,运用知识管理理论,对代建单位的知识体系进行划分,构建出基于知识管理活动系统、知识管理组织系统和知识管理信息系统的代建单位知识管理体系,并提出了代建单位知识管理绩效评价指标体系和基于模糊综合评判法的评价模型及其组织实施方式。其次,围绕代建单位组织学习能力的提升问题,运用组织学习理论和学习型组织理论,提出了基于"火箭模型"的代建单位学习型组织的创建方法,以及代建单位组织学习的方式和途径,并对代建单位组织学习的障碍和应对措施进行了讨论与分析。再次,围绕代建单位项目管理核心能力的提升问题,运用核心能力理论,构建出代建单位项目管理核心能力的指标体系,并提出培育和提升代建单位项目管理核心能力的措施。最后,得出了代建绩效改善系统的实现框架。

第8章

>>>

研究结论与展望

8.1 主要研究结论

（1）本书通过对全国 9 个省市的 65 个代建项目的调研发现，当前各地代建单位的代建绩效状况并不理想，不利于国内"代建制"的推广以及工程管理水平的提高，亟须进行绩效的改善。而研究如何改善代建绩效的问题，必须对代建绩效影响因素进行分析和识别，从而找出改善代建绩效的思路和途径。

（2）通过对高校工程管理领域的专家学者或研究人员、代建管理人员、代建委托人以及参与代建项目的现场设计代表、总监或总监代表、施工项目经理和其他人员等 7 类共计 111 名人员的调研，并对调研数据进行分析处理，本书最终识别出代建绩效的主要影响因素包括来自：政策法规、政府部门、代建单位、参建单位、项目环境以及代建项目等 6 个方面的共计 44 个影响因素。从代建绩效影响因素的界定结果来看，当前影响代建绩效的因素主要来自代建单位本身，其次为政府部门方面，再次为政策法规方面和参建单位方面，而项目环境方面和代建项目方面的影响相对较小。而在代建单位方面的影响因素中，影响程度排在前两位的分别是代建项目经理的领导能力和业务水平以及代建单位的项目管理综合能力。经过分析，本书认为，这些影响因素之间并不是孤立的，而是存在着一定关联度的，其中代建单位方面的影响因素的正面影响作用可以有效化解来自其他方面的影响因素产生的不利影响。因此，从代建单位的角度来研究项目管理绩效的改善问题意义重大且能够行之有效。

（3）通过对代建工作特点的分析，本书认为，代建工作在代建项目建设实施过程中具有举足轻重的作用，代建工作质量直接决定着代建项目目标的实现程度，因此，代建单位需要不断提高自身的工作效率和管理水平。代建单位要想做到对代建项目科学系统的策划，高效解决代建工作过程中存在的各类复杂问题，起到组织协调参建各方的核心作用,实现对代建项目全局的有力管控,就需要建立起灵活高效的项目管理组织结构,学习和掌握管理、技术、经济、法律、计算机、心理学、社会学、组织行为学等各专业和学科的大量知识,不断总结和积累管理经验和教训,提高分析和解决各类工程问题的能力,努力适应各类代建项目环境。

(4)本书在代建绩效改善理论模型的基础上,通过对分布在江苏、上海、山东、山西、天津、辽宁、海南、广东、福建等 9 个省市的近期已完成或即将完成的 65 个代建项目进行问卷调查,利用科学的数据分析方法和先进的研究工具,对代建绩效改善机理进行实证检验,最终得到了代建绩效改善机理模型。实证结果表明:① 知识管理对组织学习具有直接的正向影响作用,代建单位开展知识管理工作能够对代建单位内部开展的组织学习活动起到促进作用,知识管理水平越高,组织学习的成效就越显著;② 组织学习对项目管理核心能力具有直接的正向影响作用,代建单位的组织学习活动能够对代建单位尤其是代建项目部的项目管理核心能力的提升起到促进作用,组织学习效率越高,就越能够提高项目管理核心能力;③ 项目管理核心能力对代建绩效具有直接的正向影响作用,代建单位的项目管理能力得到提升能够对代建单位尤其是代建项目部的工作绩效起到改善和促进作用,项目管理核心能力越高,对代建绩效的改善作用越明显;④ 代建单位开展知识管理活动虽然不能直接对代建绩效产生影响,但可以通过组织学习和项目管理核心能力间接地对代建绩效起到改善和促进作用;⑤ 代建单位进行的组织学习活动可以通过项目管理核心能力的提升间接地对代建绩效起到改善和促进作用,而组织学习活动不能直接对代建绩效起到改善作用。因此,要想实现代建绩效的改善,就必须采取措施逐步提升代建单位的知识管理水平、组织学习能力以及项目管理核心能力。

(5)通过对代建绩效改善效果的系统仿真研究发现,在当前代建单位的绩效状况下,通过提高知识管理水平、组织学习能力和项目管理核心能力,对代建绩效的改善效果十分明显。代建单位可以通过知识管理水平、组织学习能力和项目管理核心能力的提升来实现对代建绩效的改善。

(6)通过调研发现,当前各地代建单位在知识管理组织建设方面和知识管理活动开展方面还比较欠缺,尤其是在知识管理组织方面最差;在组织学习中的开放心智方面也存在不足;而项目管理核心能力的四个方面存在着不平衡的情况,代建单位的沟通协调能力和控制能力较强,但是策划能力和组织创新能力偏低。因此,要想实现代建绩效的改善,就必须采取措施逐步提升代建单位的知识管理水平、组织学习能力以及项目管理核心能力。

(7)代建单位需要通过对代建工作所需的知识体系进行划分、构建起完善的知识管理体系、实施知识管理绩效评价三个方面来提升知识管理水平。其中，代建单位知识管理体系可以从知识管理活动系统、知识管理组织系统和知识管理信息系统三个方面进行构建。

（8）代建单位组织学习能力提升可以在实施知识管理战略的基础上，从代建单位创建学习型组织、明确组织学习的方式和途径以及消除组织学习障碍三个方面进行。其中，创建代建单位的学习型组织可以从实施知识管理和组织学习战略、持续开展五项修炼活动、制定完善的制度和运行机制、在实践中不断反思等四个方面来实现。

（9）提升代建单位的项目管理核心能力，首先，需要构建代建单位项目管理核心能力指标体系，以代建项目部为单位定期进行评价和衡量，发现能力短板和差距；然后，通过深入调查分析掌握产生能力短板的原因；最后，通过有针对性的持续开展知识管理和组织学习活动对能力短板进行提升。

8.2　主要创新点

（1）识别和界定了代建绩效的主要影响因素，首次提出了综合运用知识管理理论、组织学习理论和核心能力理论进行代建绩效改善的研究思想和理论体系，构建出知识管理、组织学习、项目管理核心能力对代建绩效改善机理的理论模型。

（2）首次提出了代建单位项目管理核心能力的概念，研究开发了基于代建单位的知识管理、组织学习、项目管理核心能力和代建绩效的研究量表和测量工具，通过实证检验明确了知识管理、组织学习和项目管理核心能力对代建绩效的改善机理和影响路径。

（3）构建了基于知识管理、组织学习和项目管理核心能力的代建绩效改善效果的 SD 仿真模型，定量的检验了知识管理水平的提升对代建绩效的改善效果。

（4）系统提出了通过提升代建单位的知识管理水平、组织学习能力和项目管理核心能力来实现代建绩效改善的具体措施。

8.3　研究的局限性

（1）在对代建绩效改善机理的实证研究方面，受调研工作的限制，本书只对近 3 年完成的或即将完成的分布在国内 9 个省市的 65 个代建项目中代建单位当前的管理状况和绩效水平进行了调研，研究样本只有 128 个，调研范围不够大,样本数量也相对偏少,且未能根据代建单位从事代建业务的时间段进行区分,因此,研究结论有一定的局限性。

(2)虽然代建单位通过知识管理水平、组织学习能力和项目管理核心能力的提升可以实现对代建绩效的改善,但外部环境,如法律环境、市场环境、社会环境等也会对代建绩效产生较大影响,本书并未考虑组织外部环境对代建绩效的影响。

(3)代建绩效改善效果的 SD 仿真模拟研究是在通过实证研究得出的代建绩效改善机理的线性关系基础上进行的,仿真结果与实际改善效果可能存在一定差异。

8.4　研究展望

(1)代建绩效改善要素对代建绩效改善效果的实证研究方面:本书只是采用系统动力学仿真的方法对代建绩效改善效果进行仿真模拟,但是仿真模拟只是在理想状态下进行的近似研究,实际当中每个代建单位的具体情况都会存在一定的差别,实施知识管理和组织学习战略对代建绩效的影响究竟会多大、需要凝练的时间究竟多长,都需要进一步通过实证进行检验。

(2)代建单位知识管理信息系统的开发研究方面:知识管理信息系统对代建单位实施知识管理战略,提高知识管理水平具有重要的作用,研究开发针对代建单位的知识管理信息系统显得十分重要。因此,可以继续研究如何开发、建设和使用知识管理信息系统的问题。

(3)代建单位学习型组织的创建研究方面:学习型组织对于组织成长与发展具有重要作用。本书只是提出了一个代建单位创建学习型组织的理论框架和"火箭"模型,而实际学习型组织的创建活动是一个长期的、持续的过程,会遇到很多的困难和问题,因此,可以继续研究代建单位学习型组织创建的问题。

参 考 文 献

REFERENCES

[1] 关于印发建设部 2002 年整顿和规范建筑市场秩序工作安排的通知[J]. 中国勘察设计,2002(3):4-6.

[2] 浙江省代建制实施情况[EB/OL]. (2008-08-28)[2017-03-05]. http://www.ndrc.gov.cn/fzgggz/gdzctz/tzgz/200808/t20080828_233305.html.

[3] 河南省代建制实施情况[EB/OL]. (2008-09-20)[2017-03-06]. http://www.ndrc.gov.cn/fzgggz/gdzctz/tzgz/200809/t20080918_236434.html.

[4] 国务院常务会议部署扩大内需促进经济增长的措施[EB/OL]. (2008-11-09)[2017-09-01]. http://www.gov.cn/ldhd/2008-11/09/content_1143689.htm.

[5] 发改委主任张平:四万亿投资没有一分钱进入房产业[EB/OL]. (2010-03-06)[2017-06-05]. http://news.163.com/10/0307/02/615134CF000146BB.html.

[6] 宁夏政府投资项目代建单位数量、规模均居全国前列[N/OL]. 宁夏日报. (2011-07-09)[2017-07-08]. http://finance.sina.com.cn/roll/20110714/104610147363.shtml.

[7] 倪国栋,王建平. 从委托代理视角谈企业代建制在我国的发展问题[J]. 项目管理技术,2008,6(9):69-72.

[8] 姚景源:正确看待发展面临的机遇与挑战[EB/OL]. (2011-11-22)[2016-12-11]. http://www.ce.cn/macro/more/201111/22/t20111122_22856200.shtml.

[9] 徐策."十二五"时期我国固定资产投资形势分析与展望[J]. 财经界,2011(4):56-59.

[10] 黄喜兵,黄庆. 基于制度经济学的代建制管理模式研究[J]. 建筑经济,2009(3):17-19.

[11] 唐秋凤,李焕林. 代建制在西部地区:阻碍及对策分析[J]. 新西部,2009(4):60-61.

[12] 强青军,金维兴.全寿命周期下代建制发展中的问题与对策研究[J].建筑经济,2008(S2):9-11.

[13] 陈砚祥.代建制项目管理模式需要厘清的几个问题[J].中国工程咨询,2008(11):57-58.

[14] 梁安平,刘玉明.北京市政府投资项目代建制改革实践与对策[J].建筑经济,2008(8):81-83.

[15] 贾新堂.代建制存在的问题及建议[J].建筑管理现代化,2008(3):37-40.

[16] 梁昌新.关于政府投资项目代建制的几点思考[J].宏观经济管理,2007(9):54-56.

[17] 王炜.关于政府投资项目实行代建制问题的思考[J].江苏建筑,2007(3):71-73.

[18] 胡其彪,周子范,陶维.现行"代建制"发展问题探讨[J].建筑经济,2006(10):58-61.

[19] 倪国栋,王建平,王文顺.政府投资项目代建单位绩效改善研究[J].科技进步与对策,2010,27(19):48-51.

[20] KAPLAN R S. The evolution of management accounting[J]. Account review,1984,59(3):390-418.

[21] ATKINSON R. Project management: cost, time and quality, two best guesses and a phenomenon, its time to accept other success criteria[J]. International journal of project management,1999,17(6):337-342.

[22] STEWART W E. Balanced scorecard for projects[J]. Project management journal,2001,32(1):38-53.

[23] ROBINSON H S,CARRILLO P M,ANUMBA C J. Business performance measurement and improvement strategies in construction organizations [D]. Loughborough:Loughborough University,2002.

[24] LUU V T, KIM S Y, HUYNH T A. Improving project management performance of large contractors using benchmarking approach [J]. International journal of project management,2008,26(7):758-769.

[25] BRYDE D J. Modelling project management performance [J]. International journal of quality & reliability management,2003,20(2):229-254.

[26] QURESHI T M,WARRAICH A S,HIJAZI S T. Significance of project management performance assessment (PMPA) model[J]. International journal of project management,2009,27(4):378-388.

[27] MENG X, GALLAGHER B. The impact of incentive mechanisms on project performance[J]. International journal of project management, 2012,30(3):352-362.

[28] 袁宏川,李慧民. 探析工程项目管理企业绩效评价的指标体系[J]. 建筑经济,2007(10):74-77.

[29] 刘历波,潘家平. 工程建设项目集成管理绩效评价指标体系研究[J]. 河北工程大学学报(社会科学版),2008,25(1):9-11.

[30] 王华,李勇. 工程项目组织绩效评价新体系研究[J]. 价值工程,2008(1):104-107.

[31] 王增民,吴冲. 可拓学在工程项目管理绩效评价中的应用[J]. 科技管理研究,2009(10):106-108.

[32] 蔡守华,周明耀,叶志才. 工程项目管理效绩评估方法[J]. 扬州大学学报(自然科学版),2002,5(2):57-63.

[33] 赖芨宇,郑建国. 模糊聚类在项目管理绩效评价中的应用研究[J]. 基建优化,2006,27(6):11-14.

[34] 张龙兴. 高速公路工程项目管理绩效的模糊综合评价[J]. 公路交通科技(应用技术版),2007(5):169-171.

[35] 唐盛,郑长安. 公路工程项目管理绩效评价研究[J]. 公路工程,2010,35(5):138-140.

[36] 闫文周,徐静,吁元铭. 神经网络在工程项目管理绩效评价中的应用研究[J]. 西安建筑科技大学学报(自然科学版),2005,37(4):557-560.

[37] 赖芨宇,郑建国. 基于 BP 神经网络的项目管理绩效评估模型研究[J]. 基建优化,2006,27(5):4-7.

[38] 庞玉成. 基于人工神经网络的项目集成管理绩效评价研究[J]. 施工技术,2008,37(2):22-24.

[39] 黄健柏,扶缚龙. 基于平衡计分卡的项目管理绩效评价模型研究[J]. 当代经济管理,2007,29(1):88-91.

[40] 王祖和,孙秀明. 基于 AHP 和 DEA 相结合的多项目管理绩效评价[J]. 华东经济管理,2008,22(10):154-158.

[41] 郭峰,王喜军. 建设项目协调管理[M]. 北京:科学出版社,2009.

[42] 曾晓文,陈振,谢雄标. 高速公路工程项目管理绩效关键影响因素分析[J]. 生态经济,2010(2):141-143.

[43] GEHRIG G B. A decision support system framework to improve design-construction integration and project performance on public sector underground

utility projects[D]. Colorado:Colorado State University,2002.

[44] XUE X, WANG Y, SHEN Q, et al. Coordination mechanisms for construction supply chain management in the internet environment[J]. International journal of project management,2007,25(2):150-157.

[45] DEY P K. Process re-engineering for effective implementation of projects [J]. International journal of project management,1999,17(3):147-159.

[46] BARBER E. Bench marking the management of projects:a review of current thinking[J]. International journal of project management,2004,22 (4):301-307.

[47] MALE S, KELLY J, GRONQVIST M, et al. Managing value as a management style for projects [J]. International journal of project management,2007,25(2):107-114.

[48] CHAN A P C, HO D C K, TAM C M. Design and build project success factors:multivariate analysis[J]. Journal of construction engineering & management,2001,127(2):93.

[49] FORTUNE J, WHITE D. Framing of project critical success factors by a systems model[J]. International journal of project management,2006,24 (1):53-65.

[50] DU Y K, SEUNG H H, KIM H, et al. Structuring the prediction model of project performance for international construction projects:A comparative analysis[J]. Expert systems with applications,2009,36(2):1961-1971.

[51] WESTERVELD E. The project excellence model:linking success criteria and critical success factors [J]. International journal of project management,2003,21(6):411-418.

[52] REYCK B D, GRUSHKA-COCKAYNE Y, LOCKETT M, et al. The impact of project portfolio management on information technology projects[J]. International journal of project management, 2005, 23 (7): 524-537.

[53] LYCETT M, RASSAU A, DANSON J. Program management:a critical review[J]. International journal of project management, 2004, 22 (4): 289-299.

[54] BERENDS T C. Cost plus incentive fee contracting——experiences and structuring[J]. International journal of project management,2000,18(3): 165-171.

[55] SINGH L B,KALIDINDI S N. Traffic revenue risk management through annuity model of PPP road projects in India[J]. International journal of project management,2006,24(7):605-613.

[56] MEDDA F. A game theory approach for the allocation of risks in transport public private partnerships[J]. International journal of project management,2007,25(3):213-218.

[57] TURNER J R,KEEGAN A. The versatile project-based organization: governance and operational control[J]. European management journal, 1999,17(3):296-309.

[58] KOCH C,BUSER M. Emerging metagovernance as an institutional framework for public private partnership networks in Denmark[J]. International journal of project management,2006,24(7):548-556.

[59] DAI C X,WELLS W G. An exploration of project management office features and their relationship to project performance[J]. International journal of project management,2004,22(7):523-532.

[60] CHO K M,HONG T H,HYUN C T. Effect of project characteristics on project performance in construction projects based on structural equation model[J]. Expert systems with applications,2009,36(7):10461-10470.

[61] LING F Y Y,LOW S P,WANG S Q,et al. Key project management practices affecting Singaporean firms' project performance in China[J]. International journal of project management,2009,27(1):59-71.

[62] ERIKSSON P E,WESTERBERG M. Effects of cooperative procurement procedures on construction project performance:a conceptual framework [J]. International journal of project management,2011,29(2):197-208.

[63] 美国项目管理协会.组织级项目管理成熟度模型(OPM3)[M].吴之明,席相霖,肖文毅,等译.2版.北京:电子工业出版社,2009.

[64] 杜亚灵,尹贻林,严玲.公共项目管理绩效改善研究综述[J].软科学,2008,22(4):72-76.

[65] 张伟.政府投资项目代建制理论与实施[M].北京:中国水利水电出版社,2008.

[66] 张伟,周国栋.代建制项目管理模式辨析[J].建筑经济,2007(3):15-17.

[67] 赵淳怡.我国非经营性政府投资工程项目代建制研究[D].上海:同济大学,2008.

[68] 徐勇戈.非对称信息下政府投资项目实行代建制的相关机制研究[D].西

安:西安建筑科技大学,2006.

[69] 韩伟.基于虚拟建设的公共工程代建制管理模式研究[D].天津:天津大学,2007.

[70] 谢颖.政府投资人对委托代建工程项目的管理理论与方法研究[D].北京:华北电力大学,2008.

[71] 宋金波,富怡雯.政府投资项目代建制模式比较研究[J].建筑经济,2010(8):27-29.

[72] 李静.代建制中的风险及其规避措施[J].建筑经济,2006(3):13-16.

[73] 陈伟坷,韩晓娜.代建制的合同风险分析及防范[J].哈尔滨商业大学学报(社会科学版),2008(1):66-69.

[74] 谢朦,倪国栋,王建平.基于模糊层次分析法的代建单位风险评价研究[J].工程管理学报,2010,24(3):262-266.

[75] 邓中美.政府投资工程代建合同条件研究[D].重庆:重庆大学,2007.

[76] 兰定筠,尹珺祥.对代建合同成本工期激励系数的研究[J].土木工程学报,2008,41(6):93-97

[77] 黄晖.工程代建合同收费标准的研究[J].福建建筑,2009(7):88-90.

[78] 李彪,柴红锋.基于改进模糊优选模型的代建单位评选方法研究[J].河海大学学报(自然科学版),2006,34(2):231-234.

[79] 黄佳,申玲.基于模糊数学和层次灰色关联的代建单位评选方法研究[J].数学的实践与认识,2008,38(21):28-35.

[80] 黄喜兵,黄庆,黄云德.基于数据包络分析的代建单位评选方法[J].重庆交通大学学报(自然科学版),2009,28(4):751-754.

[81] 兰定筠.政府投资项目代建制制度设计研究[D].重庆:重庆大学,2008.

[82] 项健,李颖,徐良德.代建制模式下声誉机制对代建单位的激励研究[J].四川建筑,2010,30(1):254-256.

[83] 周世玲.贵州省政府投资工程代建制情况研究[J].建筑经济,2006(5):36-38.

[84] 朱艳梅,彭盈.四川省代建制运行模式研究[J].四川建筑,2006,26(4):152-153.

[85] 谭国,李颂东.广西政府投资项目实施代建制面临的问题与对策[J].建筑经济,2007(3):18-20.

[86] 王书文,张云宁,王玲,等.代建制项目管理模式在我国应用试点分析[J].建筑经济,2008(5):63-65.

[87] 徐高鹏,周国栋,乌云娜.论政府投资项目代建单位绩效考评体系[J].建筑

经济,2006(6):21-24.

[88] 赵彬,张仕廉,漆玉娟.基于 AFD 方法的政府投资项目代建单位绩效考评[J].重庆大学学报(自然科学版),2007,30(11):139-143.

[89] 漆玉娟,郑佰静.政府投资项目代建单位绩效考评指标体系的构建[J].基建优化,2007(4):10-12.

[90] 邓曦,刘幸.政府投资工程代建人绩效考核灰色评价法[J].武汉理工大学学报(交通科学与工程版),2008,32(2):305-308.

[91] 韩美贵,金德智.政府投资项目代建人绩效评价指标体系研究[J].科技管理研究,2009(7):170-172.

[92] 崔跃,赵利,杨三超.基于 ANP 的政府投资项目代建单位绩效考评体系研究[J].建筑经济(S1),2009(6):20-23.

[93] 张静,杨彦萍.基于 BSC 的政府投资项目代建单位绩效评价指标体系研究[J].煤炭经济研究,2009(1):54-56.

[94] 尹贻林,杜亚灵.公共项目管理绩效改善:一个研究范式转变的视角[J].科技进步与对策,2010,27(17):29-34.

[95] 杜亚灵,尹贻林,严玲.公共项目管理绩效改善研究综述[J].软科学,2008,22(4):72-76.

[96] 杜亚灵,尹贻林,严玲.公共项目绩效改善研究:风险分配途径[J].科技管理研究,2008(5):274-276.

[97] 杜亚灵,尹贻林.公共项目管理绩效的形成机理研究[J].项目管理技术,2008(7):13-17.

[98] 杜亚灵,尹贻林.治理对政府投资项目管理绩效作用机理的实证研究——以企业型代建项目为例[J].软科学,2010,24(12):1-6.

[99] 严玲.公共项目治理理论与代建制绩效改善研究[D].天津:天津大学,2005.

[100] 严玲,尹贻林.基于治理的政府投资项目代建制绩效改善研究[J].土木工程学报,2006,39(11):120-126.

[101] 陆晓春.基于项目治理的代建项目成功因素研究[D].天津:天津大学,2008.

[102] 游亚宏.标杆管理在公共项目管理绩效改善中的应用[J].铁路工程造价管理,2007(11):41-44.

[103] 柯洪.基于企业代建模式的公共项目管理绩效改善研究[D].天津:天津大学,2007.

[104] 范道津.公共管理视角下非经营性政府投资项目管理绩效研究[D].天津:

天津大学,2007.

[105] 张福庆.政府投资项目代建管理流程[M].北京:中国计划出版社,2009.

[106] 张波.组织知识管理与实践[M].北京:知识产权出版社,2007.

[107] 王琳.知识管理与组织学习:渊源、比较与融合[J].情报理论与实践,2007,30(3):295-299.

[108] 赵娟.野中郁次郎:知识管理的拓荒者[N/OL].经济参考报,2007-07-13[2017-03-05]. http://jjckb. xinhuanet. com/cjrw/2007-07/13/content_57874. htm.

[109] 野中郁次郎,竹内弘高.创造知识的企业:日美企业持续创新的动力[M].李萌,高飞,译.北京:知识产权出版社,2006.

[110] 郝建苹.国内外知识管理研究现状综述[J].情报杂志,2003,22(8):17-19.

[111] 陈洁,丁源.国内近十年知识管理研究文献的综述与分析[J].生产力研究,2008(9):149-152.

[112] 盛小平.知识管理:原理与实践[M].北京:北京大学出版社,2009.

[113] 熊义杰,李会.企业知识管理测度研究综述[J].科技进步与对策,2009,26(14):157-160.

[114] 盛小平.知识管理提升企业核心竞争力的实证研究[J].图书情报工作,2008,52(7):24-27.

[115] 熊学兵.基于耗散结构理论的知识管理系统演化机理研究[J].中国科技论坛,2010(4):108-112.

[116] 何俊杰.知识管理系统模型设计研究[J].图书馆,2010(1):104-106.

[117] 卢金荣.知识管理热点问题研究综述[J].科技管理研究,2008(1):190-192.

[118] TAH J H M,CARR V. Towards a framework for project risk knowledge management in the construction supply chain [J]. Advances in engineering software,2001,32(10-11):835-846.

[119] ZOU P X W,LIM C A. The implementation of knowledge management and organisational learning in construction company[J]. Advances in building technology,2002(Ⅱ):1745-1753.

[120] ARAIN F M,PHENG L S. Knowledge-based decision support system for management of variation orders for institutional building projects [J]. Automation in construction,2006,15(3):272-291.

[121] DAVE B, KOSKELA L. Collaborative knowledge management-a

construction case study[J]. Automation in construction, 2009, 18 (7): 894-902.

[122] KANAPECKIENE L, KAKLAUSKAS A, ZAVADSKAS E K, et al. Integrated knowledge management model and system for construction projects[J]. Engineering applications of artificial intelligence, 2010, 23 (7):1200-1215.

[123] 中国项目管理研究委员会. 中国项目管理知识体系[M]. 北京:电子工业出版社, 2009.

[124] 王众托. 项目管理中的知识管理问题[J]. 土木工程学报, 2003, 26(3): 1-6.

[125] 王华, 赵黎明, 吕文学. 工程项目管理组织模式转换与知识联盟体的构建[J]. 天津大学学报(社会科学版), 2005, 7(6):440-443.

[126] 林纪宗, 张其春. 知识管理在工程项目质量管理中的应用[J]. 价值工程, 2005(11):53-55.

[127] 车春骊. 大型建设项目知识管理研究——以三峡工程为例[D]. 武汉:武汉理工大学, 2006.

[128] 徐森. 工程项目知识管理组织模式研究[J]. 基建优化, 2006, 27(6): 24-26.

[129] 徐森. 基于工程项目知识管理的文化建设[J]. 建筑管理现代化, 2007(1): 23-25.

[130] 吴贤国. 工程失败知识管理及预警研究[D]. 武汉:华中科技大学, 2006.

[131] 沈良峰. 房地产企业知识管理与支撑技术研究[D]. 南京:东南大学, 2007.

[132] 李蕾. 建设项目知识管理的理论研究与实证分析[D]. 武汉:武汉理工大学, 2007.

[133] 张瑾. 工程项目全寿命周期的知识管理研究[J]. 建筑施工, 2008, 30(7): 624-627.

[134] 高峰, 郭菊娥. 知识管理在工程项目管理中的应用研究[J]. 情报杂志, 2008(5):127-129.

[135] 高照兵, 徐保根. 论项目管理的知识体系[J]. 项目管理技术, 2008, 6(7): 22-27.

[136] 孟宪海. 知识管理在工程项目中的应用[J]. 建筑经济, 2008(2):119-120.

[137] 刘晓东. 基于知识管理的工程项目进度管理持续改进研究[J]. 建筑经济, 2009(5):80-82.

[138] 王刚, 韦美娟. 基于知识管理视角的建设监理知识分类研究[J]. 建筑经

　　济,2010(8):109-112.

[139] MARCH J G,SIMON H. Organization[M]. Oxford:Blackwell Business,
　　　　1959.

[140] CANGELOSI V E, DILL W R. Organizational learning: observations
　　　　towards a theory[J]. Administrative science quarterly, 1965, 10 (2):
　　　　175-203.

[141] 彼得・圣吉.第五项修炼——学习型组织的艺术与实务[M].郭进隆,译.
　　　　上海:上海三联书店,1998:2-14.

[142] 由长延,徐林.学习型组织研究综述(上)[J].研究与发展管理,2002,14
　　　　(4):35-39.

[143] 俞文钊.管理的革命:创建学习型组织的理论与方法[M].上海:上海教育
　　　　出版社,2003.

[144] TOLBERT A S, MCLEAN G N, MYERS R C. Creating the global
　　　　learning organization (GLO) [J]. International journal of intercultural
　　　　relations,2002,26(4):463-472.

[145] JEREZ-GÓMEZ P, CÉSPEDES-LORENTE J, VALLE-CABRERA R.
　　　　Organizational learning capability: a proposal of measurement [J].
　　　　Journal of business research,2005,58(6):715-725.

[146] DIMOVSKI V, KIMMAN M, HERNAUS T. Comparative analysis of
　　　　the organisational learning process in Slovenia, Croatia, and Malaysia
　　　　[J]. Expert systems with applications,2008,34(4):3063-3070.

[147] HANNAH S T, LESTER P B. A multilevel approach to building and
　　　　leading learning organizations[J]. The leadership quarterly,2009,20(1):
　　　　34-48.

[148] 陈国权.学习型组织的学习能力系统、学习导向人力资源管理系统及其相
　　　　互关系研究——自然科学基金项目(70272007)回顾和总结[J].管理学
　　　　报,2007,4(6):719-728.

[149] 邱昭良.学习型组织开始"泛虚"[J].现代企业教育,2003(12):15-16.

[150] 谢洪明,韩子天.组织学习与绩效的关系:创新是中介变量吗？——珠三
　　　　角地区企业的实证研究及其启示[J].科研管理,2005,26(5):1-10.

[151] 彭说龙,谢洪明,陈春辉.环境变动、组织学习与组织绩效的关系研究[J].
　　　　科学学与科学技术管理,2005(11):106-110.

[152] 谢洪明.市场导向、组织学习与组织绩效的关系研究[J].科学学研究,
　　　　2005,23(4):517-524.

[153] 谢洪明.吴隆增,王成.组织学习、知识整合与核心能力的关系研究[J].科学学研究,2007,(25)2:213-318.

[154] 谢洪明,薛寒飞,程昱,等.文化、学习及创新如何影响核心能力——华南地区企业的实证研究[J].管理评论,2007,19(10):43-49.

[155] 谢洪明,葛志良,王成.社会资本、组织学习与组织创新的关系研究[J].管理工程学报,2008(1):5-10.

[156] 云绍辉.学习型组织结构模型与评价体系的研究[D].天津:天津大学,2006.

[157] 王琳.知识管理与组织学习:渊源、比较与融合[J].情报理论与实践,2007,30(3):295-299.

[158] 于海波,郑晓明,方俐洛,等.我国企业组织学习的内部机制、类型和特点[J].科学学与科学技术管理,2007(11):144-152.

[159] 王文祥.组织学习定义分类框架研究[J].科学学与科学技术管理,2008(5):160-163.

[160] 云绍辉,郑丕谔.组织学习能力评价指标体系的研究[J].西北工业大学学报(社会科学版),2007,27(1):35-38.

[161] 高俊山,毛建军.组织学习能力综合评价模型研究[J].管理学报,2008,5(2):212-217.

[162] 朱瑜.组织学习与创新视角的企业智力资本与绩效关系研究[M].北京:经济科学出版社,2009.

[163] 傅宗科,袁东明.创建学习型组织的策略与方法[M].上海:上海三联书店,2005.

[164] KOTNOUR T. Organizational learning practices in the project management environment [J]. International journal of quality & reliability management,2000(17):393-406.

[165] SCHINDLERA M, EPPLERB M J. Harvesting project knowledge:a review of project learning methods and success factors[J]. International journal of project management,2003,21(3):219-228.

[166] SENSE A J. An architecture for learning in projects? [J]. The journal of workplace learning,2004,16(3):123-145.

[167] WONG P S P,CHEUNG S O. An analysis of the relationship between learning behaviour and performance improvement of contracting organizations[J]. International journal of project management,2008,26(2):112-123.

[168] 于仲鸣,冯亚平. 建设学习型项目组织[J]. 项目管理技术,2006(12): 18-23.

[169] 武玉琴,夏洪胜. 构建学习型的工程项目管理组织[J]. 集团经济研究, 2006(7):84-85.

[170] 徐友全,胡现存,曾大林. 创建学习型项目管理组织研究[J]. 项目管理技术,2009,7(6):73-76.

[171] 沈立平. 工程建设企业项目后评价学习模型研究[D]. 武汉:武汉大学, 2005.

[172] 秦霞,何建敏. 基于组织学习的生态型建筑企业组织模型研究[J]. 建筑经济,2005(12):17-19.

[173] 姜保平. 学习型建筑施工企业[J]. 中国建设教育,2005(3):32-36.

[174] 陈津生. 建筑企业创建学习型组织的八个基本环节和三个标准[J]. 中国建设教育,2005(3):37-39.

[175] 丁慧平,傅俊元,罗斌. 企业成长能力的演进机理——以建筑企业为例 [J]. 管理学报,2009,6(5):615-621.

[176] 韩风光. 浅论创建学习型监理企业[J]. 山西建筑,2009,35(16):230-231.

[177] 赵羽斌. 谈如何创建学习型监理企业[J]. 山西建筑,2010,36(31): 226-227.

[178] 方波浪. 监理机构核心竞争力的培育及其构建[J]. 建设监理,2011(1): 26-28.

[179] 张维. 改善建筑设计行业组织学习现状之对策[J]. 合肥工业大学学报(自然科学版),2003,26(6):1267-1270.

[180] 邹祖绪. 在房地产企业中创建学习型组织[J]. 中国市场,2006,(12):11.

[181] 尹科夫. 创建学习型组织,促进工程咨询业和谐发展[J]. 中国工程咨询, 2007(7):40-41.

[182] 方以川. 浅论非经营性政府投资项目中学习型组织的构建[J]. 当代经济, 2010(6):50-51.

[183] PRAHALAD C K, HAMMEL G. The core competence of the corporation[J]. Harvard business review,1990,68(3):79-92.

[184] LEONARD-BARTON D. Core capabilities and core rigidities:a paradox in managing new product development [J]. Strategic management journal,1992,13(S1):111-125.

[185] STALK G,EVANS P H,SHULMAN L E. Competition on capabilities: the new rules of corporate strategy[J]. Harward business review,1992,

20(2):57-70.

[186] JAVIDAN M. Core Competence:What does it mean in practice? [J].
Long range planning,1998,31(1):60-71.

[187] ROUX-DUFORT C,METAIS E. Building core competencies in crisis
management through organizational learning:the case of the French
nuclear power producer[J]. Technological forecasting and social change,
1999,60(2):113-127.

[188] DUYSTERS G,HAGEDOORN J. Core competences and company
performance in the world-wide computer industry[J]. The journal of
high technology management research,2000,11(1):75-91.

[189] WALSH S T,LINTON J D. The competence pyramid:a framework for
identifying and analyzing firm and industry competence[J]. Technology
analysis & strategic management,2001(2):165-177.

[190] WATANABE C,KISHIOKA M,NAGAMATSU A. Resilience as a
source of survival stategy for high-technology firms experiencing
megacompetition[J]. Technovation,2004,24(2):139-152.

[191] BONJOUR É,MICAËLLI J P. Design core competence diagnosis:a case
from the automotive industry[J]. IEEE technology management council,
2009,57(2):323-337.

[192] WORTHINGTON N D. Core competencies in the public sector[J].
Municipal engineer,2009,162(1):51-55.

[193] NOBRE F S. Core competencies of the new industrial organization[J].
Journal of manufacturing technology management,2011,22(4):422-443.

[194] 王毅. 企业核心能力理论探源与述评[J]. 科技管理研究,2000(5):5-8.

[195] 袁智德,宣国良. 企业核心能力理论发展评述[J]. 上海交通大学学报(哲
学社会科学版),2000,8(2):82-87.

[196] 曹兴,许媛媛. 企业核心能力理论研究的比较分析[J]. 重庆大学学报(社
会科学版),2004,10(5):19-22.

[197] 王晓萍. 企业核心能力研究的回顾与展望[J]. 生产力研究,2005(6):
227-230.

[198] 踪程,都忠诚,张炳轩. 企业核心能力评价系统及其层次模糊综合评价方
法[J]. 天津师范大学学报(自然科学版),2006,26(1):70-72.

[199] 黄定轩. 企业核心能力识别综述[J]. 同济大学学报(社会科学版),2007,
18(5):105-112.

[200] 吴雪梅.企业核心能力的内涵及特征界定[J].首都师范大学学报(社会科学版),2007(2):79-83.

[201] 王宏起.企业核心能力形成机理研究综述[J].软科学,2007,21(1):125-129.

[202] 范新华.企业核心能力生成机理的研究[J].科学管理研究,2009,27(3):47-50.

[203] 贺小刚,潘永永.高科技企业核心能力培育机制的实证研究[J].科技管理研究,2007(6):245-247.

[204] 黄文锋.企业核心能力测度方法探讨及应用研究[J].科技进步与对策,2010,27(2):7-80.

[205] LAMPE J. The core competencies of effective project execution: the challenge of diversity[J]. International journal of project management, 2001,19(8):471-483.

[206] 丁彪.简述监理企业核心能力的提升[J].建设监理,2004(5):12-13.

[207] 郭建斌.培育工程咨询企业核心能力的路径选择[J].中国工程咨询,2006(5):16-18.

[208] 张小峰.基于核心能力的施工企业成长研究[J].石家庄铁道学院学报(社会科学版),2008,2(1):38-42.

[209] 郑丹丹,陆惠民.基于核心能力的建筑企业战略管理[J].建筑,2008(22):37-38.

[210] 彭苏勉.基于信息技术的建筑企业核心能力评价[J].生产力研究,2009(24):206-208.

[211] 何正林.论房地产开发企业核心竞争力培育[J].科技与管理,2005(1):22-24.

[212] 解冻,石金涛,李效云.基于知识的房地产企业核心能力模型构建[J].情报科学,2007,25(8):1252-1256.

[213] 蔡俊岭.基于可拓评价方法的房地产开发企业核心能力评价[J].价值工程,2008(3):110-114.

[214] 孙震,罗嗣怀.建筑企业项目管理能力的模糊数学评审方法[J].北京建筑工程学院学报,2004,20(4):42-46.

[215] 卢毅.论项目管理的能力层次和管理境界[J].项目管理技术,2006(8):65-67.

[216] 徐先国,郭波,谭云涛.国际项目管理能力评价模型研究[J].航天工业管理,2007(5):11-14.

[217] 吴新华,贾宏俊.项目管理能力评价指标体系研究[J].项目管理技术, 2007(7):57-59.

[218] 菅利荣,刘思峰.项目管理能力体系建设的研究[J].工业技术经济,2006, 25(9):108-111.

[219] 潘红.建筑工程项目管理能力评价研究[D].天津:天津大学,2008.

[220] 白思俊,袁天波,宫晓华.基于组织学习视角的项目管理能力开发模型框架研究[J].情报杂志,2008(3):11-13.

[221] 杨启昉,白思俊,马广平.基于OPM3的组织项目管理能力体系建设的研究[J].科学学与科学技术管理,2009(7):59-64.

[222] 韩连胜,张金成.企业项目管理能力的研究[J].科学学与科学技术管理, 2010(1):137-140.

[223] 黄喜兵,黄庆.基于制度经济学的代建制管理模式研究[J].建筑经济, 2009(3):17-19.

[224] 张伟.政府投资项目代建制理论与实施[M].北京:知识产权出版社, 2008:86.

[225] 兰定筠,李世蓉,何万钟.业主工程项目采购模式与代建制制度创新的研究[J].土木工程学报,2008,41(7):82-86.

[226] 孔晓.关于代建制的思考(上)[J].中国工程咨询,2006(1):17-20.

[227] 陈应春,代建制源起及其特殊文件框架设计的法律思考[J].建筑经济, 2004(11):17-19.

[228] 乌云娜,张洪青.工程建设项目代建制管理模式探讨[J].中国工程咨询, 2004(7):17-18.

[229] 胡昱,严竞浮.政府投资项目管理的新模式——代建制[J].北京建筑工程学院学报,2003,19(3):87-89.

[230] 倪国栋,王建平.非经营性政府投资项目管理模式研究[C]//中国工程管理环顾与展望编委会.中国工程管理环顾与展望——首届工程管理论坛论文集锦.北京:中国建筑工业出版社,2007:157-160.

[231] 何继善,王孟钧.工程与工程管理的哲学思考[J].中国工程科学,2008,10 (3):9-16.

[232] 苏永青,尹贻林.政府投资项目集中代建管理模式的探讨——以深圳市建筑工务署为例[J].沈阳建筑大学学报(社会科学版),2011,31(1):35-57.

[233] 卢勇,李燕.项目代建制发展问题研究[J].中国工程咨询,2007(2): 35-37.

[234] 赖勇.政府投资项目事业型与企业型代建模式优缺点及改进对策探析

[J].经营管理者,2010(13):77-78.

[235] 张飞,倪国栋.非经营性政府投资项目管理模式研究[J].建设监理,2009
(6):10-16.

[236] 成虎.工程项目管理[M].北京:高等教育出版社,2004.

[237] 颜世富.绩效管理[M].北京:机械工业出版社,2007.

[238] 郭晓薇,丁桂凤.组织员工绩效管理[M].大连:东北财经大学出版
社,2008.

[239] 徐芳.团队绩效测评技术与实践[M].北京:中国人民大学出版社,2003.

[240] 马辉,杜亚灵,王雪青.公共项目管理绩效过程评价指标体系的构建[J].
软科学,2008,22(7):49-53.

[241] 徐雯.代建单位绩效综合评价[J].工程管理学报,2010,24(4):383-386.

[242] 杜亚灵.基于治理的公共项目管理绩效改善研究[D].天津:天津大学,
2009:80.

[243] 成虎.工程管理概论[M].北京:中国建筑工业出版社,2007:72-81.

[244] 杜亚灵.基于治理的公共项目管理绩效改善研究[D].天津:天津大学,
2009:82,104-105.

[245] 郑小勇,楼鞅.科研团队创新绩效的影响因素及其作用机理研究[J].科学
学研究,2009,27(9):1428-1438.

[246] MILLER D. Relating porter's business strategies to environment and
structure: analysis and performance implications [J]. Academy of
management journal,1988,31(2):280-308.

[247] 潘旭明.组织绩效的评价标准及影响因素分析[J].电子科技大学学报(社
会科学版),2004,6(2):20-23.

[248] 蒲德祥.组织绩效微观影响因素研究评述[J].商业时代,2009(1):49-50.

[249] 张延燕.团队情商对团队绩效的影响[J].中国人才,2003(10):40-42.

[250] 王亮,赵浪.论项目团队情商与项目团队绩效[J].项目管理技术,2007
(7):28-30.

[251] 邱静.成员多样化对团队绩效的影响机制[J].商场现代化,2008(17):
319-320.

[252] 李利,王锐兰,韦蔚.团队文化对团队绩效的影响[J].中国人力资源开发,
2005(2):30-32,47.

[253] 施杨,李南.团队有效沟通的社会空间与绩效提升路径[J].现代管理科
学,2007(2):12-13.

[254] 王端旭,国维潇.团队成员变动影响团队绩效研究述评[J].情报杂志,

2010,29(4):185-188.

[255] 熊玲,吴绍琪.影响团队绩效的"囚徒困境"博弈分析[J].重庆工学院学
报,2006,20(1):41-43.

[256] 黄玉清.冲突管理:创建高绩效的项目团队[J].中国人力资源开发,2005
(4):26-30.

[257] 卢向南,黄存权.有效识别项目团队绩效的影响因素[J].技术经济与管理
研究,2004(5):82-83.

[258] 黄玉清.项目团队有效性模型的构建与分析[J].广东商学院学报,2006
(5):39-41.

[259] 何妍.知识团队绩效影响因素研究[J].文教资料,2008(8):90-92.

[260] 王茶.虚拟团队绩效的影响因素及对策分析[J].商场现代化,2007(7):
157-158.

[261] 林艳伟,杨乃定.知识积累对团队绩效持续提升的驱动分析[J].情报杂
志,2008(8):92-93.

[262] 陈国权,赵慧群,蒋璐.团队心理安全、团队学习能力与团队绩效关系的实
证研究[J].科学学研究,2008,26(6):1283-1292.

[263] 杜栋,庞庆华.现代综合评价方法与案例精选[M].北京:清华大学出版
社,2008:11-21.

[264] 袁庆宏.绩效管理[M].天津:南开大学出版社,2009:27.

[265] 张红霞,韩淼.绩效改进的六个关键步骤[J].企业改革与管理,2010(5):
60-61.

[266] 刘昕,曹仰锋.绩效改进:组织的永续发展之道[J].人力资源,2006(8):
40-43.

[267] 王众托.知识系统工程:知识管理的新学科[J].大连理工大学学报,2000,
40(S1):115-122.

[268] BASSI L J. Harnessing the power of intellectual capital[J]. Training and
development,1997,51(12):25-30.

[269] MALHOTRA Y. Knowledge management for the new world of business
[J]. Asia strategy leadership institute review,1998,21(4):58-60.

[270] 李华伟,董小英,左美云.知识管理的理论与实践[M].北京:华艺出版
社,2002.

[271] 郁义鸿.论知识管理的内涵[J].商业经济与管理,2003(1):4-7.

[272] 张波.组织知识管理与实践[M].北京:知识产权出版社,2007:18-25.

[273] 杨礼芳,苏振民,王先华.基于工程项目的知识管理支撑体系研究[J].改

革与战略,2010,26(3):49-52.

[274] 李贺.基于知识管理的企业组织创新研究[D].长春:吉林大学,2006.

[275] 应晓磊,强茂山.我国工程建设项目多项目知识管理要素分析[J].工业技术经济,2006,25(10):53-58.

[276] 韩维贺,李浩,仲秋雁.知识管理过程测量工具研究:量表开发、提炼和检验[J].中国管理科学,2006,14(5):128-136.

[277] 黄蕴洁,刘冬荣.知识管理对企业核心能力影响的实证研究[J].科学学研究,2010,28(7):1052-1059.

[278] 桑新民.学习究竟是什么——多学科视野中的学习研究论纲[J].开放教育研究,2005,11(1):8-17.

[279] 克里斯·阿吉里斯.组织学习[M].张莉,李萍,译.2版.北京:中国人民大学出版社,2004.

[280] FIOL C, MLYLES M. Organizational leaning [J]. Academy of management review,1985,10(4):803-813.

[281] LEVITT B,MARCH J G. Organizational learning[J]. Annual review of sociology,1988(14):319-349.

[282] HUBER G P. Organizational learning:the contributing processes and the literature[J] Organizational sciences,1991 2(1):88-115.

[283] DODGSON M. Organizational learning:a review of some literatures[J]. Organization studies,1993,14(3):375-394.

[284] 彼得·圣吉.第五项修炼——学习型组织的艺术与实务[M].郭进隆,译.上海:上海三联书店,1998.

[285] EDMONDSON A,MOINGEON B. From organizational learning to the learning organization[J]. Management learning,1998,29(1):5-20.

[286] 邱昭良.学习型组织新实践[M].北京:机械工业出版社,2010.

[287] 李正锋,叶金福.组织学习能力与可持续竞争优势关系研究[J].软科学,2009(11):20-24.

[288] 朱瑜,王雁飞.组织学习:内涵、基础与本质[J].科技管理研究,2010(10):154-156.

[289] SINKULA J M, BAKER W E, NOORDEWIER T. A framework for market-based organizational learning: linking values, knowledge, and behaviour[J]. Journal of the academy of marketing science,1997,25(4):305-318.

[290] HULT G T M,FERRELL O C. A global learning organization structure

and market information processing[J]. Journal of business research, 1997,40(2):155-166.

[291] 王雁飞,朱瑜.组织创新、组织学习与绩效——一个调节效应模型的实证分析[J].管理学报,2009,6(9):1257-1265.

[292] PRAHALAD C K, HAMMEL G. The core competence of the corporation[J]. Harvard business review,1990,68(3):79-92.

[293] LEONARD D A. Core capabilities and core rigidities:a paradox in managing new product development[J]. Strategic management journal, 1992(13):111-125.

[294] 魏江.企业核心能力的内涵与本质[J].管理工程学报,1999(1):53-55.

[295] OLIVER C. Sustainable competitive advantage:combining institutional and resource-based views[J]. Strategic management journal, 1997, 18 (9):697-713.

[296] 成思危.中国管理科学的学科结构与发展重点选择[J].管理科学学报, 2000,3(1):1-6.

[297] 曹小春.企业核心能力的界定[J].北京工商大学学报(社会科学版), 2003,18(4):29-31.

[298] 陈卫旗.基于核心能力的组织绩效层次模型[J].广州大学学报(社会科学版),2005,4(6):72-76.

[299] 踪程,都忠诚,张炳轩.企业核心能力评价系统及其层次模糊综合评价方法[J].天津师范大学学报(自然科学版),2006,26(1):70-72.

[300] 范新华.企业核心能力生成机理的研究[J].科学管理研究,2009,27(3): 47-50.

[301] 王文超.核心能力理论评析[J].江苏商论,2006(6):145-147.

[302] 石惠.企业核心能力、概念及其识别与评价研究[J].科技管理研究,2006 (5):77-80.

[303] 韩连胜,张金成.企业项目管理能力的研究[J].科学学与科学技术管理, 2010(1):137-140.

[304] NONAKA I. A dynamie theory of organizational knowledge creation[J]. Organization seienee,1994,5(1):14-37.

[305] ALAVI M, LEIDNER D E. Review:knowledge management and knowledge management systems:conceptual foundations and researeh issues[J]. Mls quarterly,2001,25 (l):107-136.

[306] GLOET M, TERZIOVSKI M. Exploring the relationship between

knowledge management practices and innovation performance [J]. Journal of manufacturing technology management,2004,15(3):402-409.

[307] DARROCH J. Knowledge management,innovation and firm performance [J]. Journal of knowledge management,2005,9(3):101-115.

[308] MARQUÉS D P,SIMÓN F J G. The effect of knowledge management practices on firm performance[J]. Journal of knowledge management, 2006,10(3):143-156.

[309] CHOI B,POON S K,DAVIS J G. Effects of knowledge management strategy on organizational performance:a complementarity theory-based approach[J]. Omega,2008,36(2):235-251.

[310] KIESSLING T S,RICHEY R G,MENG J,et al. Exploring knowledge management to organizational performance outcomes in a transitional economy[J]. Journal of world business,2009,44(4):421-433.

[311] 李浩,韩维贺.知识管理、信息技术与多元化绩效[J].预测,2007,26(3):26-32.

[312] 刘廷扬.税务人员知识管理、专业能力与工作绩效之研究[J].广西财经学院学报,2009,22(5):1-14.

[313] 李丹.我国企业组织学习能力与绩效关系研究——基于对 201 家企业的实证分析[J].工业技术经济,2007,26(5):72-45.

[314] 朱洪军,徐玖平.企业文化、知识共享及核心能力的相关性研究[J].科学学研究,2008,26(4):820-826.

[315] 韩子天,谢洪明,王成,等.学习、知识能量、核心能力如何提升绩效——华南地区企业的实证研究[J].科学学与科学技术管理,2008(5):122-127.

[316] 朱瑜,王雁飞.知识管理战略、企业核心能力与组织绩效的互动影响研究[J].科技进步与对策,2010,27(2):132-135.

[317] 王江.隐性知识与企业核心能力:案例研究[J].科学学研究,2010,28(4):566-570.

[318] 黄蕴洁,刘冬荣.知识管理对企业核心能力影响的实证研究[J].科学学研究,2010,28(7):1052-1059.

[319] 龙静.组织学习与知识管理理论的整合与评述[J].科技管理研究,2008(12):505-508.

[320] FARRELL M A,OCZKOWSKI E. Are market orientation and leaning orientation necessary for superior organizational performance? [J]. Journal of market-focused management,2002,5(3):197-217.

[321] JIMÉNEZ-JIMÉNEZ D,CEGARRA-NAVARRO J G. The performance effect of organizational learning and market orientation[J]. Industrial marketing management,2007,36(6):694-708.

[322] 陈国权,郑红平.组织学习影响因素、学习能力与绩效关系的实证研究[J].管理科学学报,2005,8(1):48-61.

[323] 陈国权,周为.领导行为、组织学习能力与组织绩效关系研究[J].科研管理,2009,30(5):148-154.

[324] 窦亚丽,张德.学习型组织建设对组织绩效影响的实证研究[J].科学学与科学技术管理,2006(7):121-125.

[325] 原欣伟,覃正,伊景冰.学习与绩效:基于学习——绩效环的组织学习框架[J].科技管理研究,2006(3):71-73.

[326] 李明斐,李丹,卢小君,等.学习型组织对企业绩效的影响研究[J].管理学报,2007,4(4):442-448.

[327] 李璟琰,焦豪.创业导向与组织绩效间关系实证研究:基于组织学习的中介效应[J].科研管理,2008,29(5):35-41.

[328] MONTES F J L,MORENO A R,MORALES V G. Influence of support leadership and teamwork cohesion on organizational learning,innovation and performance:an empirical examination[J]. Technovation,2005,25(10):1159-1172.

[329] 李丹.企业组织学习、创业导向与绩效关系研究[D].成都:西南交通大学,2007.

[330] 刘亚军,和金生.创业导向、组织学习对核心能力及组织绩效的影响研究——来自华中、华南、华北地区210个企业的实证[J].科学学与科学技术管理,2009(4):152-158.

[331] 吕毓芳.论领导行为,组织学习、创新与绩效间相关性研究[D].上海:复旦大学,2005.

[332] ARAGÓN-CORREA J A,GARCÍA-MORALES V J,CORDÓN-POZO E. Leadership and organizational learning's role on innovation and performance:lessons from Spain[J]. Industrial marketing management,2007,36(3):349-359.

[333] 蒋天颖,季伟伟,施放.制造业企业组织学习对组织绩效影响的实证研究[J].科学学研究,2008,26(5):1046-1051.

[334] 吴价宝.基于组织学习的企业核心能力形成机理[J].中国软科学,2003(1):65-70.

[335] 王长义.基于学习型组织的企业核心能力形成机理分析[J].价值工程,2008(1):125-127.

[336] 朱瑜,王雁飞,蓝海林.组织学习、组织创新与企业核心能力关系研究[J].科学学研究,2007,25(3):536-540.

[337] 徐友全,胡现存,曾大林.创建学习型项目管理组织研究[J].项目管理技术,2009,7(6):73-76.

[338] 方波浪.监理机构核心竞争力的培育及其构建[J].建设监理,2011(1):26-28.

[339] KLIMECKI R, LASSLEBEN H. Modes of organizational learning: indications from an empirical study[J]. Management learning, 1998, 29(4):405-430.

[340] IRANI Z, SHARIF A M, LOVE P E D. Mapping knowledge management and organizational learning in support of organizational memory[J]. International journal of production economics, 2009, 122(1):200-215.

[341] SUIKKI R, TROMSTEDT R, HAAPASALO H. Project management competence development framework in turbulent business environment[J]. Technovation, 2006, 26(5-6):723-738.

[342] LIAO S H, WU C C. System perspective of knowledge management, organizational learning, and organizational innovation[J]. Expert systems with applications, 2010, 37(2):1096-1103.

[343] 王如富,徐金发,徐媛.知识管理的职能及其与组织学习的关系[J].科研管理,1999,20(4):80-84

[344] 陈媛媛,齐中英.基于过程观的组织学习、知识管理与组织创新互动机理研究[J].中国软科学,2009(S1):128-132.

[345] 吕婷婷,张小南.知识管理与学习型组织辩证分析[J].西华大学学报(哲学社会科学版),2007,26(2):97-99.

[346] 刘希宋,张倩.知识管理与学习型组织互动性机理分析[J].工业技术经济,2005,24(6):6-8.

[347] 曹卫平.比较与整合——对学习型组织与知识管理的几点思考[J].安徽农业科学,2006,34(24):6645-6646.

[348] 陈晓萍,徐淑英,樊景立.组织与管理研究的实证方法[M].北京:北京大学出版社,2008:108-114.

[349] 杨杜,等.管理学研究方法[M].大连:东北财经大学出版社,2009:133.

［350］杨杜,等.管理学研究方法［M］.大连:东北财经大学出版社,2009:
158-159.

［351］杨杜,等.管理学研究方法［M］.大连:东北财经大学出版社,2009:
150-151.

［352］CRONBACH L J. Coefficient alpha and the internal structure of tests
［J］.Psychometrika,1951(16):297-334.

［353］吴明隆.问卷统计分析实务——SPSS 操作与应用［M］.重庆:重庆大学出
版社,2010:237.

［354］NUNNALLY J B. Psychometric theory ［M］. 2th ed. New York:
McGraw-Hill book company,1978.

［355］LAI K H,NGAI E W T,CHENG T C E. Measures for evaluating supply
chain performance in transport logistics［J］. Transportation research Part
E:logistics and transportation review,2002,38(6):439-456.

［356］HAIR J,ANDERSON R. TATHAM R,et al. Multivariate data analysis
［M］.5th ed. Upper Saddle River:Prentice-Hall,1998.

［357］侯杰泰,温忠麟,成子娟.结构方程模型及其应用［M］.北京:教育科学出
版社,2004:178-189.

［358］侯杰泰,温忠麟,成子娟.结构方程模型及其应用［M］.北京:教育科学出
版社,2004:176 .

［359］侯杰泰,温忠麟,成子娟.结构方程模型及其应用［M］.北京:教育科学出
版社,2004:14 .

［360］BAGOZZI R P,YI Y. On the evaluation of structural equation models
［J］.Journal of the academy of marketing science,1988,16(1):74-94.

［361］吴明隆.结构方程模型——AMOS 的操作与应用［M］.重庆:重庆大学出
版社,2010:15-17 .

［362］黄芳铭.结构方程模式:理论与应用［M］.台北:五南图书出版股份有限公
司,2002.

［363］杨杜,等.管理学研究方法［M］.大连:东北财经大学出版社,2009:
233-234.

［364］李怀祖.管理研究方法论［M］.西安:西安交通大学出版社,2004:
241-247.

［365］侯杰泰,温忠麟,成子娟.结构方程模型及其应用［M］.北京:教育科学出
版社,2004:17 .

［366］吴明隆.结构方程模型——AMOS 的操作与应用［M］.重庆:重庆大学出

版社,2010:5.

[367] 侯杰泰,温忠麟,成子娟.结构方程模型及其应用[M].北京:教育科学出版社,2004:147.

[368] 吴明隆.结构方程模型——AMOS 的操作与应用[M].重庆:重庆大学出版社,2010:250.

[369] 蔡忠建.对描述性统计量的偏度和峰度应用的研究[J].北京体育大学学报,2009,32(3):75-76.

[370] BAGOZZI R P, YI Y. On the evaluation of structural equation models [J]. Journal of the academy of marketing science,1988,16(1):76-94.

[371] 吴明隆.结构方程模型——AMOS 的操作与应用[M].重庆:重庆大学出版社,2010:252-253.

[372] 王其藩.系统动力学[M].北京:清华大学出版社,1994:1-18.

[373] 钟永光,贾晓菁,李旭.系统动力学[M].北京:科学出版社,2009:3-9.

[374] 张力菠,方志耕.系统动力学及其应用研究中的几个问题[J].南京航空航天大学学报(社会科学版),2008,10(3):43-47.

[375] 许光清,邹骥.系统动力学方法:原理、特点与最新进展[J].哈尔滨工业大学学报(社会科学版),2006,8(4):72-77.

[376] 刘晓平,唐益明,郑利平.复杂系统与复杂系统仿真研究综述[J].系统仿真学报,2008,20(23):6303-6315.

[377] 王其藩.系统动力学[M].北京:清华大学出版社,1994:25-27.

[378] 顾基发,张玲玲.知识管理[M].北京:科学出版社,2009.

[379] 张波.组织知识管理与实践[M].北京:知识产权出版社,2007:18-25.

[380] 盛小平.知识管理:原理与实践[M].北京:北京大学出版社,2009:80-81.

[381] NONAKA I, TAKEUCHI H. The knowledge creating company:how Japanese companies create the dynamics of innovation[M]. Oxford:Oxford University Press,1995.

[382] 王众托.关于知识管理若干问题的探讨[J].管理学报,2004,1(1):18-24.

[383] 盛小平.知识管理:原理与实践[M].北京:北京大学出版社,2009:35-36.

[384] 盛小平.知识管理:原理与实践[M].北京:北京大学出版社,2009:129.

[385] NONAKA I, TOYAMA R. The knowledge-creating theory revisited: knowledge creation as a synthesizing process[J]. Knowlege management research & practice,2003,1(1):2-10.

[386] NONAKA I, TAKEUCHI H. The knowledge creating company:how Japanese companies create the dynamics of innovation[M]. Oxford:

Oxford University Press,1995:73.

[387] 许玉林.组织设计与管理[M].上海:复旦大学出版社,2003:315.

[388] 王东,马翠嫦.企业文化对知识管理的影响[J].管理科学文摘,2004(10):35-37.

[389] 李红.构建个别化的企业内部有效激励机制[J].人力资源管理,2011(5):80-81.

[390] 于腾,王忠群.基于Web的知识管理系统框架[J].安徽工程科技学院学报(自然科学版),2007,22(3):62-65.

[391] 张建华.当前企业知识管理绩效评估问题与对策分析[J].情报杂志,2008(7):44-46.

[392] 张晶,杨生斌,苏红.基于BSC与价值链的企业知识管理绩效评价指标体系设计[J].情报杂志,2010,29(10):94-98.

[393] 来新安.企业知识管理绩效的灰色模糊综合评价[J].科技管理研究,2009(7):179-181.

[394] 张少辉,葛新权.企业知识管理绩效的模糊评价模型与分析矩阵[J].管理学报,2009,6(7):879-884.

[395] 赵慧娟,卞艺杰,杨际青.基于知识链的组织知识管理绩效评价[J].情报杂志,2008(2):25-27.

[396] 张霞,刘明俊.基于层次分析法的企业知识管理绩效评价体系研究[J].科技进步与对策,2007,24(10):148-150.

[397] 王秀红,孙凤媛,葛庆洋.模糊综合评价法在知识管理绩效评价中的应用[J].情报杂志,2007(4):8-10.

[398] 王君,樊治平.组织知识管理绩效的一种综合评价方法[J].管理工程学报,2004,18(2):44-48.

[399] 杜栋,庞庆华,吴炎.现代综合评价方法与案例精选[M].2版.北京:清华大学出版社,2008:34-38.

[400] 许正中,张永全.学习型组织[M].北京:中国环境科学出版社,2003.

[401] 邱昭良.学习型组织新实践[M].北京:机械工业出版社,2010.

[402] 李荣光.提升组织学习能力的路径[J].企业改革与管理,2008(3):28-29.

[403] 程志超,马玉凤.组织学习能力评价指标体系的设计与开发[J].科技进步与对策,2008,25(11):206-209.

[404] 陈江.五大利器提升组织学习力构建企业核心竞争力[J].现代管理科学,2010(10):102-104

[405] 彼得·圣吉.第五项修炼——学习型组织的艺术与实务[M].郭进隆,译.

上海：上海三联出版社，1998：12.

[406] 彼得·圣吉.第五项修炼——学习型组织的艺术与实践[M].张成林,译.
北京：中信出版社，2009.

[407] 邱昭良.学习型组织新实践[M].北京：机械工业出版社，2010：36-39.

[408] 吴岩,曹卫平.试论知识管理与学习型组织的整合[J].科技导报，2004
(8)：36-38.

[409] 陈国权.学习型组织的学习能力系统、学习导向人力资源管理系统及其相
互关系研究——自然科学基金项目(70272007)回顾和总结[J].管理学
报，2007,4(6)：719-728,74.

[410] 邱昭良.学习型组织新实践[M].北京：机械工业出版社，2010：36-39.

[411] 戴维 A.加尔文.学习型组织行动纲领[M].邱昭良,译.北京：机械工业出
版社，2004.

[412] 吴彩凤.学习型组织与知识管理[J].现代情报，2002(4)：156-157.

[413] 赵建辉,郭晓君.学习型组织的意蕴与建构[J].管理世界，2005(1)：
156-157.

[414] 陈国权.学习型组织的组织结构特征与案例分析[J].管理科学学报，
2004,7(4)：56-67.

[415] 陈国权.学习型组织整体系统的构成及其组织系统与学习能力系统之间
的关系[J].管理学报，2008,5(6)：832-840.

[416] 彼得·圣吉.第五项修炼——学习型组织的艺术与实践[M].张成林,译.
北京：中信出版社，2009.

[417] 邱昭良.学习型组织新实践[M].北京：机械工业出版社，2010：71-83.

[418] 邱昭良.学习型组织新实践[M].北京：机械工业出版社，2010：89-114.

[419] 陈晓静.组织学习方式对隐性知识创新的影响——来自中国企业的实证
研究[J].科学学研究，2009,27(2)：262-268.

[420] 朱瑜,王雁飞.组织学习：阶段,障碍与方法[J].科技管理研究，2010(12)：
237-240.

[421] 李丹,刘怡.国内中小企业组织学习的障碍分析[J].科技管理研究，2006
(4)：111-113.

[422] 赵风中.组织学习障碍探析[J].科学管理研究，2006,24(1)：84-87.